U0368269

高等学校计算机专业教材精选·算法与程序设计

C语言程序设计
——案例驱动教程

刘玉英 主编
刘玉英 刘臻 肖启莉 编著

清华大学出版社
北京

内容简介

本书通过具有实用性和趣味性的案例引出相关知识点，介绍知识点，强化学习知识点，总结应用知识点。通过案例学习理论知识，模仿改写程序，启发引导读者把数学思想转换成用C程序代码来表现，即编写程序，提高知识的掌握水平以及应用能力。

本书具有覆盖面广、案例丰富、突出案例驱动的特色；详略得当、主次分明，在主要知识点上下工夫，不面面俱到；设计了“请思考”，启发引导读者进行更深入的探讨，举一反三。对于容易出现的错误以及需要注意的事项，设计了温馨提示以提醒读者，避免学习中走弯路。为了配合本书的学习，在附录中还提供了两套自测练习题及其参考答案。

本书适用于C语言程序设计的初学者，可以作为普通高等院校电子信息类专业程序设计基础的教材，也可作为有兴趣学习C语言的其他专业学生的教材，同时也适合自学。

图书在版编目(CIP)数据

C语言程序设计——案例驱动教程 / 刘玉英主编．—北京：清华大学出版社，2011.9(2023.7重印)
(高等学校计算机专业教材精选·算法与程序设计)
ISBN 978-7-302-26025-7

Ⅰ.①C… Ⅱ.①刘… ②刘… ③肖… Ⅲ.①C语言－程序设计－高等学校－教材 Ⅳ.①TP312

中国版本图书馆CIP数据核字(2011)第176652号

责任编辑：张 民 王冰飞
责任校对：梁 毅
责任印制：丛怀宇

出版发行：清华大学出版社
网 址：http://www.tup.com.cn，http://www.wqbook.com
地 址：北京清华大学学研大厦A座 邮 编：100084
社 总 机：010-83470000 邮 购：010-62786544
投稿与读者服务：010-62776969，c-service@tup.tsinghua.edu.cn
质量反馈：010-62772015，zhiliang@tup.tsinghua.edu.cn
印 装 者：涿州市般润文化传播有限公司
经 销：全国新华书店
开 本：185mm×260mm 印 张：22.75 字 数：567千字
版 次：2011年9月第1版 印 次：2023年7月第9次印刷
定 价：33.00元

产品编号：036226-01

出版说明

我国高等学校计算机教育近年来迅猛发展，应用所学计算机知识解决实际问题，已经成为当代大学生的必备能力。

时代的进步与社会的发展对高等学校计算机教育的质量提出了更高、更新的要求。现在，很多高等学校都在积极探索符合自身特点的教学模式，涌现出一大批非常优秀的精品课程。

为了适应社会的需求，满足计算机教育的发展需要，清华大学出版社在进行大量调查研究的基础上，组织编写了《高等学校计算机专业教材精选》。本套教材从全国各高校的优秀计算机教材中精挑细选了一批很有代表性且特色鲜明的计算机精品教材，把作者们对各自所授计算机课程的独特理解和先进经验推荐给全国师生。

本系列教材特点如下。

(1) 编写目的明确。本套教材主要面向广大高校的计算机专业学生，使学生通过本套教材，学习计算机科学与技术方面的基本理论和基本知识，接受应用计算机解决实际问题的基本训练。

(2) 注重编写理念。本套教材作者群为各高校相应课程的主讲，有一定经验积累，且编写思路清晰，有独特的教学思路和指导思想，其教学经验具有推广价值。本套教材中不乏各类精品课配套教材，并努力把不同学校的教学特点反映到每本教材中。

(3) 理论知识与实践相结合。本套教材贯彻从实践中来到实践中去的原则，书中的许多必须掌握的理论都将结合实例来讲，同时注重培养学生分析问题、解决问题的能力，满足社会用人要求。

(4) 易教易用，合理适当。本套教材编写时注意结合教学实际的课时数，把握教材的篇幅。同时，对一些知识点按教育部教学指导委员会的最新精神进行合理取舍与难易控制。

(5) 注重教材的立体化配套。大多数教材都将配套教师用课件、习题及其解答，学生上机实验指导、教学网站等辅助教学资源，方便教学。

随着本套教材陆续出版，我们相信它能够得到广大读者的认可和支持，为我国计算机教材建设及计算机教学水平的提高，为计算机教育事业的发展做出应有的贡献。

清华大学出版社

出版说明

我国高等学校计算机教育近年来迅猛发展，应用所学计算机知识解决实际问题，已经成为当代大学生的必备能力。

时代的进步与社会的发展对高等学校计算机教育的质量提出了更高、更新的要求。现在，很多高等学校都在积极探索符合自身特点的教学改革，[illegible]一个非常重要的措施。

为了[illegible]的基础上，[illegible]教材，[illegible]各高校的优秀[illegible]

本系列教材具有如下特点：

（1）编写目的明确。本套教材[illegible]广大高校的计算机非专业学生，使学生通过本套教材，学习计算机科学与技术方面的基本理论和基本知识，[illegible]计算机解决实际问题的基本能力。

（2）注重编写理念。[illegible]

（3）理论知识与实践相结合。本套教材[illegible]实践中来[illegible]的原则，书中的许多必须掌握的理论[illegible]问题、解决问题的能力，满足社会用人要求。

（4）易教易用，合理适当。[illegible]

（5）[illegible]

希望本套教材[illegible]

清华大学出版社

前　言

C语言是国内外广泛使用的一种计算机语言，在计算机编程语言的发展史上，占据着极其重要的地位，无论是计算机程序开发人员，还是非计算机专业人员，掌握面向过程程序设计仍然是计算机工作者的基本功，并且几乎所有的计算机学科都把C/C++语言当做最基础的科目之一。C语言是一门极为重要的专业基础课程，今天我们学习C语言正是为今后的学习、工作打下专业基础。

教育部高等学校计算机科学与技术教学指导委员会专家曾经指出，计算机教育的四个方向（计算机科学方向、计算机工程方向、软件工程方向、信息技术方向）对于程序设计基础都有较高的要求，因为它是所有后续课程的专业基础。用C语言作为计算机程序设计的入门语言，要正确处理算法与语法的关系，学习中不应该把重点放在语法规则上，而是要放在解题的思路上，通过大量的例题学习怎样设计一个算法，构造一个程序；语法虽然重要，但不能在语法细节中死抠。学习的重点是从程序入手，模仿编程，进而逐步深入，自己推敲好的算法，自行设计调试程序，通过程序的学习掌握C语言的主要知识点。程序设计是一门实践性很强的课程，既要掌握概念，又要动手编程，还要上机调试运行，这三方面配合得当才能收到好的学习效果。

本书希望通过具体案例引出相关知识点，介绍知识点，强化学习知识点，总结应用知识点。通过案例学习理论知识，模仿改写程序，启发引导读者自主编写程序，提高知识的掌握水平以及知识应用能力。本书具有如下特色：

(1) 覆盖面广，突出案例驱动特色。

在对C语言的主要知识点分析归纳的基础下，精选每个部分的案例。对于每个具体案例，都从知识点出发，分析问题的解决方法，然后编写出程序代码。

(2) 详略得当，主次分明。

在主要知识点上下工夫，不可能面面俱到，必须有所取舍。对于非重点或较复杂的内容略讲，如数组中重点是一维数组、字符数组；在结构与联合中，重点讲解结构，而联合的内容重点在于与结构的区别。

(3) 案例生动，实用性强。

本书针对C语言特点，精选重点，强化主要概念，图文并茂地讲解每个重要知识点，并配以较多容易理解的程序实例，以例题释含义、总结出规律，便于理解和应用。同时在每一章的主要内容讲解之后，充分利用前面的知识，将多个知识点有机地结合起来，设计了有一定难度并且趣味性强的综合应用实例，以加强对所学知识的理解和运用，如置换问题、鸡兔同笼问题、发纸牌游戏、随机给儿童出加法测验题、竞赛评分、小孩分糖果、约瑟夫问题、利用随机数生成函数计算圆周率、求若干个正整数的最小公倍数、用古典筛法求素数、古代处决犯人问题、验证卡布列克常数、用位运算的方式交换两个变量的值等。由浅入深地讲述，生动形象的程序实例，使读者学起C语言来有兴趣，不再感觉学习是很难、很枯燥的事了。

(4) 设计“思考”，启发动脑。

在典型例题之后，设计了思考题，启发引导读者进行更深入的思考，举一反三。不少读者反映，自己的编程能力差，案例程序可以读懂，但是却不会自己编写程序。作者期望通过设计思考题的方式引导读者增强编程能力。对于容易犯的错误以及需要注意的事项，设计了温馨提示，以润物细无声的方式提醒读者，避免学习中走弯路。

本书适用于C语言程序设计的初学者，可以作为普通高等院校电子信息类专业程序设计基础的教材，也可作为有兴趣学习C语言的非计算机专业学生的教材，同时本书也适合自学。

全书共11章，由刘玉英给出写作提纲和基本要求。第1、7、9、10章由刘玉英编写，第2、3、4章由肖启莉编写，第5、6、8章由刘臻编写，第11章由三人共同完成，附录部分由刘玉英编辑整理。最后全书由刘玉英统编定稿。

尽管本书作者都是多年讲授C语言程序设计课程的教师，有着比较丰富的教学经验，但是由于受到水平和写作时间的限制，仍然可能存在这样或那样的不足之处，恳请使用本书的教师、学生和其他读者批评指正，以便修改。

我们的联系方式是 E-mail：liuyy@zwu.edu.cn。

作　者

2011年5月

目　　录

第1章 C语言知识初步

本章主要内容：

- 简述C语言的发展；
- 通过C语言的实例介绍C语言的特点；
- 算法与流程图；
- C语言程序的开发步骤。

1.1 概 述

语言是人与人之间交流的工具，如汉语、英语等。C语言是人与计算机交流的工具。计算机最基本的功能是计算，如何实现计算，需要人向计算机发送指令。用C语言可以向计算机发送进行某种运算（或操作）的指令。指令（在C语言中称为语句）的有序集合即为程序，所以C语言又被称为程序设计语言。

C，是一种通用的程序设计语言，主要用来进行系统程序设计。它具有高效、灵活、功能丰富、表达力强和移植性好等特点，在程序员中备受青睐。C语言至今仍是目前世界上流行、使用最广泛的高级程序设计语言。

对操作系统、系统使用程序以及需要对硬件进行操作的场合，用C语言编写的程序明显优于其他高级语言编写的程序，许多大型应用软件都是用C语言编写的。

在C语言诞生以前，操作系统及其他系统软件主要是用汇编语言实现的。由于汇编语言程序设计依赖于计算机硬件，其可读性和可移植性都很差，而一般的高级语言又难以实现对计算机硬件的直接操作，因此人们需要一种兼有汇编语言和高级语言特性的语言。C语言就是在这种环境下产生的。

C语言最早是由Dennis Richie于1973年设计并实现。它的产生同UNIX系统之间具有非常密切的联系——C语言是在UNIX系统上开发的。而无论UNIX系统本身还是其上运行的大部分程序，都是用C语言编写实现的。同时，C语言同样适合编写不同领域中的大多数程序。C语言已经成为全球程序员的公共语言，并且产生了当前两个主流的语言C++和Java，它们都建立在C语言的语法和基本结构的基础上，而且现在世界上的许多软件都是在C语言及其衍生的各种语言的基础上开发而成的。

目前，在微机上广泛使用的C语言编译系统有Turbo C、Win-TC、C-Free、Visual C++ 6.0、C++ Builder 6.0等。虽然它们的基本部分都相同，但使用时有一些差异，本书采用Microsoft Visual C++ 6.0作为上机编程实验环境。

1.2 认识C语言程序

首先来看几个C语言的简单程序实例,通过程序来初步了解C语言。

【案例1.1】 输出简单的字符串“Hello, World!”。

```
#include<stdio.h>                          /*编译预处理命令*/
void main()                                /*main是C语言程序的主函数名*/
{
    printf("Hello, world!");               /*printf()是输出函数*/
}
```

案例1.1是一个完整的C语言程序。第一行是编译预处理命令,用“#”开头,“include”表示文件包含,尖括号中就是被包含的文件,“stdio.h”表示输出输入的头文件,该文件是由编译系统提供的,对输入输出函数提供支持。该行完整的含义是将输入输出的头文件包含到本程序中来。

第二行中,main是C语言程序的主函数名,在一个完整的程序中有且只有一个main函数。程序执行时从main开始,到右花括号结束。void表示函数的返回类型为无返回值。第二行也被称为函数首部。

第三行中,printf()是输出函数,该函数是系统提供的标准库函数,用户直接调用就可以了,使用中有一些具体要求,如输出格式符、控制字符等,详见第2章的叙述。在这里是用来输出双引号中的多个字符。双引号中的若干个字符被称为字符串。本行被称为函数调用语句。

程序中“{”和“}”之间的部分称为函数体,也就是一个程序所需要完成的任务,用若干条语句实现,写在函数体内。

程序中“/*”和“*/”中间的部分是注释,用于解释程序或语句的作用,不参与程序的编译与执行。本案例程序的运行结果为:

```
Hello, World!
```

【案例1.2】 求两个整数的和,并显示输出。

分析:求两个数之和,在程序中要先定义两个整型变量,设它们为x、y,然后把数据存放在变量中,求它们的和,并把它存放在另一个变量z中,跟数学算式$z=x+y$的含义是一样的。

```
#include<stdio.h>
void main()
{   int x, y, z;                           /*定义整型变量x、y、z*/
    x=3;  y=5;                             /*为变量x赋值为3,为变量y赋值为5*/
    z=x+y;                                 /*求x与y的和,并将和赋予变量z*/
    printf("z=%d\n",z);                    /*输出结果*/
}
```

案例1.2在函数体内首先定义了3个整型变量,int是定义整型变量的关键词,变量名

分别为 x, y, z,为变量 x、y 分别赋值为 3 和 5,再计算它们的和将其赋给变量 z,最后按照函数 printf()中指定的格式输出结果。双引号“z=%d\n”中,z=是普通字符,输出时原样输出,%d 是格式控制符,表示在该位置输出一个十进制整型数,其数值由逗号后面的变量 z 确定。程序的运行结果为:

```
z=8
```

程序中第三行定义变量也称为声明语句,第四至六行为执行语句。声明语句不产生机器操作,只是通知编译系统定义变量的类型以及变量名称,便于系统在内存中分配相应的内存单元,并在以后的执行中按照指定名称和类型进行相关处理;执行语句产生机器操作,要完成某种指定任务,例如赋值、算术运算、输入、输出等。

相关知识点 1:标识符的命名规则

每个变量都要有一个合法的名称,以便在编程时使用。名称也被统称为标识符,它可以是变量名、数组名、函数名、指针变量名等。标识符可以由单个英文字母构成,如 x、y 等,也可以是英文字母与数字的组合,如 x2,还可以是下划线带字母或数字,如_123 等。但是,标识符的第一个字母只能是字母或下划线。C 语言中的关键字(如 int、char、for 等)不能作为标识符来使用,因为它们有特定的含义。

【案例 1.3】 顺序输出 26 个英文小写字母。

分析:为了输出 26 个英文字母,先输出 a,再输出 b,接着输出 c,按照字母的顺序输出方便处理。26 个英文字母在 ASCII 码表(在附录 C 中)上就是按顺序连续排列的,它们的 ASCII 码值后面的一个比前面一个大 1。那么,先给出第一个字符,加 1 就是下一个字符的值。找到了这个规律,用循环语句输出 26 个英文字母非常方便。

```
#include<stdio.h>
void main()
{   char c;                     /*定义字符型变量 c*/
    int i;                      /*定义整型变量 i*/
    c='a';                      /*为字符变量 c 赋值为'a', 即输出的第一个字母*/
    for(i=0;i<26;i++)           /*循环语句 for, 循环 26 次*/
    {   printf("%c ",c);        /*输出一个英文字母*/
        c=c+1;                  /*为输出下一个英文字母作准备*/
    }
}
```

程序运行结果为:

```
a b c d e f g h i j k l m n o p q r s t u v w x y z
```

案例 1.3 采用的方法是每次输出一个字母,输出 26 次完成任务。首先将第一个要输出的字母‘a’赋予字符变量 c,输出后改变 c 的值,使 $c=c+1$ 后再输出。‘a’的 ASCII 值为 97,加 1 后为 98,98 也是字符‘b’的 ASCII 值,依此类推,c 变量进行 26 次加 1 后输出,即把从 a 到 z 的 26 个字母输出完毕。

在程序中,‘a’是字符常量,而 c 是字符变量。

for()语句是循环语句，循环次数用变量 i 来控制，变量 i 的值从 0 开始，到 25 结束，每次加 1，共进行 26 次循环。

为了在输出时使字符与字符间隔开，在输出一个字符后加上一个空格，在程序中由"%c "控制。

请思考：若输出 26 个大写英文字母，程序应如何改？

温馨提示：

① 字符常量带单引号，字符变量没有单引号。

② 所有变量必须先定义，后使用。定义即是声明变量的类型、变量名等，使用可以是为变量赋值(如 c=‘a’)，或进行运算(如 $c=c+1$)等。

相关知识点 2：C 语言中的关键字

关键字是由 C 语言预定义的具有特定含义的单词，通常也称为保留字，它们在程序中有特定的使用目的，在定义标识符时不要使用这些关键字。C 语言共有 32 个关键字，主要分为以下几类。

数据类型(12 个)：char、double、enum、float、int、long、short、signed、struct、unsigned、union、void

存储类型(4 个)：auto、static、extern、register

控制语句(12 个)：break、case、continue、default、do、else、for、goto、if、return、switch、while

其他关键字(4 个)：const、sizeof、typedef、volatile

在编写程序时，关键字只能是小写字母，若改为大写字母就不再是关键字，而是普通标识符。

相关知识点 3：C 语言中的语句

C 语言的语句用来向计算机系统发送操作指令。C 语言程序由函数构成，而函数由若干条语句按照一定的次序构成。按照语句在程序中所起的作用可分为 5 类：

(1) 控制语句。控制语句可完成一定的控制功能，例如分支、循环、流程转向控制等。C 语言有 9 种控制语句，具体如下。

if-else：条件语句，用来实现选择结构。

switch：多分支选择语句。

for：循环语句，用来实现循环结构。

do-while：循环语句，用来实现循环结构。

while：循环语句，用来实现循环结构。

continue：流程控制语句，结束本次循环。

break：流程控制语句，终止执行 switch 或循环语句。

return：流程控制语句，从函数返回。

goto：流程控制语句，转向语句，现在已基本不用。

(2) 表达式语句。它由一个表达式加分号构成。例如：

```
z=x+y
```

是一个表达式，而

```
z=x+y;
```

是表达式语句,它们只差一个分号,最简单的表达式语句是赋值表达式语句。再次强调:语句以分号结尾。

(3) 函数调用语句。它由函数调用加分号构成,例如:

```
printf("Hello, world!");
```

printf()是一个库函数,上面语句是调用该函数。函数调用也可以出现在表达式语句或其他场合中。例如:

```
c=max(a,b);                              /*表达式语句*/
```

或

```
printf("%d",max(a,b));                   /*函数调用语句*/
```

都正确。

(4) 空语句。只由一个分号构成,它什么操作都不执行。空语句有时用做流程的转向点,有时也可作为循环体语句,只循环规定次数,但是任何实际操作都不做。

(5) 复合语句。用花括号括起来的若干语句构成复合语句,经常在 if-else 或循环中使用复合语句。

相关知识点 4:C 语言程序结构特点

(1) C 语言程序由函数构成,而函数由若干条语句构成,每个 C 语句都由分号结尾。

(2) C 语言程序可以由若干个函数构成。但是,main 函数必须有,而且只能有一个。除 main 函数外,还可以包含标准库函数和自定义的函数。

(3) C 语言的特点:

① 语言简洁,结构紧凑,使用方便、灵活。

C 语言一共有 32 个关键字和 9 条控制语句,且源程序书写格式自由,在一行中可以写一条语句,也可以写多条语句。一条语句也可以写在多行中。

② 运算符极其丰富,数据处理能力强。

C 语言一共有 45 种运算符,它把括号、赋值号、强制类型转换符号等都作为运算符处理,使得 C 语言的运算符类型极为丰富,表达式类型多样化。灵活使用可以实现其他高级语言难以实现的运算和操作。

③ 数据结构丰富。

C 语言的数据类型有整型、实型、字符型、数组、指针、结构、联合等,用它们可以实现各种复杂的数据结构(如链表、树等)。特别是指针类型,使用起来灵活多变。

④ 具有结构化的控制语句,是一种模块化的程序设计语言。

如 if-else 语句、while 语句、for 语句、break 语句等,可以在程序中使用所有的控制语句构成分支结构、循环结构。另外,函数是 C 语言的基本单位,用函数作为程序模块,以实现程序的模块化。

⑤ 可移植性好。

C 程序本身基本上可以不做任何修改,就能运行在各种不同型号的计算机和各种操作系统环境上。例如,现在常用的 TC、Visual C++ 6.0 等编译系统。

⑥ C 语言允许直接访问物理地址,可以直接对硬件进行操作。

C 语言提供了某些接近汇编语言的功能,如位运算等,能直接访问物理地址,直接对硬件进行操作,从而有利于编写系统软件。

⑦ C 语言程序生成目标代码质量高,程序执行效率高。

⑧ C 语法限制不太严格,程序设计自由度大。

一般的高级语言语法检查比较严,能够检查出几乎所有的语法错误。而 C 语言允许程序编写者有较大的自由度。

1.3 算法与流程图

程序是为了实现某种运算或操作,因此程序一般包括对数据的描述和对操作的描述。

数据一般分为整型、实型、字符型等基本数据类型,数据的存储方式又分为静态存储和动态存储等。对数据的描述就是要在程序中指出数据的类型和存储方式,以便对数据进行相应的操作。对操作的描述,就是对数据的处理步骤,即每一步要做的事情,也称为算法。

算法是指为解决一个问题而采取的方法和步骤,编程序就是把方法或步骤用一种编程语言来描述。算法实际上是解决"做什么"和"怎么做"的问题。算法具有以下特点:

(1) 有穷性。一个算法必须保证执行有限步之后结束。

(2) 确定性。算法的每一步骤必须有确切的定义。

(3) 输入。一个算法有 0 个或多个输入,以刻画运算对象的初始情况,所谓 0 个输入是指算法本身决定了初始条件,不需要从键盘输入数据。

(4) 输出。一个算法有一个或多个输出,以反映对输入数据加工后的结果。没有输出的算法是毫无意义的。

(5) 有效性。算法原则上能够有效地运行,并能得到确切的结果。

解决一个问题可以有多种算法,不同的算法可能所需要的时间(即运行速度)和空间(即占用内存单元多少)都不同,效率也不同,算法的优劣程度也不同。算法可以用自然语言描述,可以用伪代码描述,也可以用流程图描述。

流程图是指用一些图框和流程线来表示操作步骤。美国国家标准化协会 ANSI 规定了一些常用的流程图符号,如图 1.1 所示。

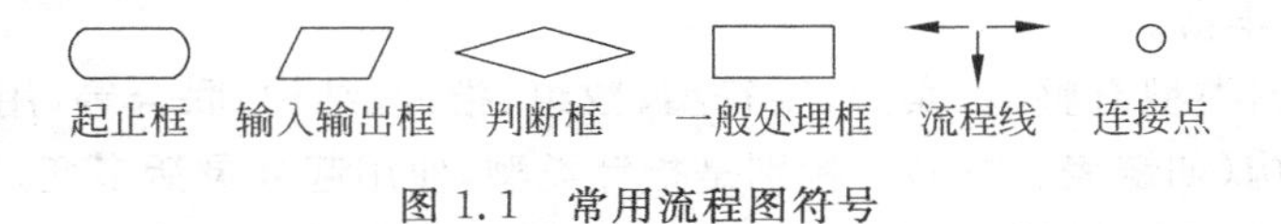

图 1.1 常用流程图符号

【案例 1.4】 求 1～100 之间的偶数之和,并显示输出结果。

分析:求 1～100 之间的偶数之和,即 2+4+6+…+98+100,有 50 个数相加,因为要多次求和,运算步数较多,所以用循环处理比较简单。先定义两个变量,一个变量 i 用来做循环控制变量,初始值为 0,下次使之加 2,变成 2,再加 2 变成 4,依次变成 6、8、10、…、100 为止,另一个变量 sum 用于累加,初始值为 0,在 i 变化的同时累加 i 的值,每次使 $sum+i$ 赋予 sum,首次累加 $sum=0$,第 2 次累加 $sum=2$,第 3 次累加 $sum=6$,直至累加到 $i=100$ 结束，最后输出累加和。

从自然语言描述的算法中可以看出，变量 i 需要变化多次，从 0 到 2，再到 4，…，直至 100，变量 sum 同样变化多次，随 i 的变化累加，这个过程由循环完成。

求 1～100 之间的偶数之和的算法描述用流程图来表示更加简单明了，如图 1.2 所示。

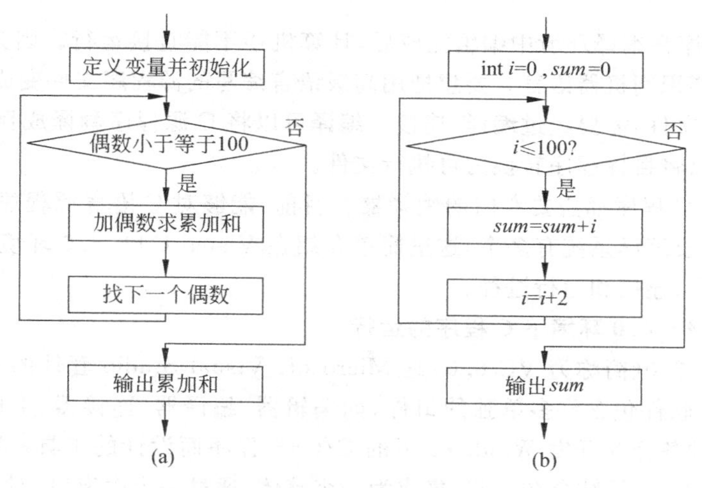

图 1.2　求 1～100 之间偶数和流程图

图 1.2(a)是用自然语言描述的框图表示，图 1.2(b)是同一问题的符号描述，(a)与(b)相同位置的图框含义相同。按照(b)图的流程顺序可以方便地编写出一个解决该问题的程序。

1.4　C 语言程序的开发

C 语言程序的开发分以下几步来完成：

(1) 首先要明确任务，也就是了解要解决的问题是什么。

(2) 设计问题的解决方案，也就是确定算法。

(3) 编写程序代码，用 C 语言的语句按照确定的算法写出程序。

(4) 在编译环境中将 C 程序源代码录入到计算机中，并存盘，该过程即为编辑。

(5) 进行编译、连接，排除程序中存在的语法和词法错误。

(6) 运行程序并用数据进行测试，检查是否能够完成预定任务。若程序的执行结果满足题意要求，那么，这个程序就开发成功了。

现在以求 1～100 之间的偶数之和为例简单描述一下开发过程。

1. 编写源程序

任务：求 1～100 之间的偶数之和。

算法：用循环控制求累加和，反复执行 $i=i+2$，$sum=sum+i$ 操作。

按照图 1.2(b)所示的流程图写出源程序：

```
#include<stdio.h>
void main()
```

```
{   int i, sum=0;                      /* 定义变量并确定初始值 */
    for(i=0; i<=100; i=i+2)            /* 循环求累加和。设置循环变量初值、循环条件、步长 */
        sum=sum+i;                                            /* 循环体 */
    printf("1--100之间的偶数和为:%d\n", sum);                  /* 输出计算结果 */
}
```

C语言源程序在编译环境中编辑完成后，计算机还不能直接运行。因为C语言是高级语言，计算机只能识别机器语言。要想把用高级语言编写的源程序文件变成计算机能识别、能运行的可执行文件，需要经过编译、连接。编译可以将C源程序翻译成目标程序，即二进制代码，连接可以将目标程序转换为可执行文件。

编译和连接C程序都需要专门的编译器。目前，能够对C语言源程序进行编译、连接处理并运行的集成编译系统有多个，这里简单介绍在Visual C++ 6.0环境下，一个C语言程序的编辑、编译、连接和运行过程。

2. Visual C++ 6.0环境下C程序的运行

Visual C++ 6.0(简称为VC 6.0)是Microsoft Visual Studio套件的一个有机组成部分。Visual C++软件包含许多单独的组件，如编辑器、编译器、连接器、生成实用程序和调试器等，以及各种各样为开发Windows下的C/C++程序而设计的工具。Visual Studio把所有的Visual C++工具结合在一起，集成为一个整体，通过一个由窗口、对话框、菜单、工具栏、快捷键等组成的完整系统，可以观察和控制整个开发过程。

Visual C++ 6.0的主界面具有标题栏、菜单栏和工具栏。标题栏的内容是Microsoft Visual C++；菜单栏提供了编辑、运行和调试C/C++程序所需要的菜单命令；工具栏是一些菜单命令的快捷按钮，单击工具栏上的按钮，即可执行该按钮所代表的操作。

在Visual C++ 6.0主界面的左侧是项目工作区(Workspace)窗口，右侧是程序编辑窗口，下方是输出(Output)窗口。项目工作区窗口用于显示所设定的工作区的信息；程序编辑窗口用于输入、修改源程序；输出窗口用于显示程序编译、运行和调试过程中出现的状态信息，如图1.3所示。

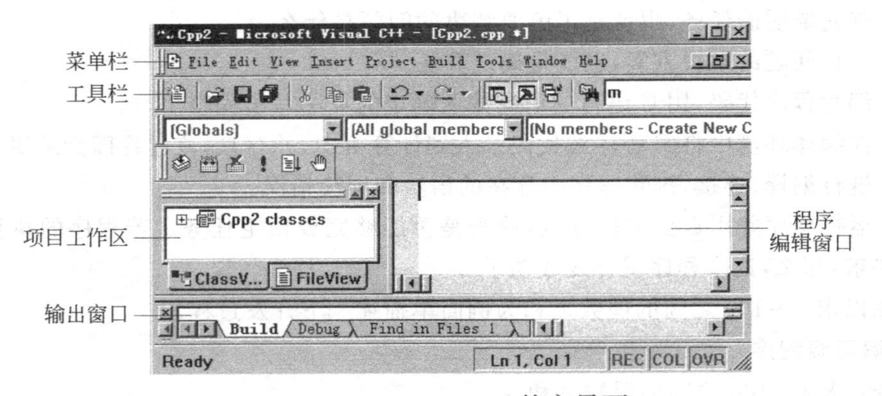

图1.3 Visual C++ 6.0的主界面

用C语言编写好一个程序后，要上机调试运行。第一步编辑源程序文件，其扩展名为.c；第二步编译源程序文件生成目标文件，目标文件的文件名与源程序文件名相同，其扩展名为.obj；第三步连接程序，将目标文件与C的库文件相连接，生成可执行文件，可执行文件的文件名与源程序文件名相同，其扩展名为.exe；第四步运行可执行文件，实现程序所具有的功能。

第一次使用 Visual C++ 6.0 时，在进入开发环境之前，最好建立一个专用子目录。该子目录专门保存 C 源程序文件、目标文件、可执行文件以及系统自动生成的其他文件。

1) 创建一个工程

在 Visual C++ 6.0 主窗口的菜单栏中选择 File|New 菜单项，这时屏幕出现一个 New 对话框，如图 1.4 所示。单击该对话框的 Projects 标签，在 Projects 选项卡中选择 Win32 Console Application 选项，表示建立 Win32 控制台应用程序。在对话框右侧的 Location 文本框中指定文件存储路径，在 Project name 文本框中输入工程名称(如 abc)。同时选中 Create new workspace 单选按钮，表示在建立工程的同时建立项目工作区，单击 OK 按钮。

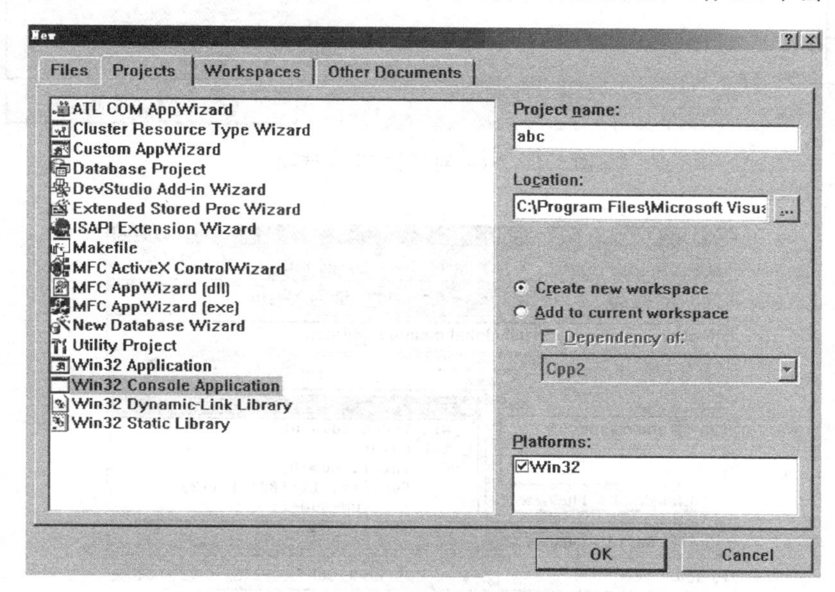

图 1.4　New 对话框 Projects 选项卡

在弹出的 Win32 Console Application-Step 1 of 1 对话框中选择 An empty project 选项，表示建立一个空的工程，然后单击 Finish 按钮，出现 New Project Information 对话框，在确认项目建立的信息后，单击 OK 按钮，从而完成了一个工程的创建。

2) 新建或打开 C 源程序文件

新建的工程是空的，其中没有任何具体内容。下面要在新工程中建立一个 C 源程序文件，在 Visual C++ 6.0 主窗口的菜单栏中选择 File|New 命令，在出现的 New 对话框中单击 File 标签，选中 C++ Source File 选项，表示要建立新的源程序，如图 1.5 所示。在对话框右侧的 File 文本框中输入源程序文件名(如 x，其扩展名默认为.cpp)。单击 OK 按钮后，回到 Visual C++ 6.0 主窗口，现在即可在光标所在处的编辑窗口输入或修改源程序，如图 1.6 所示。

在程序编辑窗口中输入源程序后，选择 File|Save 命令，保存已经输入的源程序文件。

如果源程序文件已经存在，可选择 File|Open 命令，并在查找范围中找到正确的文件路径，打开指定的程序文件。

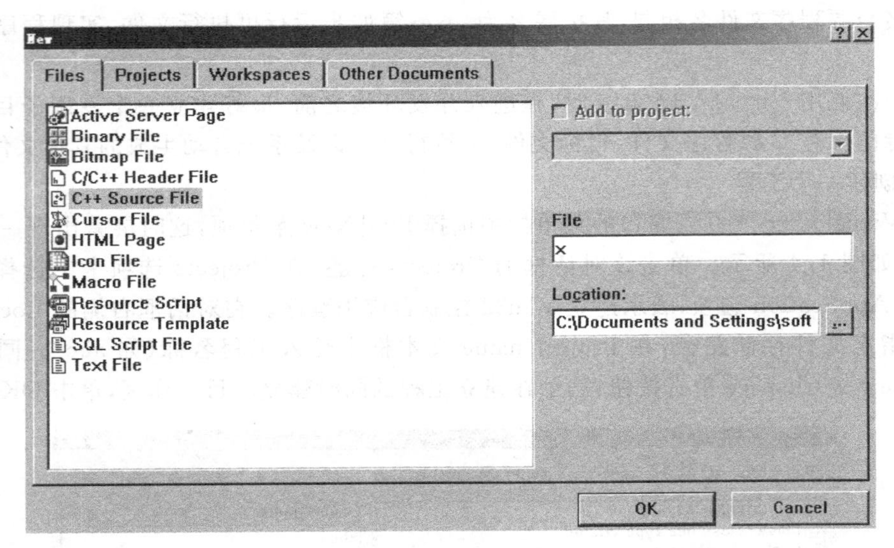

图 1.5　New 对话框 Files 选项卡

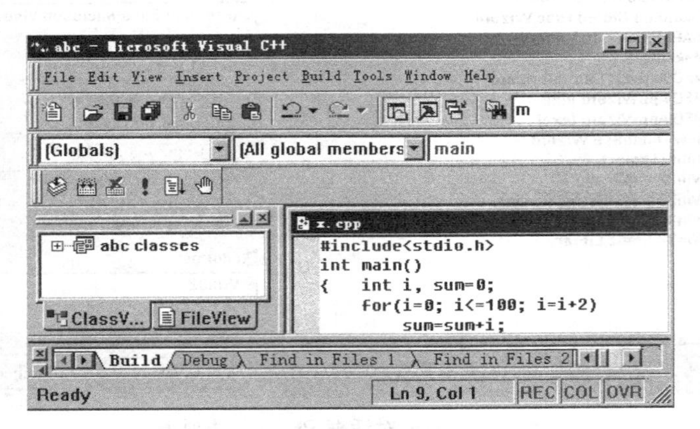

图 1.6　编辑源程序

3）源程序的编译

在 Visual C++ 6.0 主窗口菜单栏中选择 Build | Compile x.cpp 命令，对源程序进行编译。

在编译过程中，编译系统检查源程序中有无语法错误，然后在输出窗口显示编译信息。如果程序没有语法错误，则生成目标文件 x.obj，并在输出窗口中显示：

```
x.obj-0 error(s),0 warning(s)
```

表示没有任何错误，如图 1.7 所示。

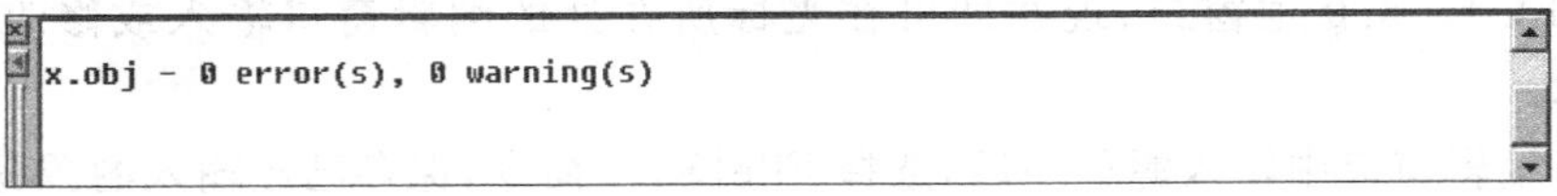

```
x.obj - 0 error(s), 0 warning(s)
```

图 1.7　编译后输出窗口显示的信息

编译时检查出的错误分为两类：一类是严重错误(Error)，又称为致命的错误，必须进行修改，否则不能对程序进行下一步处理；另一类是警告性错误(Warning)，它不影响进入下一步处理过程，但最好根据提示信息修改源程序，纠正警告性错误，使程序在编译后没有任何问题。

假如有严重错误，则系统会指出错误的位置和信息，双击某行出错信息，程序窗口中会指示对应出错位置，根据信息窗口的提示分别予以修改。纠正错误一定要从第一个开始，因为前面的错误有可能导致或引起后面的错误。第一个错误纠正后就进行编译，不要等所有的错误改完再编译，直至编译后状态输出窗口显示“0 error(s)，0 warning(s)”信息，表示没有任何错误，编译通过。

4）目标程序的连接

在生成目标程序后，还要把程序和系统提供的资源(如库函数、头文件等)连接起来，生成可执行文件后才能运行。此时在主窗口菜单栏中选择 Build|Build x.exe 命令，表示要求连接并生成一个可执行文件 x.exe 。同样，在输出窗口中会显示连接信息，如果有错，则需要返回去修改源程序。修改后再重新进行编译和连接，直至没有连接错误为止，如图 1.8 所示。

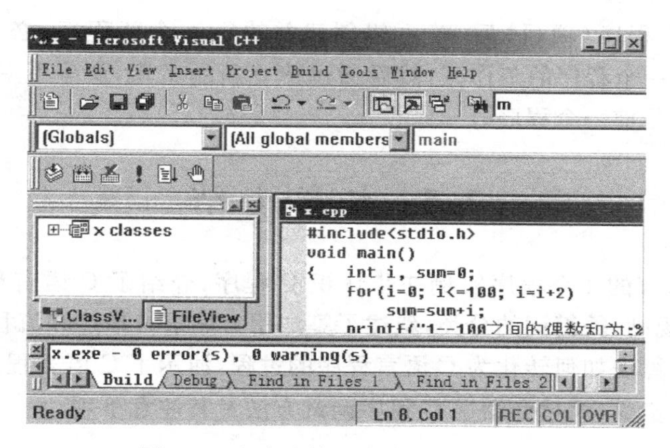

图 1.8　程序连接后生成可执行文件

以上几步也可以在主窗口菜单栏中选择 Build|Build 命令(或按 F7 键)一次完成编译与连接。

5）可执行文件的运行

在生成可执行文件后，就可以运行该文件了。在 Visual C++ 6.0 主窗口菜单栏中选择 Build|Execute x.exe 命令(或单击工具栏中的!按钮或按 Ctrl＋F5 组合键)运行可执行文件。程序运行时将自动打开一个输出窗口，并使显示光标处于该窗口的左上角位置。每次执行程序时，要输出的内容将在当前的光标位置上显示出来，然后显示光标自动后移；每次执行输入语句时，从键盘输入的内容也在当前的光标位置上显示出来，然后显示光标自动后移。程序运行结束，将在该窗口显示 Press any key to continue 提示信息，此时按下任意键后将关闭输出窗口，重新回到 Visual C++ 6.0 主窗口，可以继续后面的工作，如图 1.9 所示。

程序运行结束后，如结果正确，那么一个程序从编写到运行结束，一个完整的过程到此

```
"C:\Program Files\Microsoft Visual Studio\VC98\Debug\x.exe"
1--100之间的偶数和为:2550
Press any key to continue
```

图 1.9　程序执行结果

为止。但有时会出现这样一种情况，在编译、连接时都没有出现错误，运行过程也很正常，但是程序运行的结果不满足题意的要求。例如，编程计算 1＋1/2＋1/3＋1/4＋…，程序运行结果为 1，显然是错误的。这种错误不是语法问题，而是算法问题，就是说程序设计的算法存在缺陷，导致出现运行结果不满足题意要求。对于这样的问题，可以采用两种方法来处理：一种方法是在程序的某些可执行语句后添加输出语句，查看语句的执行结果是否正确，能够较快地查找到问题所在；另一种方法是在程序执行时设置断点，执行一段程序停顿时查看结果是否正确，一段一段地排除错误。排除算法错误比排除语法错误难度大，要靠经验的积累。设置断点的方法详见第 11 章实验指导部分。

对于一般控制台程序也可以不建立工程，直接从建立 C 源程序文件开始，也就是直接从步骤 2 开始，然后进行编译、连接和运行等一系列操作。

6）关闭程序工作区

在完成一个 C 程序（项目）后，若希望创建并执行一个新程序，必须选择 File | Close Workspace 关闭前一个程序的工作区，然后通过建立新的工程，产生下一个程序的工作区，否则运行的将一直是前一个程序。

1.5　本章小结

本章通过 C 语言的 4 个程序实例初步认识 C 程序，介绍了 C 语言程序设计的一些特点、标识符的命名规则、关键词的分类，叙述了算法用自然语言描述和流程图描述的方法，以及将流程图描述的算法如何转化为 C 语言程序的过程，演示了 C 语言程序的编辑、编译、连接和运行的方法和步骤，简单介绍了 C 程序调试方法及其注意事项。

习　　题

1. 下面哪些在 C 语言中是合法的变量名？

Abc，x-y，s_c，u * v，123m，int，Float，w5，unsigned，CHAR，begin，a2b

2. 填空题

（1）在 C 语言中，输入操作是由库函数________实现的，输出操作是由库函数________实现的。

（2）一个 C 语言源程序中必须有且只能有一个________函数。

（3）在 C 语言源程序中注释部分两侧的分界符分别为________和________。

（4）C 语言语句末尾用________作为语句的终止符。

（5）C 语言源程序由________构成。

（6）标识符可以由________、________和________ 3 种符号组合构成，其中，________不可以作为标识符的第一个字符出现。字母大、小写认为是（相同/不同?）________的标识符。

(7) 程序编译时可能出现的错误是________、________。

3. 模仿案例1.1,输出自己的学号、姓名、年龄、性别、专业、班级等信息。

4. 模仿案例1.4,求1～100之间的奇数之和,并显示输出结果。

5. 有3个同样大小的瓶子,一个装橙汁,一个装苹果汁,还有一个是空瓶。现在要求将橙汁和苹果汁交换瓶子,请用语言描述怎样才能做到。

第 2 章　基本数据类型及其操作

本章主要内容：

- 数据类型的分类以及数据的表现形式；
- 变量的定义与使用；
- 算术、赋值运算符及其表达式；
- 数据的输入与输出。

2.1　C 语言的基本数据类型

数据是程序处理的对象，程序的主要任务就是对数据进行加工、处理。计算机中的数据包括数值型数据和非数值型数据两种。例如，数学中的整数、实数就是数值型数据，而文字、字符、图像、声音等就是非数值型数据。为了有效地表达各种各样的数据，一般把数据分为若干类型。在 C 语言中，可以将数据分为基本数据类型、构造数据类型、指针类型、空类型四大类，其中某些类型还可以进一步细分，详情如图 2.1 所示。不同的数据类型所表示的数值范围、精度和所占据的存储空间均不同。

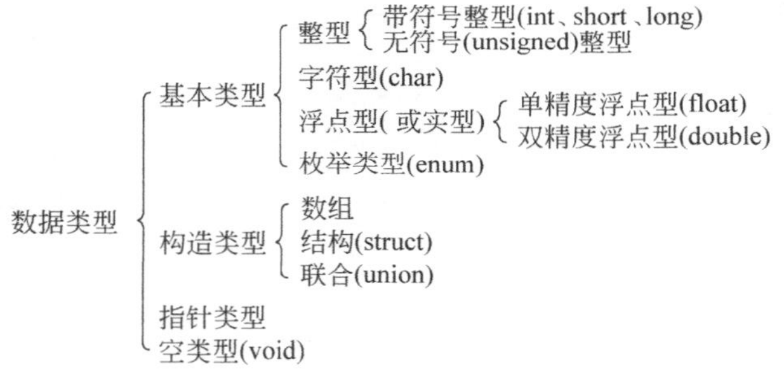

图 2.1　C 的数据类型

本章主要介绍 C 语言的基本数据类型，主要有整型(int)、浮点型、字符型(char)等。其余数据类型将在以后章节中陆续介绍。

2.2　常量与变量

【案例 2.1】　求任意两个整数的平均值，并输出运算结果。

分析：为了能够实现求任意两个整数的平均值，在此，用整型变量 x 和 y 表示这两个整数。由于平均值可能是整数，也可能是实数，可以用一个 float 类型的变量 z 存放平均值。这样，关于问题的求解就很方便了。

```
#include<stdio.h>
```

```c
void main()
{   int x,y;                    /*定义整型变量 x,y*/
    float z;                    /*定义实型变量 z*/
    x=3;  y=5;                  /*为变量 x、y 赋值*/
    z=(x+y)/2.0;                /*求平均值*/
    printf("z=%f\n",z);         /*输出运算结果*/
}
```

程序运行结果为:

```
z=4.000000
```

程序的根本是对数据进行处理。在程序中,数据主要有常量和变量两种表现形式。其中,常量可以不经说明而直接引用,而变量则必须先定义后使用。在上述程序中,3、5、2.0 是常量,x、y、z 是变量。常量和变量都有数据类型,常量的数据类型可以从其形式上看出,例如,100、5、32 是整数类型的常量;9.0、3.2、85.4 是实数类型的常量;'a'、'b'、'D'、'5'、'+'是字符型常量。而变量的数据类型必须在定义时指出。

相关知识点 1:常量

在程序执行过程中,其值不能被改变的量称为常量。常量的数据类型可以从其形式上看出,主要有整型常量、实型常量、字符型常量等几种。

1) 整型常量

整型常量即没有小数部分的数值,主要有以下 3 种形式:

✧ 十进制整数。如 58、−95 等。

✧ 八进制整数。以数字 0 开头的整数,如 056、065 等。

✧ 十六进制整数。以 0x 或 0X 开头的整数,如 0x58、0X95、0x8E、0XAB 等。

整型常量后缀字符 l 或 L 表示 long 类型常量,否则为 int 类型;整型常量后缀字符 u 或 U 表示 unsigned 类型常量。

2) 实型常量

在 C 语言中,实型常量主要有两种形式。

(1) 十进制形式:由数字和小数点组成,小数点不能省略,如 12.5、0.2 等。

(2) 指数形式:由小数和指数两部分组成,指数部分的底数用字母 e 或 E 表示,表示为:

<尾数>E(e)<整型指数>

形式,如 1.245e2(即十进制数 1.245×10^2)。实型常量后缀字符 f 为 float 类型,否则默认为 double 类型。

温馨提示:

① 实型常量不能用八进制和十六进制形式表示。

② 在使用指数形式表示实型常量时,字母 e 或 E 之前必须有数字,且字母之后的指数必须为整数。如 e8 和 10.2e0.3 都是不合法的实型常量。

③ 实型常量的类型默认为双精度浮点型。

④ 并不是所有的实数都能在计算机中精确表示。

由于实型数据提供的有效数字是有限的，在有效位以外的数字有可能会产生一些误差。例如，x 加 10 的结果理应比 x 大，但在案例 2.2 中，二者的结果却是相同的。

【案例 2.2】 浮点型数据的舍入误差。

```
#include<stdio.h>
void main()
{   float x,y;
    x=12345678e5;
    y=x+10;
    printf("x=%f y=%f\n",x,y);
}
```

程序运行结果为：

```
x=1234567823360.000000  y=1234567823360.000000
```

从程序运行结果可以看到，程序运行后输出 y 的值与 x 相等，这显然和预期的不同。这是由于 float 型变量只有 7 位有效数字，后面的数字是不能精确表示的。所以运行程序得到的 x 和 y 的值都是 1234567823360.000000。可以看到，前 8 位是准确的，后几位就不准确了，把 10 加上，是无意义的。也就是说，在编写程序时，应尽量避免一个较小的数与一个特大数相加。

3）字符常量

字符类型的常量（简称字符常量）就是用单引号引起来的一个字符。例如，'a'、'b'、'D'、'5'、'+'等都是字符常量。

温馨提示：

① 'a'和'A'是两个不同的字符常量。

② '3'和 3 是不同类型的常量。其中，'3'表示数字字符，是字符常量；而 3 表示数字，是整型常量。

还有一类具有特定含义的字符常量，就是用"\"开头的一个或几个字符，称为转义字符。例如，'\n'表示换行符。表 2.1 列出了 C 语言中常用的转义字符及其功能。

表 2.1　转义字符

字符形式	功　能	字符形式	功　能
\n	换行	\t	水平跳格
\b	退格	\f	换页
\v	垂直跳格	\'	单引号
\"	双引号	\0	空字符
\\	斜杠	\ddd	3 位八进制数 ddd 所代表的字符
\a	报警	\xhh	2 位十六进制数 hh 所代表的字符
\r	回车		

温馨提示：

① 转义字符常量，如‘\n’、‘\101’、‘\141’，都只代表一个字符。

② 对于整型常量可以用八进制形式表示，此时必须以数字 0 开头，如 056 就表示八进制数 56。而在转义字符中，反斜线后的八进制数可以不用 0 开头。如‘\101’中的 101 就是八进制数，该转义字符代表的就是字符常量‘A’。

③ 反斜杠后的十六进制数只可由小写字母 x 开头，不允许用大写字母 X 开头，也不能用 0x 开头。如‘\x41’代表字符常量‘A’。

4）字符串常量

字符串常量是用一对双引号括起来的若干字符序列。字符串中字符的个数称为字符串长度。长度为 0 的字符串（即一个字符都没有的字符串）称为空串，表示为“”（一对紧连的双引号）。例如，“How do you do.”、“Good morning.”等都是字符串常量，其长度分别为 14 和 13（空格也是一个字符）。如果反斜杠和双引号作为字符串中的有效字符，则必须使用转义字符。例如，字符串“C:\msdos\Visual C++ 6.0”的正确形式为“C:\\msdos\\Visual C++ 6.0”。

C 语言规定：在存储字符串常量时，由系统在字符串的末尾自动加一个‘\0’作为字符串的结束标志。但是，在源程序中书写字符串常量时，不必加结束字符‘\0’。如果有一个字符串为“CHINA”，则最后一个字符‘\0’是系统自动加上的，它占用 6 字节而非 5 字节内存空间。

温馨提示：字符常量与字符串常量的区别。

① 定界符不同。字符常量使用单引号，而字符串常量使用双引号。

② 长度不同。字符常量的长度固定为 1，而字符串常量的长度可以是 0，也可以是某个整数。

③ 存储要求不同。字符常量存储的是字符的 ASCII 码值，而字符串常量除了要存储有效的字符外，还要存储一个结束标志‘\0’。

5）符号常量

在 C 语言中，还可以用一个标识符来表示一个常量。这种用符号表示的常量被称为符号常量。其一般定义格式为：

```
#define 标识符  字符串
```

例如：

```
#define  MAX  100
#define  PI  3.1415926
```

表示定义符号常量 MAX 的值为 100，符号常量 PI 的值为 3.1415926。

温馨提示：

① 符号常量在使用之前必须先定义。符号常量被定义后，在程序运行过程中，其值不可改变，在程序中符号常量名就代表定义时给出的数值。

② 习惯上，符号常量的标识符用大写字母表示。

【案例 2.3】 计算球的表面积和体积。符号常量的应用。

```
#include<stdio.h>                          /*文件包含预处理命令*/
#define  PI  3.1415926                     /*定义符号常量PI,表示3.1415926*/
void main()
{  double r,s,v;          /*定义double型变量r、s、v,分别表示球的半径、表面积和体积*/
   r=3.5;                                  /*为半径r赋值*/
   s=4.0*PI*r*r;                           /*计算表面积*/
   v=4.0/3.0*PI*r*r*r;                     /*计算体积*/
   printf("s=%f,v=%f\n",s,v);              /*输入计算结果*/
}
```

程序运行结果为：

```
s=153.938037,v=179.594377
```

相关知识点 2：变量

在程序运行期间,其值可以被改变的量称为变量。在C语言中,通常用变量来保存程序运行过程中输入的数据、中间运算结果、最终运算结果等。变量也分整型、实型和字符型。整型又可分为基本整型(int)、短整型(short)和长整型(long),这类整型是带符号整型,与之相对应的还有无符号整型(unsigend)。实型又叫做浮点型,可分为单精度浮点型(float)和双精度浮点型(double)。在程序中必须首先为所有的变量指定数据类型。

1) 变量的定义

变量的数据类型在变量定义时指出,变量在使用之前必须先定义。变量定义的一般形式为：

类型标识符　　变量名表；

例如：

```
int fahr;                                  /*定义整型变量fahr*/
float celsius;                             /*定义单精度浮点型变量celsius*/
double x,y;                                /*定义双精度浮点型变量x和y*/
char c1,c2;                                /*定义字符类型变量c1和c2*/
```

温馨提示：

① 定义变量时要指定变量名和数据类型,相同数据类型的多个变量名之间用“,”隔开。例如：

```
double x,y;
char c1,c2;
int a,b,c;
```

② 习惯上,变量名用小写字母表示。

③ 变量名对应内存中的一个存储单元。

④ 变量对应存储单元的大小由变量的数据类型决定。

变量的数据类型不同,在编译过程中,系统为其分配存储空间的大小也不同。不同数据类型所表示的数值范围、精度和所占据的存储空间均不同。C语言没有具体规定各类数据所占内存的字节数，表2.2和表2.3分别列出了对整型和实型数据的分类，以及在Turbo C和Visual C++ 6.0编译环境下不同类型数据占据内存的字节数和相应的取值范围。字符类型的数据在内存中通常占用一个字节。

表2.2 整型数据所占内存空间和取值范围

类型说明符	Turbo C		Visual C++ 6.0	
	字节数	取值范围	字节数	取值范围
[signed] int	2	−32 768～32 767	4	−2 147 483 648～2 147 483 647
unsigned [int]	2	0～65 535	4	0～4 294 967 295
[signed] short [int]	2	−32 768～32 767	2	−32 768～32 767
unsigned short [int]	2	0～65 535	2	0～65 535
[signed] long [int]	4	−2 147 483 648～2 147 483 647	4	−2 147 483 648～2 147 483 647
unsigned long [int]	4	0～4 294 967 295	4	0～4 294 967 295

表2.3 实型数据所占内存空间和取值范围

类型说明符	Turbo C		Visual C++ 6.0	
	字节数	取值范围	字节数	取值范围
float	4	10^{-37}～10^{38}	4	10^{-37}～10^{38}
double	8	10^{-307}～10^{308}	8	10^{-307}～10^{308}
long double	8	10^{-307}～10^{308}	8	10^{-307}～10^{308}

⑤ 数学中的变量代表未知数；C语言中的变量代表保存数据的存储单元。

⑥ 变量定义必须放在变量使用之前，一般放在函数体的开头部分。在一个函数中，同一个变量只能定义一次。

2）变量的初始化

可以在定义变量的同时给它赋初值，这种给变量赋值的方式也称为变量的初始化。例如：

```
int i=0,j=1;                          /*定义变量 i 和 j,同时分别赋初值 0 和 1*/
int x,y=5.7;                          /*定义变量 x 和 y,并给 y 赋初值 5.7*/
```

在定义多个变量的同时，如果需要给它们赋相同的初值，则必须逐个进行。例如：

```
int i=1,j=1;                          /*定义变量 i 和 j,同时都赋初值 1*/
```

而语句

```
int i,j=1;
```

则表示定义变量 i 和 j，同时给变量 j 初始化为1，变量 i 并没有被初始化。

3）变量的赋值

变量可以在定义的同时给它赋初值，也可以在需要的时候给它赋值。例如：

```
int i,j;
```

```
i=0;
j=1;
```

先定义变量 *i* 和 *j*，然后分别给它们赋值为 0 和 1。

【案例 2.4】 输入某同学英语、高等数学以及 C 语言 3 门课的成绩，并计算该同学的总分和平均分。

分析：可以分别用 3 个整型变量 *english*、*math*、*c* 表示英语、高等数学以及 C 语言的成绩；用变量 *average* 表示平均成绩。由于平均成绩一般为实数，即带小数部分，因此，*average* 应定义为浮点类型的变量。这样，该同学 3 门课的总成绩和平均成绩的计算就很容易实现。

```
#include<stdio.h>
void main()
{   int english,math,c;                    /* 定义 3 个整型变量，分别表示 3 门课的成绩 */
    int sum;                               /* 定义整型变量 sum，用来保存总成绩 */
    float average;                         /* 定义单精度浮点类型 average 保存平均成绩 */
    printf("请输入英语成绩: ");
    scanf("%d",&english);                  /* 输入英语成绩 */
    printf("请输入高等数学成绩: ");
    scanf("%d",&math);                     /* 输入高等数学成绩 */
    printf("请输入 C 语言成绩: ");
    scanf("%d",&c);                        /* 输入 C 语言成绩 */
    sum=english+math+c;                    /* 计算总成绩 */
    average=sum/3.0;                       /* 计算平均成绩 */
    printf("该同学 3 门课的总成绩为%d,平均成绩为%f\n",sum,average);
}
```

程序运行结果为：

```
请输入英语成绩: 89↙
请输入高等数学成绩: 95↙
请输入 C 语言成绩: 92↙
该同学 3 门课的总成绩为 276,平均成绩为 92.000000
```

在以上程序中，计算平均成绩的语句为 *average*＝*sum*/3.0;，不能将其改写为 *average*＝*sum*/3;，因为在 C 语言中整数除以整数商仍为整数。

【案例 2.5】 将给定小写字母转换成大写字母。

```
#include<stdio.h>
void main()
{   char c1,c2;                            /* 定义两个字符类型的变量 */
    c1='a';                                /* 将字符常量'a'赋给字符变量 c1 */
    c2='b';                                /* 将字符常量'b'赋给字符变量 c2 */
    c1=c1-32;                              /* 求字符'a'对应的大写字母 */
    c2=c2-32;                              /* 求字符'b'对应的大写字母 */
```

```
    printf("%c %c\n", c1,c2);            /*输出字符变量c1、c2的值*/
}
```

程序运行结果为：

```
A B
```

字符类型的变量就是用来存放字符常量的变量，它只能存放一个字符。例如，字符型变量 *c*1 中存放的是字符常量'a'，*c*2 中存放的是字符常量'b'。

在计算机内部，字符是以 ASCII 码的形式存储的，每个字符都对应一个 ASCII 码值。其中，'a'的 ASCII 码为 97，'b'的 ASCII 码为 98，其余字符 ASCII 码值依次加 1；'A'的 ASCII 码为 65，'B'的 ASCII 码为 66，依此类推。同一个字母的大小写形式，其 ASCII 码相差 32。

将一个字符常量存放到一个字符变量中，实际上并不是把字符本身放到内存单元中，而是将该字符的 ASCII 码值放到存储单元中。也就是说，字符数据与整数的存储形式是类似的。这样，字符型数据和整型数据之间在一定范围内可以通用。一个字符数据既可以字符形式输出，也可以整数形式输出。对字符数据也可以进行算术运算，此时是对它们的 ASCII 码值进行算术运算。例如：

```
c1=c1-32;
c2=c2-32;
```

【案例 2.6】 向字符变量赋予整数。

```
#include<stdio.h>
void main()
{   char c1,c2;
    c1=97;
    c2=98;
    printf("%c  %c\n",c1,c2);
    printf("%d  %d\n",c1,c2);
}
```

程序运行结果为：

```
a  b
97  98
```

2.3 常用运算符与表达式

在解决问题时不仅要考虑需要哪些数据，还要考虑对数据进行哪些操作，以达到求解问题的目的。运算符就是实现数据之间某种操作的符号。例如，在数学中，"＋"、"－"、"*"、"/"就是分别用来求两个数据和、差、乘积以及商运算的符号，在 C 语言中它们也有相同的作用。

【案例 2.7】 计算表达式 1＋1/2＋1/3＋1/4＋1/5 的值。

分析：这是一个比较简单的多项式求和问题。在C语言中，求商运算是通过“/”运算符实现的，而且当“/”左右两边的操作数都是整数时，其结果也为整数。例如，1/2＝0。若“/”左右两边的操作数有一个是实数，其结果为实数，例如，1.0/2＝0.5。

根据分析可知，计算表达式中的分数项应将分子或分母改为实数才能满足题意要求。

```
#include<stdio.h>
void main()
{   float x;                                  /*定义一个浮点型的变量 x*/
    x=1+1.0/2+1.0/3+1.0/4+1.0/5;              /*将表达式 1+1/2+1/3+1/4+1/5 的值赋给变量 x*/
    printf("x=%f\n",x);                       /*输出变量 x 的值*/
}
```

程序运行结果为：

```
x=2.283333
```

相关知识点 1：算术运算符与算术表达式

算术运算符用于各类数值运算。C语言的算术运算符有：

＋(加)、－(减)、*(乘)、/(除)、%(求余或模运算)

算术运算符都是双目运算符，即运算符要求有两个运算对象。如 $x+y$、$x-y$、$x*y$、x/y、$x\%y$ 等。用算术运算符将运算对象连接起来的符合C语言语法规则的式子称为算术表达式。

算术运算符的优先级和数学中一样，在进行算术运算时，遵循的原则是“先乘除求余，后加减”。即 *、/和%的优先级高于＋和－。

算术运算符的结合方向为左结合性。即当表达式中出现优先级别相同的两个或多个运算符时，根据运算符的结合性决定先进行某个运算。例如，在表达式 2＋3－5 中，＋和－的优先级一样，到底是先进行“＋”运算还是先进行“－”运算，取决于算术运算符的结合性。由于算术运算符是左结合性，所以先进行“＋”运算。

温馨提示：

① “/”运算符可以实现整数和实数的除法运算。当其左右两边的操作数都是整数时，即整数除整数，结果也为整数。如 1/2 结果为 0，9/4 结果为 2；而 1.0/2、1/2.0、1.0/2.0 的结果均为 0.5。

请思考：5*($fahr$－32)/9 和 5/9*($fahr$－32)等价吗？

② “%”运算符只针对整型数据进行运算。例如：

```
5%6=5,9%4=1,100%4=0
```

③ 双目运算符两侧操作数的类型要相同。如果一个运算符两侧的数据类型不同，则先自动进行类型转换，使二者具有同一种数据类型，然后再进行运算。例如，表达式 1/2.0 在进行除法运算之前，系统首先将操作数 1 由 int 类型转换成 double 类型，然后再进行除法运算。

④ 在数学表达式中的运算符“*”通常可以省略，而在C语言中，实现乘法运算的运算符“*”是不能省略的。例如：

数学算式：	C 表达式：
5(f-32)/9.0	5*(f-32)/9.0
s(s-a)(s-b)(s-c)	s*(s-a)*(s-b)*(s-c)

相关知识点 2：赋值运算符与赋值表达式

在程序设计中，赋值运算是使用非常频繁的运算，主要包括赋值运算和复合的赋值运算两类。由赋值运算符将一个变量和一个表达式连接起来的式子称做赋值表达式。

1）赋值运算符

赋值运算符记为“＝”，由“＝”连接的式子称为简单赋值表达式，其一般形式为：

变量=表达式

将赋值运算符右侧表达式的值赋给左侧的变量。

例如：

```
fahr=100;
celsius=5*(fahr-32)/9.0;
```

2）复合赋值运算符

复合赋值运算符是由赋值运算符和在其前面加一个双目运算符构成。复合赋值运算符分为复合算术赋值符（＋＝、－＝、*＝、/＝、%＝）和复合位运算赋值符（&＝、|＝、^＝、>>＝、<<＝）两种，本节只介绍复合算术赋值符。

复合算术赋值表达式的一般形式为：

<变量> <复合算术赋值符> <表达式>

等价于：

<变量>=<变量> <算术运算符> <表达式>

例如：

```
a+=12     等价于  a=a+12
x*=y+6    等价于  x=x*(y+6)
```

温馨提示：

① 赋值运算符的优先级低于算术运算符。

例如，$x=8+2$，先求算术表达式 $8+2$ 的值为 10，再将 10 赋给变量 x，即 x 的值为 10。

② 赋值运算符的结合方向为“自右向左”，即右结合性。

```
x=y=3;
```

根据赋值运算符的右结合性，先进行 $y=3$ 运算，然后再把 y 的值赋给变量 x。

③ 赋值表达式的左侧必须是变量，不能是常量或表达式。

例如，$3=x-2*y$，$a+b=3$ 都是错误的。

【案例 2.8】 阅读下列程序，了解逗号运算符及其表达式的作用。

```
#include<stdio.h>
#include<math.h>
```

```
void main()
{   int a,b,c,n;
    a=2;
    c=(b=a,a+2);                                    /*括号中是逗号表达式*/
    printf("a=%d,b=%d,c=%d\n",a,b,c);
    n=(a=3,b=5,b=a+b,c=b*5);                        /*括号中是逗号表达式*/
    printf("a=%d,b=%d,c=%d,n=%d\n",a,b,c,n);
}
```

程序运行结果为：

```
a=2,b=2,c=4
a=3,b=8,c=40,n=40
```

相关知识点 3：逗号运算符及其表达式

逗号表达式的一般格式为：

表达式 1,表达式 2,表达式 3,…,表达式 n

逗号表达式的执行过程是：先计算表达式 1 的值，再计算表达式 2 的值，…，依次计算到表达式 n 的值，最后一个表达式的值就是逗号表达式的值。案例 2.8 中第一个逗号表达式“$b=a,a+2$”执行时，先把 a 的值赋给 b，再计算 $a+2$ 的值为 4，则逗号表达式的值即为 4，所以 $c=4$。第二个逗号表达式“$a=3,b=5, b=a+b,c=b*5$”执行时，先将 3 赋给 a，5 赋给 b，再计算 $b=a+b=3+5=8$，最后计算 $c=b*5=8*5=40$，逗号表达式的值即为 40，所以 $n=40$。

相关知识点 4：数据类型转换

在将不同类型数据混在一起进行运算时，首先需要将不同类型的数据转换成同一类型，然后进行计算。在 C 语言中，数据类型转换的方法有两种：隐式转换（也称为自动转换）和显式转换（也称为强制转换）。

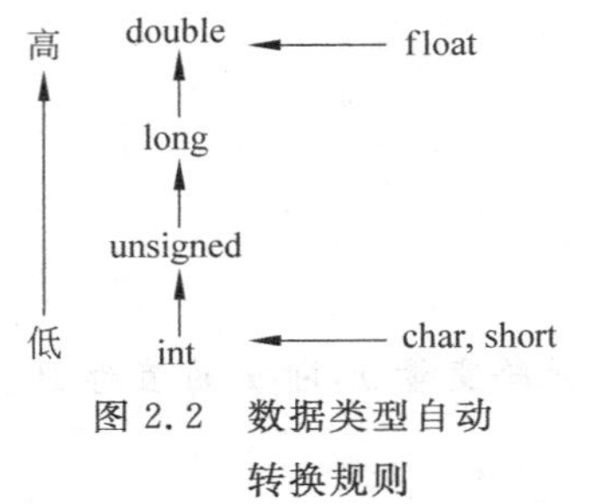

图 2.2 数据类型自动转换规则

1）自动转换

隐式转换是由编译系统自动完成的，由低精度向高精度方向转换。转换规则如图 2.2 所示。

图中横向朝左的箭头表示必定的转换，即 char 和 short 型必须先转换成 int 型，float 型必须先转换成 double 型。纵向的箭头表示当运算对象为不同类型时精度低的向精度高的方向转换。例如，int 型与 long 型数据进行运算，先将 int 型的数据转换成 long 型，然后两个同类型的数据进行运算，结果为 long 型。

温馨提示：两个均为 float 型的数据之间运算，也要先转换成 double 型。

【案例 2.9】 不同类型数据之间的运算。

```
#include<stdio.h>
void main(void)
{  double x,s;
   int y;
```

```
    char c;
    x=2.5;
    y=5;
    c='a';
    s=x+y;
    printf("s=x+y=%lf\n", s);
    s=s+c;
    printf("s=s+c=%lf\n",s);
}
```

程序运行结果为：

```
s=x+y=7.500000
s=s+c=104.500000
```

在程序中，x 和 s 被定义为 double 类型，y 被定义为整型，c 被定义为字符类型。其中，在进行 $x+y$ 运算时，首先将 y 的值由整型转换为 double 类型，然后进行加法运算，所以其结果为 7.500000。在进行 $s+c$ 运算时，首先将 c 的值(ASCII 码值为 97)由字符类型转换为 double 类型(即 97.000000)，然后再进行加法运算，所以其结果为 104.500000。以上所有的类型转换都是由编译系统自动完成的。

2) 强制类型转换

在 C 语言中，当自动转换不能达到目的时，需要显式地将一种类型的数据转换成另一种类型的数据，即强制类型转换。强制类型转换的一般形式为：

(类型说明符)　(表达式)；

例如：

```
(double)3            结果为 3.0
(int)3.8             结果为 3
(double)(5/2)        结果为 2.0
(double)5/2          结果为 2.5
```

温馨提示： 无论是自动类型转换还是强制类型转换都是临时的，都只在该表达式中有效，并不能改变数据原有的数据类型和大小。

【案例 2.10】 强制类型转换。

```
#include<stdio.h>
void main()
{   float a;
    int  b;
    a=6.5;                              /*变量 a 的数据类型为实型*/
    b=(int) a;                          /*强制将变量 a 的数据类型转换为整型*/
    printf("a=%f, b=%d\n",a,b);         /*变量 a 的数据类型仍为实型*/
}
```

程序运行结果为：

```
a=6.500000,b=6
```

温馨提示：当自动转换不能达到要求时需要用强制类型转换。

例如，当一个整型数据与一个实型数据求余时，需要先把实型数据转换为整型再求余，因为运算符“%”要求两个运算对象必须是整型数据。当计算 1+1/2+1/3+1/4+…时，需要先将分子或分母强制转换为实型后再进行计算。

2.4 数据的输入与输出

【案例 2.11】 从键盘输入两个整数 x、y，计算它们的乘积，并输出。

分析：这是一个比较简单的关于整数运算的题目。在计算乘积之前，首先确定进行乘法运算的对象 x 和 y。由于题目要求从键盘输入，所以用 scanf()函数实现；接下来，用变量 z 表示乘积，则 $z=x*y$；最后，将变量 z 的值输出即可。以上问题的求解过程如图 2.3 所示。

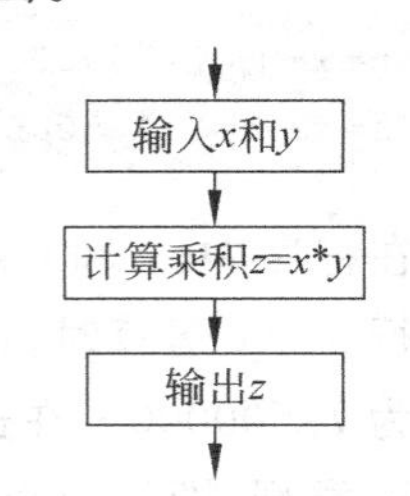

图 2.3 案例 2.10 算法流程图

```
#include<stdio.h>
void main()
{   int x,y,z;              /*定义 3 个整数类型的变量 x、y、z*/
    scanf("%d%d",&x,&y);                        /*分别给变量 x、y 输入值*/
    z=x*y;                                      /*计算 x 和 y 的乘积并赋给变量 z*/
    printf("%d*%d=%d\n",x,y,z);                 /*输出*/
}
```

程序运行结果为：

```
3 9↙
3*9=27
```

相关知识点 1：printf()函数

在 C 语言中，数据的输出主要是利用格式化输出函数 printf()实现的，该函数是由系统提供的。printf()函数的一般调用格式为：

printf(格式控制字符串,输出参数 1,…,输出参数 n);

其中，输出参数可以是变量、常量或表达式；格式控制字符串用双引号括起来，表示输出数据的格式，一般包含 3 类字符。

(1) 普通字符：在输出数据的过程中，普通字符原样输出。

(2) 格式控制说明：由“%”和格式字符组成。其作用是将输出的数据(即参数)以指定的格式输出。格式控制说明总是以“%“开头。格式字符与数据类型有关，现将常用数据类型对应的格式控制说明符列举如下：

- int 型：%d(十进制整型)、%o(八进制整型)、%x(十六进制整型)。
- float 型、double 型：%f(单精度)、%lf(双精度)、%e(指数形式)。
- char 型：%c(字符型)。

• unsigned 型：%u(无符号整型)。
• 字符串：%s。

(3) 转义字符：具有特定含义的字符常量，用“\”开头的一个或几个字符。

printf()函数的功能是：依次输出格式控制字符串中的普通字符，当遇到格式控制说明时，将对应“输出参数”的值按照指定的格式输出。例如，有语句：

```
int y=1,z=2;
printf("y=%dz=%d\n",y,z);
```

输出语句中，“y=”和“z=”都是普通字符，原样输出；“%d”是格式控制说明符，表示以十进制整型输出参数值；“\n”是转义字符，含义是“换行”；“y”和“z”是输出参数，其类型是整型，与格式控制说明一致。所以输出的结果为 y=1z=2。

温馨提示：格式控制说明符的个数要与输出参数的个数相当，类型一致。例如，有语句：

```
printf("x=%d,y=%f",x,y);
```

格式字符串中有两个格式控制说明符，后面有两个输出参数 x 和 y，二者一致。其中，变量 x 的值以整数形式输出，变量 y 的值以单精度浮点类型输出。若 $x=2,y=3.5$，则该输出语句输出的结果为：x=2,y=3.500000。又如，语句：

```
printf("Hello World!");
```

格式字符串中都是普通字符，没有格式控制说明符，后面也没有输出参数，二者一致。该输出语句输出“Hello World!”。

而语句 printf(“x=,y=%d,z=%d\n”,x,y,z)是不合法的。其中，格式字符串中有两个格式控制说明符，而后面输出参数有 3 个，二者不一致。

【案例 2.12】 阅读以下程序，分析运行结果。

```
#include<stdio.h>
void main()
{   int x,y=5;                              /*定义整型变量 x 和 y,同时给 y 赋初值 5*/
    float z;                                /*定义 float 变量 z*/
    char ch;                                /*定义字符类型变量 ch*/
    printf("Please enter x, z, ch:\n");     /*输出提示信息*/
    scanf("%d%f%c",&x,&z,&ch);              /*调用 scanf()函数,输入 x、z、ch 的值*/
    printf("x=%d  y=%d  z=%f  ch=%c\n",x,y,z,ch);
                                            /*调用 printf()函数实现输出*/
}
```

在程序的第一个输出语句双引号中除换行符‘\n’以外都是普通字符，原样输出后换行，在下一行中输入 3 个数据，分别是整型、实型和字符型，例如，它们是 34、5.6 和 a；在第二个输出语句中“x=”、“ y=”、“ z=”、“ ch=”都是普通字符，4 个格式控制说明中两个整型、一个实型、一个字符型，后面相应地有 4 个输出参数，类型与 4 个格式控制说明一致，在对应位置输出它们的值。所以程序运行结果为：

```
Please enter x, z, ch:
34 5.6a↙(↙表示回车键,下同)
x=34  y=5  z=5.600000  ch=a
```

相关知识点 2：scanf()函数

在C语言中,数据的输入主要是利用格式化输入函数 scanf()实现的,它由系统提供。scanf()函数的一般调用格式为:

scanf(格式控制字符串, 输入参数 1, … , 输入参数 n);

其中,输入参数是变量的地址,表示将输入的数据存放在该地址单元中,地址由系统分配;格式控制字符串用双引号括起来,表示输入数据的格式,可以包含两类字符。

(1) 普通字符:普通字符需要原样输入,但在 scanf()函数的格式控制字符串中尽量不要出现普通字符,尤其不要使用转义字符'\n'。在 scanf()中使用'\n',系统不把'\n'当做转义字符而只当做普通字符,所以在输入数据时要原样输入。

(2) 格式控制说明:同于 printf()函数,其作用是按指定的格式输入数据。

scanf()函数的功能是:在程序运行的过程中,按指定的格式从键盘输入数据,并保存在相应的地址单元中。使用函数 scanf()实现数据输入的过程中,如果需要输入多个数据,输入参数的类型、个数和位置要与格式控制说明一一对应。

例如:

```
int x,y;
float z;
char c;
scanf("%d",&x);                       /*输入:100↙(↙表示回车)*/
scanf("%d%f",&y,&z);                  /*输入:1000  2.5↙*/
scanf("%c",&c);                       /*输入:a↙*/
```

一般情况下,输入的多个数值型数据之间必须有间隔,一般用一个或多个空格间隔,也可以用 Enter 键、Tab 键间隔。但是,输入字符时不需要间隔符,如案例 2.12 中运行输入数据时,数据 5.6 与 a 之间没有空格。当数据输入完毕,按回车键表示输入结束,并将输入的数据送入内存。

例如,对于以下语句:

```
int a,b,c;
scanf("%d%d%d",&a,&b,&c);
```

下面的输入均为合法输入:

```
① 4  5  6↙
② 4↙
   5  6↙
③ 4(按 Tab 键)5↙
   6↙
```

请思考:若有以下语句:

```
int x,y;
```

```
float z;
scanf("y=%f,z=%d",&y,&z);
```

其中,函数 scanf()的使用是否正确?为什么?

【案例 2.13】 阅读以下程序,分析当输入以下 3 组不同数据时,程序的运行结果如何。

```
① 2↙
② 2a↙
③ 2  a↙
#include<stdio.h>
void main()
{  int x ;                                              /*变量定义*/
   char ch;
   printf("请输入一个整数和一个字符: \n");              /*输出提示信息*/
   scanf("%d%c",&x,&ch);                               /*以指定格式输入两个数据*/
   printf("x=%d  ch=%c\n",x,ch);                        /*将输入数据输出*/
   printf("x=%d  ch=%d\n",x,ch);
}
```

当输入以上 3 组数据时,程序的运行结果分别为:

① 2↙(↙表示回车键)

```
请输入一个整数和一个字符: 2↙
x=2  ch=

x=2  ch=10
```

由于字符变量 *ch* 从键盘得到的值为换行符,第一个输出语句输出"x=2　ch="后换行,紧接着还有转义字符"\n"使得再次换行,所以输出结果中出现了一个空行。第二个输出语句输出"x=2　ch=10",10 是换行符的 ASCII 码值。

② 2a↙

```
请输入一个整数和一个字符: 2a↙
x=2  ch=a
x=2  ch=97
```

③ 2　a↙

```
请输入一个整数和一个字符: 2 a↙
x=2  ch=
x=2  ch=32
```

其中,字符变量 *ch* 的值是空格,32 是空格的 ASCII 码值。

从键盘向计算机输入时,是在按回车键以后,才将一批数据一起送到内存缓冲区中去的。例如:

```
scanf("%d%d%d",&a,&b,&c);
```

若输入

```
2↙
```

则将整数2存放到变量 a 对应的内存中。此时变量 b 和 c 都还没有输入数据，系统会等待继续输入。

若输入

```
2  3  4↙
```

则分别将整数2、3、4存放到变量 a、b、c 对应的内存中。设变量 $ch1$、$ch2$、$ch3$ 都是字符型，若有语句：

```
scanf("%c%c%c",&ch1,&ch2,&ch3);
```

若输入

```
abc↙
```

当按下回车键后，系统将 a 存放到变量 $ch1$ 对应的内存中，将 b 存放到变量 $ch2$ 对应的内存中，将 c 存放到变量 $ch3$ 对应的内存中。

温馨提示：用 scanf()和 printf()输入和输出数据时必须按照指定的控制格式进行操作，所以，它们也被称为格式化输入/输出函数。

使用 scanf()和 printf()可以实现字符型数据的输入和输出，其格式控制说明符为%c。

【案例 2.14】 从键盘输入一个字符，然后输出。

```
#include<stdio.h>
void main()
{   char c1;
    scanf("%c",&c1);
    printf("c1=%c",c1);
}
```

程序运行结果为：

```
a↙
c1=a
```

实际上，对于字符型数据的输入与输出，还可以通过函数 getchar()和 putchar()分别实现。

相关知识点 3：getchar()函数和 putchar ()函数

getchar()为字符输入函数，其作用是从键盘输入一个字符。getchar()没有参数，它由系统提供，其一般调用形式为：

```
getchar();
```

putchar()为字符输出函数，其作用是向显示器输出一个字符，它也由系统提供。其一般调用形式为：

```
putchar(c);
```

其中,参数 c 可以是字符型常量,也可以是字符型变量或整型变量。例如,putchar('c')、putchar('\n');都正确。案例 2.14 也可以改为用 getchar()输入,用 putchar()输出。

```
#include<stdio.h>
void main()
{   char c1;
    c1=getchar();
    putchar(c1);
}
```

【案例 2.15】 从键盘输入 3 个实数,求其平均值并输出。

```
#include<stdio.h>
void main()
{   float x,y,z,aver;
    scanf("%f%f%f",&x,&y,&z);
    aver=(x+y+z)/3;
    printf("%8.4f+%8.4f+%8.4f=%8.4f\n",x,y,z,aver);
    printf("%-8.4f+%-8.4f+%-8.4f=%-8.4f\n",x,y,z,aver);
}
```

程序运行结果为:

```
1.234 5.098 8.0235↙
  1.2340+  5.0980+  8.0235=  4.7852
1.2340  +5.0980  +8.0235  =4.7852
```

从输出结果可以发现,虽然两行数据相同,但格式略有不同,这跟格式控制说明中的修饰符有关,"%8.4f"、"%-8.4f"中的 8.4 和 -8.4 可以使输出数据右对齐和左对齐。

相关知识点 4:控制输出精度或宽度

格式控制说明"%m.nf"指定输出的数据共占 m 列,其中有 n 位小数,如果数值长度小于 m,则左端补空格。而"%-m.nf"指定输出的数据共占 m 列,其中有 n 位小数,如果数值长度小于 m,则右端补空格。其中 m 也可以不给出,按照小数位数加上整数位数的实际位数输出,修饰符只控制小数部分的数据位数,整数部分按实际位数输出。

对于整型数据,也可以在输出时添加类似的修饰,例如%5d 或%-5d。%5d 表示输出一个整型数据,占据 5 个字符位置,不足 5 位时左端补空格,即右对齐。而%-5d 正相反,不足 5 位时右端补空格,即左对齐,如果实际数据超过 5 位按实际位数输出。添加这些修饰的作用是为了使输出结果整齐好看。

2.5 应用实例

【案例 2.16】 鸡兔同笼问题。我国古代著名数学问题之一,已知笼中鸡兔总头数为 a(如 35),总脚数为 b(如 94),编程计算鸡兔各有多少只。

分析：方法一：解答鸡兔同笼问题，一般采用假设法。鸡两只脚，兔4只脚。设鸡为 x 只、兔为 y 只，a 为头的总数，b 为脚的总数。假设全部是鸡，算出脚数为 $2a$，与题中给出的脚数相比较 $b-2a$，每差两只脚，就说明有1只兔，将所差的脚数除以2，就可求出兔的只数。同理，假设全部是兔，可求出鸡的只数。

```
#include<stdio.h>
void main()
{   int a,b,x,y;
    printf("请输入笼中总头数和总脚数：");
    scanf("%d%d",&a,&b);
    y=(b-2*a)/2;                                    /*计算兔的数量*/
    x=a-y;                                          /*计算鸡的数量*/
    printf("chicken: %d  hare: %d\n",x,y);
}
```

方法二：根据题意列出方程组求解。设鸡为 x 只、兔为 y 只，a 为总头数，b 为总脚数。依题意则有以下方程：$\begin{cases} x+y=a \\ 2x+4y=b \end{cases}$

已知 a、b 的值，求解 x、y，得到：$x=(4a-b)/2$，$y=(b-2a)/2$。

```
#include<stdio.h>
void main()
{   int a,b,x,y;
    printf("请输入笼中鸡兔总头数和总脚数：");
    scanf("%d%d",&a,&b);
    x=(4*a-b)/2;
    y=(b-2*a)/2;
    printf("chicken: %d  hare: %d\n",x,y);
}
```

程序运行结果为：

```
请输入笼中鸡兔总头数和总脚数：35 94↙
chicken: 23  hare: 12
```

【案例2.17】 小明参加数学竞赛，试题共有10道，每做对一题得10分，错一题扣5分，小明共得了70分，编程计算他做对了几道题。

分析：假设他做对了10道题，那么应得 $10\times10=100$ 分，而实际只得70分，少30分，这是因为每做错一题，不但得不到10分，反而倒扣5分，这样做错一题就会少 $10+5=15$ 分，看30分里面有几个15分，就错了几题。设正确题数为 x，错题数为 y。

根据分析可得：$70=100-y(10+5)$，$y=(100-70)/(10+5)$，则 $x=10-y$。

```
#include<stdio.h>
void main()
{   int x,y;
    y=(100-70)/(10+5);                              /*计算错题的数量*/
```

```
    x=10-y;                                    /* 计算正确题目的数量 */
    printf("做对：%d 题   做错：%d 题\n",x,y);
}
```

程序运行结果为：

```
做对：8 题   做错：2 题
```

【案例 2.18】 置换问题。百货商店运来 300 双球鞋，分别装在两只木箱和 6 只纸箱里。如果两只纸箱与一只木箱装的球鞋一样多，每只木箱、每只纸箱各装多少双球鞋？

分析：设纸箱可装 x 双，木箱可装 y 双，鞋总数为 N。根据题意可知，$y=2x$，$6x+2y=N$，则有：$x=N/10$。

```
#include<stdio.h>
void main()
{   int x,y,N;
    printf("请输入球鞋总数：");
    scanf("%d",&N);
    x=N/10;                                    /* 计算纸箱装鞋数 */
    y=2*x;                                     /* 计算木箱装鞋数 */
    printf("纸箱可装：%d 双，木箱可装：%d 双。\n",x,y);
}
```

程序运行结果为：

```
请输入球鞋总数：300↙
纸箱可装：30 双，木箱可装：60 双。
```

【案例 2.19】 有面值 5 元和 10 元的钞票共 100 张，总值为 800 元。编程统计 5 元和 10 元的钞票各有多少张。

分析：假设 100 张钞票全是 5 元的，那么总值就是 $5\times100=500$(元)，与实际相差 $800-500=300$ 元，差的 300 元是因为将 10 元 1 张的算作了 5 元的，每张少计算 $10-5=5$(元)，差的 300 元里面有多少个 5 元，就有多少张 10 元的钞票。

设 5 元的为 x 张，10 元的为 y 张，m 为总张数，n 为总值。根据分析可得：$y=(n-5*m)/5$，$x=m-y$。

```
#include<stdio.h>
void main()
{   int x,y,n,m;
    printf("请输入人民币的张数和总值:");
    scanf("%d,%d",&m,&n);
    y=(n-5*m)/5;                               /* 计算 10 元的张数 */
    x=m-y;                                     /* 计算 5 元的张数 */
    printf("5 元有：%d 张   10 元有：%d 张\n",x,y);
}
```

程序运行结果为：

```
请输入人民币的张数和总值:100, 800↙
5元有: 40张   10元有: 60张
```

程序中币值和总张数不是直接给出，而是在运行时输入的，这样做的好处是比较灵活，可以多次运行统计不同的数据。如再次运行程序：

```
请输入人民币的张数和总值:100, 720↙
5元有: 56张   10元有: 44张
```

【案例 2.20】 有蜘蛛、蜻蜓和蝉 3 种动物共 21 只，它们有 140 条腿和 23 对翅膀，编程统计 3 种动物各有多少只？（注：蜘蛛 8 条腿，蜻蜓 6 条腿两对翅膀，蝉 6 条腿一对翅膀）。

分析：方法一：假设蜘蛛、蜻蜓、蝉都是 6 条腿，那么总腿数是 6×21＝126(条)，比实际少 140－126＝14(条)，这是因为一只蜘蛛是 8 条腿，把它算做 6 条腿，每只蜘蛛少计算了 8－6＝2(条)，少算的 14 条里面有几个两条，就是几只蜘蛛，即 14÷2＝7(只)。从总只数里减 7 只蜘蛛，就得 21－7＝14(只)是蜻蜓和蝉的和。再假设这 14 只全是蜻蜓，那么翅膀应是 2×14＝28 (对)比实际多 28－23＝5 (对)，这是因为蝉是一对翅膀，把它算成两对了，每只蝉多算了一对翅膀，多出的这 5 对翅膀就对应 5 只蝉。求出了蝉的只数，那么蜻蜓的只数也可以计算了。

设蜘蛛为 x 只、蜻蜓为 y 只、蝉为 z 只，a 为动物总数，b 为总腿数，c 为翅膀总数，根据以上分析，得出表达式：

```
x=(b-6*a)/2
z=(a-x)*2-c
y=(c-z)/2
#include<stdio.h>
void main()
{   int x,y,z,a,b,c;
    printf("请输入动物总数、总腿数、翅膀总数:");
    scanf("%d,%d,%d",&a,&b,&c);
    x=(b-6*a)/2;                                    /*计算蜘蛛只数*/
    z=(a-x)*2-c;                                    /*计算蝉只数*/
    y=(c-z)/2;                                      /*计算蜻蜓只数*/
    printf("蜘蛛有: %d只,蜻蜓有: %d只,蝉有: %d只.\n",x,y,z);
}
```

方法二：设蜘蛛为 x 只、蜻蜓为 y 只、蝉为 z 只，a 为动物总数，b 为总腿数，c 为翅膀总数，直接根据题意写出方程组：

$$\begin{cases} x+y+z=a & ① \\ 8x+6y+6z=b & ② \\ 2y+z=c & ③ \end{cases}$$

将③式转换成 $z=c-2y$ 分别代入①式和②式，化简后得 $y=(2c-8a+b)/2$，$z=c-2y$，$x=a-y-z$。

```
#include<stdio.h>
void main()
{   int x,y,z,a,b,c;
    printf("请输入动物总数、总腿数、翅膀总数:");
    scanf("%d,%d,%d",&a,&b,&c);
    y=(2*c-8*a+b)/2;                                /*计算蜻蜓只数*/
    z=c-2*y;                                        /*计算蝉只数*/
    x=a-y-z;                                        /*计算蜘蛛只数*/
    printf("蜘蛛有:%d只,蜻蜓有:%d只,蝉有:%d只。\n",x,y,z);
}
```

程序运行结果为:

```
请输入动物总数、总腿数、翅膀总数:21,140,23
蜘蛛有:7只,蜻蜓有:9只,蝉有:5只。
```

2.6 本章小结

数据是程序处理的对象,它有常量和变量两种形式。常量是在程序执行过程中值不会改变的量,而变量是在程序执行过程中值可以改变的量。任意一个常量和变量都属于某种数据类型,常量的数据类型可以从其形式上看出,而变量的数据类型必须在定义变量时指定。常用的基本数据类型主要有整型(int)、单精度浮点型(float)、双精度浮点型(double)和字符类型(char)。不同类型的数据在内存中所占的字节数是不一样的,编译系统不同int型数据所占据内存大小也不同。

C语言程序由函数构成,而函数由语句构成。函数一般包括数据描述和数据操作两大部分。数据描述由定义部分完成,该部分是对变量进行定义及初始化。数据操作即程序的执行部分,由语句来实现。C语句实际上是对数据的操作,它可以分为3类:简单语句、复合语句、控制语句。其中,简单语句包括赋值语句、表达式语句、输入输出语句、函数调用语句以及空操作语句等。复合语句是由花括号括起来的若干条语句。控制语句通常用于程序中的流程控制,主要有条件语句、选择语句、循环语句、控制转移语句等。

数据运算就是对数据进行加工处理,用来表示各种运算的符号就是运算符。C语言运算符的种类非常多,从功能上可以分为算术运算符、赋值运算符、关系运算符、逻辑运算符等;从运算对象的个数可以分为单目运算符、双目运算符和三目运算符。一般而言,单目运算符优先级较高,赋值运算符优先级较低。多数运算符具有左结合性,单目运算符、三目运算符、赋值运算符具有右结合性。

表达式是由运算符、操作数以及括号连接起来的式子。每个表达式都有一个值。运算符的优先级与结合性在表达式运算中起着非常重要的作用。

在C程序中,数据的输入和输出主要是通过调用标准库函数scanf()和printf()实现的。在调用这些库函数之前,必须首先使用预处理命令将这些函数所在的头文件"stdio.h"包含到程序中,具体格式为:

```
#include<stdio.h>
```

或

```
#include "stdio.h"
```

在进行数据的输入输出时，正确使用格式控制说明符，确保输入输出数据的类型与对应格式控制说明符匹配，才能正确输出指定数据。此外，对于单个字符数据的输入和输出还可以通过标准函数 getchar()和 putchar()来完成。

习　题

1. 判断题

(1) 任何变量都必须在使用之前先声明其类型。 (　　)

(2) C 的 long 类型数据可以表示任何整数。 (　　)

(3) C 的 double 类型数据在其数值范围内可以表示任何实数。 (　　)

(4) C 的任何类型数据在计算机内部都是以二进制形式存储的。 (　　)

(5) 在 printf()中用格式控制符"%c"只能输出字符型数据。 (　　)

(6) 按格式控制符"%d"输出 float 类型变量值时，截断小数位取整后输出。 (　　)

(7) 按格式控制符"%6.3f"输出 i(设 i=123.45)时，输出结果为 23.450。 (　　)

(8) scanf()用格式控制符"%d"不能输入实数。 (　　)

(9) 在 printf()中用格式控制符"%s"可以输出字符串。 (　　)

(10) 表达式语句就是在表达式末尾加上分号。 (　　)

2. 填空题

(1) 要定义整型变量 a、实型变量 b、字符型变量 c，应该使用的正确语句为________。

(2) 表达式 10/3 * 9%10/2 的值是________。

(3) 若定义 char a;int b;float c;double d;，则表达式 $a*b+d-c$ 的类型为________。

(4) 有如下输入语句 scanf("a=%d,b=%d,c=%d", &a,&b,&c)，为使变量 a 的值为 1,b 的值为 2,c 的值为 3，则从键盘输入数据的正确形式为________。

(5) 表达式 8/4 * (int)2.5/(int)(1.25 * (3.7+2.3))的值为________，数据类型为________。

(6) 设 a 为 int 型变量，则执行表达式 a=25/3%3 后 a 的值为________。

(7) 若有定义：int x=3,y=2;float a=2.5,b=3.5;则表达式(x+y)%2+(int)a/(int)b 的值为________。

(8) 若有定义：char a=97,c;，则表达式 c='a'+'8'-'3'的值为________。

3. 选择题

(1) 下列标识符中，正确的是(　　)。

A. hot_do　　B. a+b　　C. test!　　D. %y

(2) 下列变量说明中，正确的是(　　)。

A. char: a,b,c;　　B. char a;b;c;　　C. char a,b,c;　　D. char a,b,c

(3) 下列表达式中，a 为偶数时值为 0 的表达式是(　　)。

A. a%2==0　　B. !a%2!=0

C. a/2*2-a==0　　D. a%2

(4) 表达式 10!=9 的值是(　　)。

A. true　　B. false　　C. 0　　D. 1

(5) 下列输入语句中,正确的是(　　)。

A. scanf("a=b=%d",&a,&b);　　B. scanf("%d, %d",&a,&b);

C. scanf("%c",c);　　D. scanf("%d %d\n",&f);

(6) 下列常量中,不合法的是(　　)。

A. '\2'　　B. '"'　　C. 'a'　　D. '\463'

(7) 下列选项中,属于C语言提供的合法的数据类型关键字的是(　　)。

A. Float　　B. signed　　C. integer　　D. Char

(8) 已定义 x 为 float 型变量,其值为 213.45678,则 printf("%-4.2f\n",x);的输出结果是(　　)。

A. 213.46

B. 213.45

C. -213.45

D. 输出格式控制说明的域宽不够,不能输出

(9) 若已定义 a 为整型变量,则语句 a=2L;printf("%d\n",a);(　　)。

A. 赋值不合法　　B. 输出值为-2　　C. 输出值为 2　　D. 输出值不确定

(10) 下列语句中,是C语言正确的赋值语句的是(　　)。

A. a=1,b=2　　B. i++;　　C. a=b=5　　D. y=int(x);

4. 改错题

(1) 下列程序中有3处错误,请查找并改正。求华氏温度 100°F 对应的摄氏温度。计算公式为 $c=5/9*(f-32)$,其中,c 表示摄氏温度,f 表示华氏温度。

```
#include<stdio.h>
void main()
{   int celsius;fahr;
    fahr=100;
    celsius=5/9*(fahr-32)/9;
    printf("fahr=d,celsius=%d\n",fahr,celsius);
}
```

(2) 下列程序中有两处错误,请查找并改正。

```
#include<stdio.h>
void main ()
{   int m=10,n=3;
    float a=3.4,b=1.5;
    printf("%d\n",m/n+a);
    printf("%f\n",m%a+b);
}
```

(3) 下列程序中有两处错误,请查找并改正。

```
#include<stdio.h>
void main ()
{   int m,n;
    float a,b;
     scanf("%d,%f",&m,&a);
     scanf("%d,%f",&b,&n);
    printf("%f\n",m/n+a);
    printf("%f\n",m%b+n)
}
```

5. 阅读程序

(1) 阅读下列程序,写出执行结果。

```
#include<stdio.h>
void main()
{   int a,d=241;
    a=d/100%9;
    printf("%d\n",a);
}
```

(2) 阅读下列程序,写出执行结果。

```
#include<stdio.h>
void main()
{   printf("     *\n");
    printf("  *     *\n");
    printf("*         *\n");
    printf("  *     *\n");
    printf("     *\n");
}
```

(3) 阅读下列程序,说明程序的功能(用流程图描述下列程序的算法实现过程)。

```
#include<stdio.h>
void main()
{   int x,y;
    scanf("%d%d",&x,&y);
    printf("x+y=%d",x+y);
}
```

(4) 阅读下列程序,写出执行结果。

```
#include<stdio.h>
void main ()
{   float x,a=38.5,b=6.48;
    int m=7,n=4;
    x=m/2+n*a/b+1/2;
```

```
    printf("%f\n",x);
}
```

6. 编程题

(1) 编程求华氏温度 50°F 对应的摄氏温度 C。

(2) 编程从键盘输入一个数 a,求它的平方并输出。

(3) 定义 3 个 int 型变量 x、y、z,从键盘读入 x、y,把 x 对 y 的余数赋给 z,并输出结果。

(4) 定义两个整型变量并赋值,编程实现两个整型数的互换。

(5) 当 n 为 152 时,编程分别求出 n 的个位数(digit1)、十位数(digit2)和百位数(digit3)。(提示:n 的个位数 digit1 的值是 $n\%10$,十位数 digit2 的值是$(n/10)\%10$,百位数 digit3 的值是 $n/100$。)

第 3 章　选择结构程序设计

本章主要内容：

- 结构化程序设计的 3 种基本控制结构；
- 关系运算符和逻辑运算符及其表达式；
- if 语句的 3 种使用形式；
- if 语句的嵌套；
- switch 语句和 break 语句。

3.1 概　　述

C 是结构化程序设计语言，其显著特点是代码及数据的分隔化，即程序的各个部分除了必要的信息交流外彼此独立。这种结构化方式可使程序层次清晰，便于使用、维护以及调试。

按照结构化程序设计的思想，任何程序都可以通过 3 种基本控制结构进行组合来实现。这 3 种基本的控制结构是顺序结构、选择结构和循环结构。顺序结构是程序设计中最简单、最常用的基本结构，它是把要执行的各种操作依次排列起来。程序运行时，按照书写顺序从上到下执行这些语句，直到执行完所有语句，如图 3.1 所示。第 2 章中的案例程序都是这种结构。

选择结构又称判断结构或分支结构，它根据是否满足给定的条件而从两组操作中选择一种执行，如图 3.2 所示。在 C 语言中，使用 if 语句或 switch 语句来实现分支结构。在程序执行的过程中，根据条件判断的结果，选择所要执行的程序分支。其中，条件可以用表达式来描述，如关系表达式或逻辑表达式等。

循环结构是指在给定的条件下，重复执行某段程序，直到条件不满足为止。循环结构又分为当型循环和直到型循环两类。当型循环结构是在执行过程中先判断循环条件，当满足条件时反复执行循环体语句，一旦条件不满足，循环结束，如图 3.3(a)所示。直到型循环结构是在执行过程中先执行循环体语句，然后判断循环条件是否满足，如果条件满足，继续执行循环体，否则，循环结束，如图 3.3(b)所示。

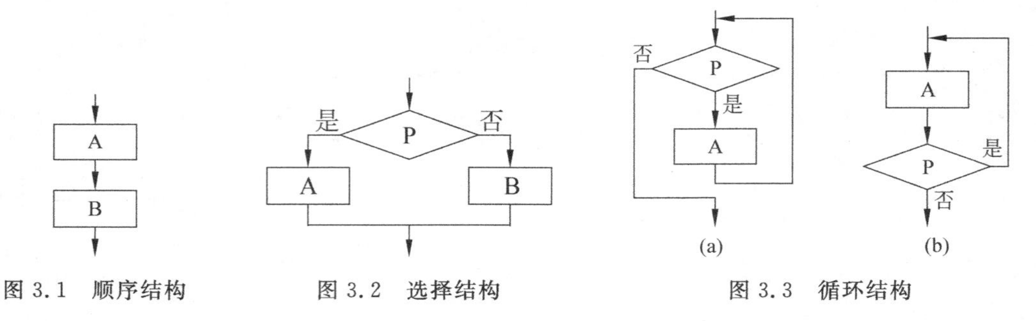

图 3.1　顺序结构　　图 3.2　选择结构　　图 3.3　循环结构

3.2 基本 if 语句

【案例 3.1】 从键盘输入一个整数，输出它的绝对值。

分析：定义整型变量 *number* 存储一个整数。如果 *number*<0，则其绝对值为－*number*；否则为所求整数本身。也就是说，在求绝对值的过程中，只需要当 *number*<0 时进行绝对值的计算。若将所求整数的绝对值也用变量 *number* 表示，则该问题的求解算法如图 3.4 所示。

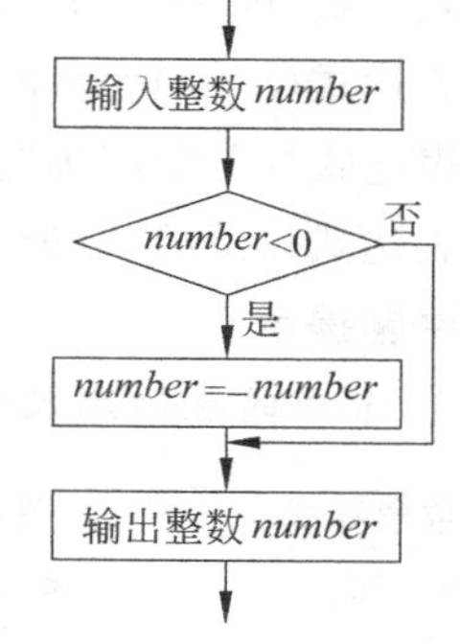

图 3.4 案例 3.1 算法流程图

```
#include<stdio.h>
void main()
{  int number;
   printf("Enter a number:");
   scanf("%d",&number);
   if(number<0) number=-number;
   printf("The absolute value is %d.\n",number);
}
```

如果输入 10，则运行结果为：

```
The absolute value is 10.
```

如果输入－5，则运行结果为：

```
The absolute value is 5.
```

在案例 3.1 的程序中，表达式 *number*<0，用变量 *number* 值和 0 比较大小。若 *number* 小于 0，则表达式成立，即结果为真；否则表达式不成立，结果为假。其中，运算符"<"就是用来比较两个操作数的大小。

相关知识点 1：关系运算符与关系表达式

1) 关系运算符

在 C 语言中，用来表示比较的运算符称为关系运算符，主要有以下 6 个：

<(小于)、<=(小于或等于)、>(大于)、>=(大于或等于)、==(等于)、!=(不等于)

2) 关系表达式

用关系运算符将两个表达式连接起来的式子称为关系表达式。例如，下面都是合法的关系表达式：

```
2+3<10      a<=1      (a>b)==c      'a'<'b'      (a>b)<(b<c)
```

3) 关系运算符的优先级

运算符<、<=、>、>=优先级相同，==和!=优先级相同。前 4 种的优先级高于后两种，关系运算符的优先级低于算术运算符，但高于赋值运算符。关系运算符为左结合性。

例如：

```
a>b+c          等价于          a>(b+c)
```

```
a>b==c        等价于        (a>b)==c
a=b>c         等价于        a=(b>c)
b=a+c         等价于        b=(a+c)
```

关系表达式的值是一个逻辑值，即“真”或“假”。在C语言中，用整数1代表“真”，用0代表“假”。设 $a=3,b=2,c=1$，则：

表达式 $a<=1$ 为“假”，表达式的值为0。

表达式 $(a>b)==c$ 为“真”，表达式的值为1。

表达式‘a’<‘b’为“真”，表达式的值为1。

表达式 $(a>b)<(b<c)$ 为“假”，表达式的值为0。

温馨提示：

① 常用的表示比较的数学表达式对应的C语言的关系表达式如下：

数学算式	C关系表达式
x≤10	x<=10
x≥10	x>=10
x≠10	x!=10
x=10	x==10

② 在C语言中，常用关系表达式来描述判断条件。例如：

x<0	判断x是否为负数
x!=0	判断x是否不为零

相关知识点2：用基本if语句实现单分支结构

在案例3.1的程序中，语句：

```
if (number<0) number=-number;
```

其流程图如图3.5所示。显然，图3.5表示的就是一个单分支结构。

在C语言中，单分支结构可以用if语句来实现。用if语句实现单分支的基本形式为：

```
if (表达式)  语句
```

其中，表达式可以是关系表达式或逻辑表达式，也可以是一个变量或常量，常量或变量被认为是特殊的表达式。语句可以是一条或多条语句，当是多条语句时，需将多条语句用{}括起来。这种if语句的执行过程如图3.6所示。

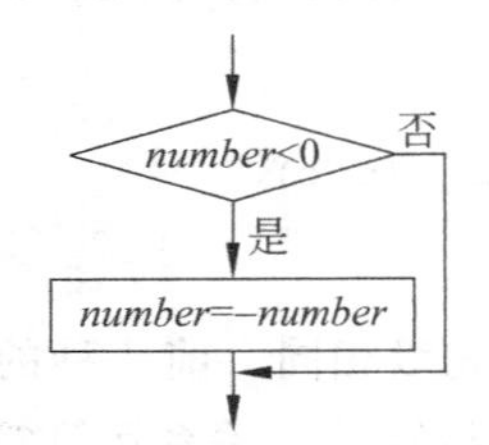

图3.5　案例3.1中if语句执行过程

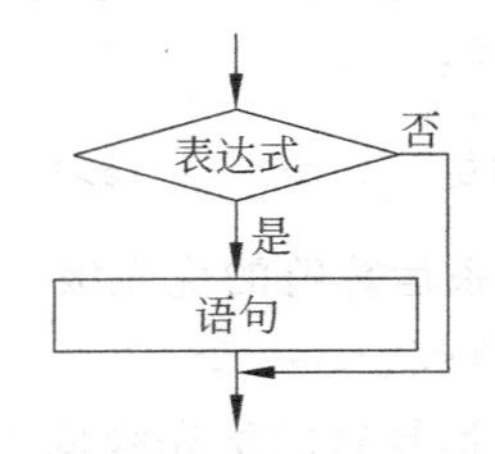

图3.6　if语句实现单分支

【案例 3.2】 if 语句实现单分支示例。

```
#include<stdio.h>
void main()
{   int score=67;                          /*将变量 score 的值改为 50,再运行程序*/
    if (score>=60)
        printf("恭喜你通过了此次考试!\n");
}
```

程序运行结果为：

```
恭喜你通过了此次考试!
```

【案例 3.3】 输入两个实数，然后按由小到大的顺序输出这两个实数。

分析：定义变量 a 和 b 表示两个实数。如果 $a>b$，则将变量 a、b 的值交换，交换数据需要一个中间变量。这样，先输出 a，再输出 b，则最终两个数一定是按由小到大的顺序输出的。其流程图如图 3.7 所示。

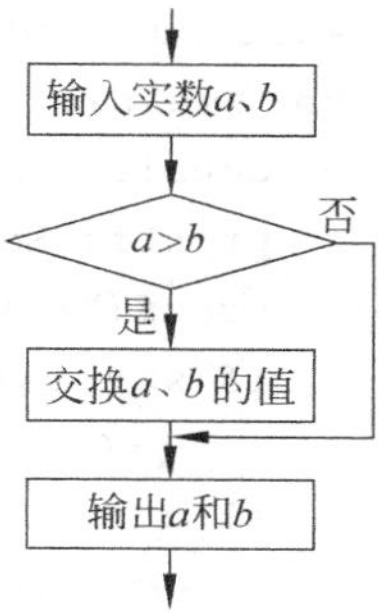

输入实数a、b
a>b
否
是
交换a、b的值
输出a和b

图 3.7 案例 3.3 算法流程图

```
#include<stdio.h>
void main()
{  float a,b,t;
   scanf("%f%f",&a,&b);
   if (a>b)
     {  t=a;
        a=b;
        b=t;                                /*3条语句完成交换*/
     }
   printf("%f  %f\n",a,b);
}
```

若输入两个实数 5.6 和 3.5↙，则程序运行结果为：

```
3.500000  5.600000
```

若输入两个实数 2.3 和 6.4↙，则程序运行结果为：

```
2.300000  6.400000
```

在以上程序中，语句段：

```
t=a;
a=b;
b=t;
```

为了交换两个变量 a 和 b 的值，需借助中间变量 t。其中，语句 t=a；首先将变量 a 的值存放到中间变量 t 中；然后通过语句 a=b；将变量 b 的值存放到变量 a 中；最后将原来变量 a 的值(现在变量 t 中)存放到变量 b 中，即语句 b=t;，由此实现了两个变量 a、b 值的交换。

请思考：语句 a=b；b=a;是否能实现变量 a 和 b 值的交换？为什么？

3.3 if-else 语句

【案例 3.4】 计算二分段函数。

$$f(x)=\begin{cases}0 & -5\leqslant x\leqslant 5\\ 1/x & \text{其他}\end{cases}$$

分析：对于二分段函数的计算，只需根据自变量 x 的值不同，采用不同的计算公式进行计算即可。用变量 y 表示函数的值，则以上二分段函数的计算算法如图 3.8 所示。

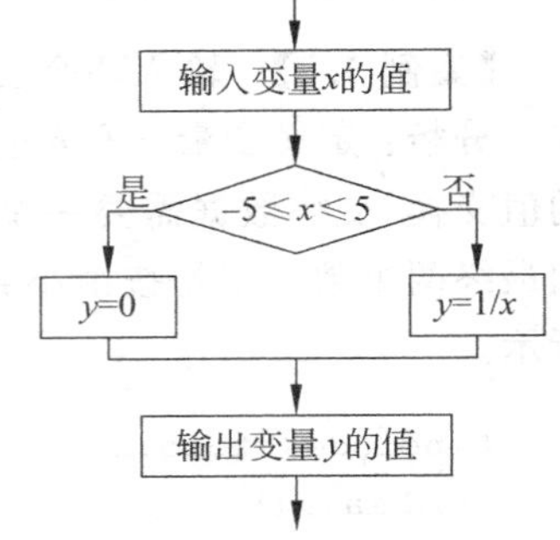

图 3.8 案例 3.4 算法流程图

```
#include<stdio.h>
void main()
{  double x,y;
   printf("Enter x:\n");
   scanf("%lf",&x);
   if(x>=-5&&x<=5)
       y=0;
   else
       y=1/x;
   printf("f(%.2f)=%.1f\n",x,y);
}
```

假设输入 2.5↙，则程序运行结果为：

```
f(2.50)=0.0
```

假设输入 9.8↙，则程序运行结果为：

```
f(9.80)=0.1
```

在案例 3.4 的程序中，因为需要计算分数值，避免因两个整数相除结果仍为整数而带来误差，所以定义变量为实型。程序中表达式：

```
x>=-5 && x<=5
```

用来描述“x 大于或等于-5，并且 x 小于或等于 5”，即该表达式用来判断变量 x 的值是否在区间$[-5,5]$中。若 x 属于$[-5,5]$，则表达式成立，即结果为真；否则表达式不成立，结果为假。例如，若 $x=0$，则 0 属于$[-5,5]$，结果为真；若 $x=10$，则结果为假。其中，运算符“&&”就是用来表示其左右两边操作数是否“同时”成立的“逻辑与”运算符。

相关知识点 1：逻辑运算符与逻辑表达式

1）逻辑运算符

C 语言提供 3 种逻辑运算符：

逻辑与 && 表示“同时”、“并且”

逻辑或‖　表示“或者”

逻辑非!　表示“否定”

其中,“&&”和“‖”是双目运算符,“!”是单目运算符。

2）逻辑表达式

用逻辑运算符将运算对象连接起来的式子称为逻辑表达式。逻辑表达式的值是一个逻辑值“真”或“假”。**C语言编译系统在表示逻辑运算结果时,以整数1代表“真”,以0代表“假”,但在判断一个量是否为“真”时,非0为“真”,0为“假”**。逻辑运算符的运算规则如表3.1所示。

表3.1　逻辑运算符的运算规则

a	b	$!a$	$a\&\&b$	$a\|\|b$
1(非0)	1(非0)	0	1	1
1(非0)	0	0	0	1
0	1(非0)	1	0	1
0	0	1	0	0

例如:

若$a=4$,则$!a$的值为0。

若$a=4,b=5$,则$a\&\&b$的值为1,$a\|b$的值为1。

4&&0‖2的值为1。

逻辑表达式常用来描述条件。例如:

```
x<=-5||x>=5                                    /*判断x是否小于等于-5或者大于等于5*/
i%2==0                                         /*判断i是否为偶数*/
ch>='A'&&ch<='Z'                               /*判断ch是否为大写英文字母*/
ch>='a'&&ch<='z'                               /*判断ch是否为小写英文字母*/
(ch>='a'&&ch<='z')||(ch>='A'&&ch<='Z')         /*判断ch是否为英文字母*/
```

3）逻辑运算符优先级

!→&&→‖,即“!”为三者中最高的,逻辑运算符为左结合性。其中“&&”和“‖”的优先级低于关系运算符,“!”高于算术运算符,如图3.9所示。

! (非)
算术运算符
关系运算符
&&和||
赋值运算符
高
低

图3.9　运算符优先级

【案例3.5】　分析下列程序,问程序运行结束后m、n、p的值分别是多少。

```
#include<stdio.h>
void main()
{   int a=1,b=2,c=3,d=4;
    int p,m=1,n=1;
    p=(m=a>b)&&(n=c>d);
    printf("m=%d,n=%d,p=%d\n",m,n,p);
}
```

在案例3.5程序中,有一个逻辑表达式“$(m=a>b)\&\&(n=c>d)$”,执行时先计算左边小括号的值,“>”优先级高于“=”,根据 a、b 的值判断 $a>b$ 不成立,即为假,则表达式 $a>b$ 的值为 0,赋给变量 m;后面的运算符是逻辑与“&&”,根据逻辑与运算的规则可知,0 与任意值相“与”结果都为 0,所以右面括号的运算不再进行,n 的值仍为原始值 1,p 的值为 0。所以,程序运行结果为:

```
m=0,n=1,p=0
```

4) 逻辑表达式的求解

C 语言规定,C 语言编译系统在对逻辑表达式的求解中,并不是所有运算符都被执行,只有在必须执行后面的运算符才能求出表达式的值时,才执行其后的运算。

相关知识点 2:用 if-else 语句实现二分支结构

在案例 3.4 的程序中,语句:

```
if (x>=-5 && x<=5) y=0;
else  y=1/x;
```

相应的算法流程图如图 3.10 所示。显然,该图表示的是一个二分支结构。

在 C 语言中,用 if 语句实现二分支的形式为:

```
if (表达式)    语句 1
else           语句 2
```

这种 if 语句的执行过程如图 3.11 所示。

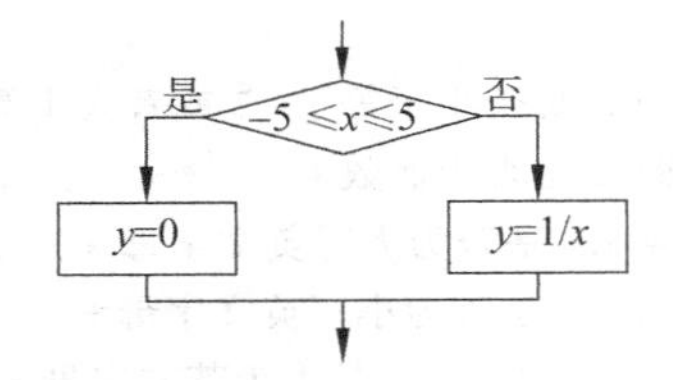

图 3.10　案例 3.4 中 if 语句执行过程

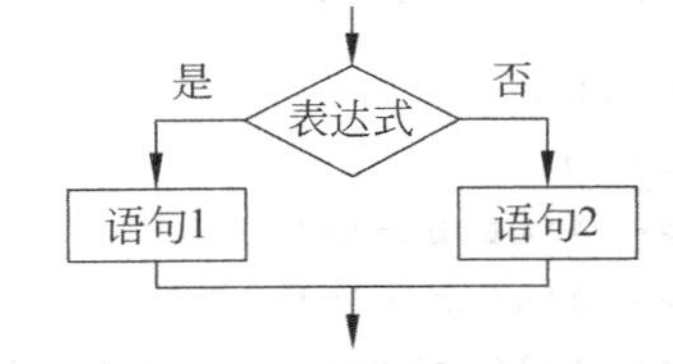

图 3.11　if 语句实现二分支

【案例 3.6】 从键盘输入一个成绩,当它大于等于 60,表示考试通过,否则,表示没通过。

```
#include<stdio.h>
void main()
{   int score;
    printf("请输入考试成绩: ");
    scanf("%d",&score);
    if (score>=60)
        printf("恭喜你通过了此次考试!\n");
    else
        printf("很抱歉,你没能通过此次考试!\n");
}
```

如果输入为 50↙,则程序运行结果为:

```
很抱歉,你没能通过此次考试!
```

如果输入为 65↙,则程序运行结果为:

```
恭喜你通过了此次考试!
```

【案例 3.7】 任意输入一个整数,判断该数是奇数还是偶数。

分析:对于一个整数 *number*,如果它是奇数,则 *number*%2=1;如果它是偶数,则 *number*%2=0。以上算法描述如图 3.12 表示。

```
#include<stdio.h>
void main()
{  int number;
   printf("Enter a number:");
   scanf("%d",&number);
   if(number%2==0)
      printf("The number is even.\n");
   else
      printf("The number is odd.\n");
}
```

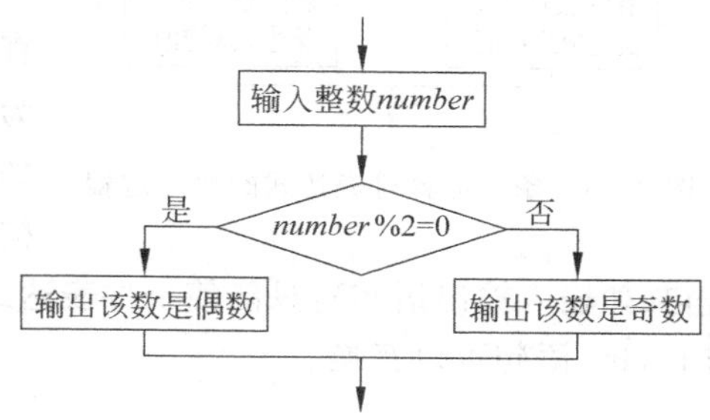

图 3.12 案例 3.7 算法流程图

如果输入 5↙,则程序运行结果为:

```
The number is odd.
```

如果输入 10↙,则程序运行结果为:

```
The number is even.
```

温馨提示:else 子句不能单独出现,必须与它前面的 if 成对使用。else 子句可以缺省。

【案例 3.8】 从键盘输入两个整数,找出其中的最大数并输出。

分析:比较两个整数的大小,用变量 *max* 保存两个整数中的大数。

```
#include<stdio.h>
void main()
{  int a,b,max;
   scanf("%d%d",&a,&b);
   max=(a>b)?a:b;                          /*条件运算符表达式*/
   printf("max=%d\n",max);
}
```

程序运行结果为:

```
3 5↙
max=5
```

程序中,语句 max=(a>b)? a:b;是条件运算符表达式语句,作用等价于 if (a>b) max=a; else max=b;。

相关知识点 3:条件运算符

运算符"?:"为条件运算符,它要求有 3 个操作数,是一个三目运算符,优先级低于逻辑或"‖"、高于赋值符"="。条件表达式的一般形式为:

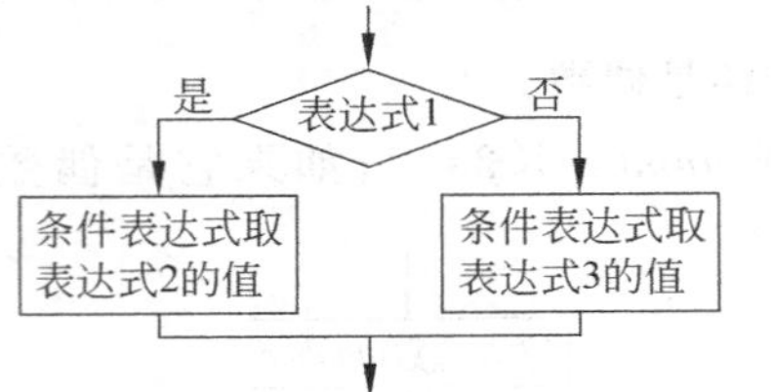

图 3.13　条件运算符表达式的执行过程

表达式 1?表达式 2:表达式 3

它的执行过程为:先求解表达式 1 的值,若为真(非 0),取表达式 2 的值作为整个表达式的值,若为假(0),则取表达式 3 的值作为整个表达式的值,如图 3.13 所示。由此可见,条件表达式也是分支结构。它与 if 语句的不同之处在于:它不能执行内嵌语句(如输入输出语句),只能使条件表达式取不同的值。在大多数情况下,条件表达式语句与 if-else 语句可以互换。

3.4　用 if-else 语句实现多分支结构

【案例 3.9】 计算三分段函数。

$$y = f(x) = \begin{cases} 0 & x < 0 \\ 4x/3 & 0 \leqslant x \leqslant 15 \\ 2.5x - 10.5 & x > 15 \end{cases}$$

分析:求解该问题的算法描述如图 3.14 所示。

```
#include<stdio.h>
void main()
{  double x,y;
   printf("Enter x:");
   scanf("%lf",&x);
   if (x<0) y=0;
   else if (x<=15)   y=4 * x/3;
   else   y=2.5 * x-10.5;
   printf("f(%.2f)=%.2f\n",x,y);
}
```

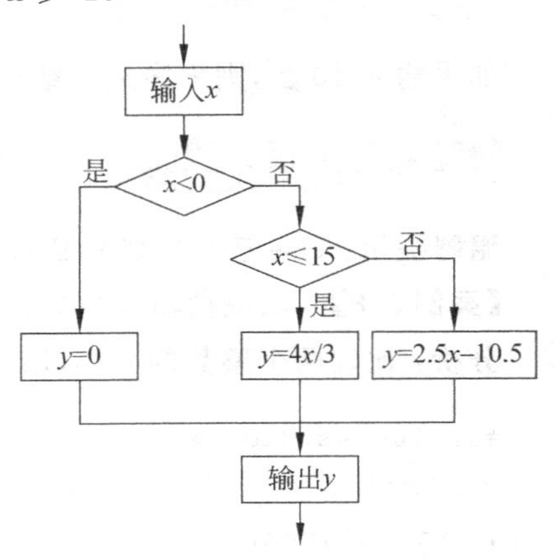

图 3.14　案例 3.9 算法流程图

如果输入−5↙,则程序运行结果为:

```
f(- 5.00)=0.00
```

如果输入 10↙,则程序运行结果为:

```
f(10.00)=13.33
```

如果输入 20↙,则程序运行结果为:

```
f(20.00)=39.50
```

相关知识点 1：用 if-else 语句实现多分支结构

由案例 3.9 的程序以及流程图可知，实现的是一个多分支结构。在 C 语言中，用 if 语句实现多分支的一般形式为：

```
if       (表达式 1)    语句 1
else if (表达式 2)    语句 2
 ⋮
else if (表达式 n-1)  语句 n-1
else                  语句 n
```

这种 if 语句的执行过程如图 3.15 所示。

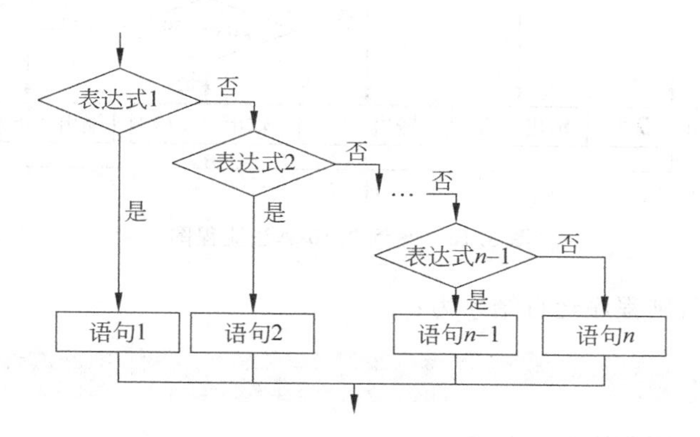

图 3.15 if 语句实现多分支

由以上分支结构可以看出，n 个分支需要($n-1$)次比较。根据每次比较结果(真或假)做出选择。

【案例 3.10】 任意输入一个百分制成绩 grade，要求输出相应的成绩等级：优(90 分以上)、良(80～89 分)、中(70～79 分)、及格(60～69 分)、不及格(60 分以下)。

分析：很明显，该问题是一个多分支问题。求解该问题的算法描述如图 3.16 所示。

```
#include<stdio.h>
void main()
{  int grade;
   printf("输入学生的成绩：");
   scanf("%d",&grade);
   if(grade>89)  printf("成绩是优!\n");
   else if(grade>79)
       printf("成绩是良!\n");
   else if(grade>69)
       printf("成绩是中!\n");
   else if(grade>59)
       printf("成绩是及格!\n");
```

```
    else
        printf("成绩是不及格!\n");
}
```

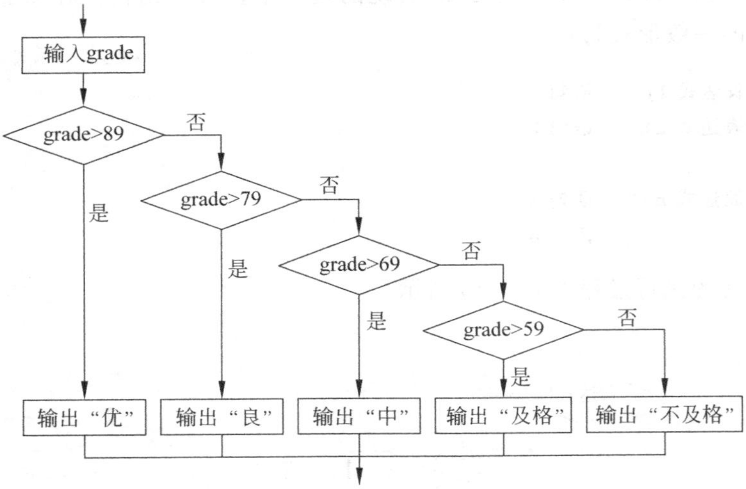

图 3.16　案例 3.10 算法流程图

如果输入 76↙,则程序运行结果为:

```
成绩是中!
```

如果输入 56↙,则程序运行结果为:

```
成绩是不及格!
```

相关知识点 2:if 语句的嵌套应用

在案例 3.9 的程序中,语句:

```
if (x<0)  y=0;
else if (x<=15)  y=4*x/3;
else  y=2.5*x-10.5;
```

等价于:

```
if (x<=15)
{   if (x<0) y=0;
    else y=4*x/3;
}
else y=2.5*x-10.5;
```

像这种在 if 语句中又包含一个或多个 if 语句的结构称为 if 语句的嵌套。if 语句嵌套的一般形式为:

```
if(表达式 1)
    if(表达式 2)语句 1
```

```
    else 语句 2
else
    if(表达式 3)语句 3
    else  语句 4
```

其执行过程如图 3.17 所示。

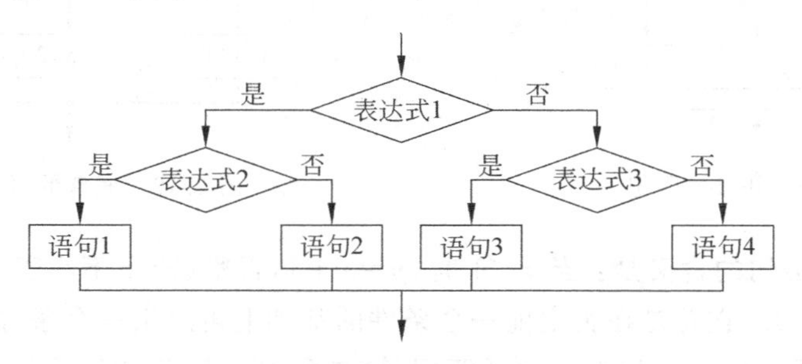

图 3.17 if 语句嵌套的执行过程

温馨提示：if 与 else 的配对关系。

else 总是与最靠近它的、没有与别的 else 匹配过的 if 匹配。else 子句可以缺省，但不可以单独出现，一定要跟在 if 的后面，else 子句的个数可以少于 if 子句的个数。

【案例 3.11】 改写下列 if 语句，使 else 和第一个 if 配对。

```
if (x<2)
    if (x<1)  y=x+1;
    else  y=x+2;
```

改写一：可以用花括号改变匹配关系。

```
if (x<2)
{   if (x<1) y=x+1;  }
else  y=x+2;
```

改写二：添加 else 子句改变匹配关系。

```
if (x<2)
    if (x<1) y=x+1;
    else;                          /* 空语句,不执行任何操作,if 语句功能不变 */
else  y=x+2;
```

相关知识点 3：if 语句的嵌套与 if-else 语句比较

现有以下两个 if 语句：

```
if (x<1) y=x+1;                    if (x<2)
else if (x<2) y=x+2;                   if (x<1) y=x+1;
     else y=x+3;                       else y=x+2;
                                   else  y=x+3;
```

对应流程图分别如图 3.18 和图 3.19 所示。

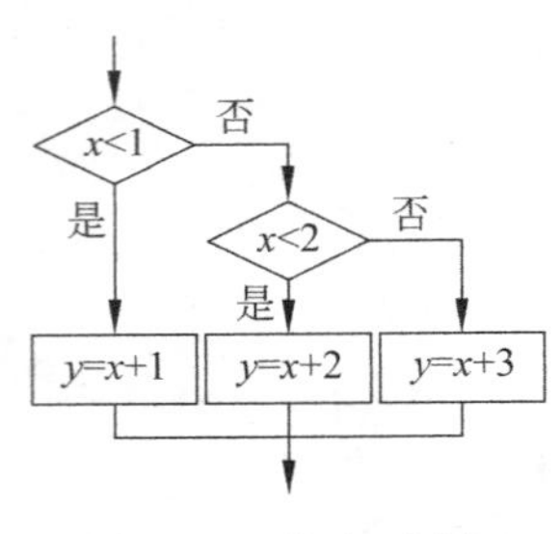

图 3.18　if-else 语句

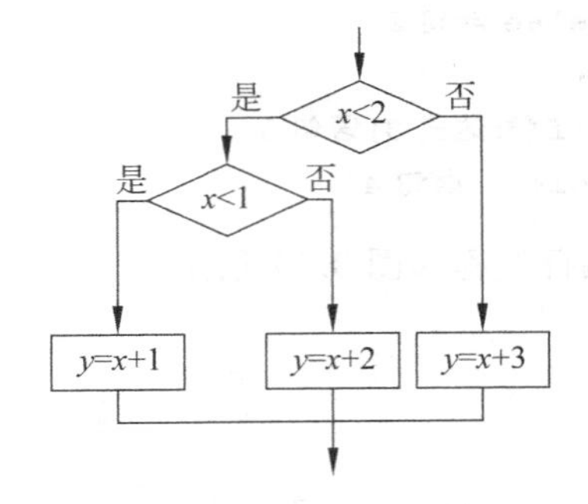

图 3.19　嵌套的 if 语句

其中，if-else 语句的含义是：当 $x<1$ 时，$y=x+1$，否则(即 x 不小于 1)当 $x<2$ 时，$y=x+2$，否则 $y=x+3$。它总是在否定前一个条件的基础上再给出一个条件进行判断，或者直接得出结果。即第一个 else 与第一个 if 匹配，第二个 else 与第二个 if 匹配，

if 语句嵌套的含义是：当 $x<2$(条件满足)时，再判断当 $x<1$ 时(该条件被包含在 $x<2$ 中)，$y=x+1$，否则(即不小于 1 但小于 2)$y=x+2$，否则(即不小于 2)$y=x+3$。当第一个条件满足的情况下判断第二个条件是否满足，而第二个条件包含在第一个条件中。第一个 else 否定的是第二个条件(即与内层 if 匹配)，第二个 else 否定的是第一个条件(即与外层 if 匹配)。

3.5　switch 语句和 break 语句

【案例 3.12】　学生成绩分类。输入五级制成绩，输出相应的百分制成绩(0～100)区间，A(90～100)、B(80～89)、C(70～79)、D(60～69)、F(0～59)。

分析：用 if 语句实现多分支，当嵌套的层数较多时，程序的可读性降低。C 语言提供了 switch 语句直接处理多分支选择问题，简单、明了。

```
#include<stdio.h>
void main()
{   char grade;
    printf("输入学生的成绩等级：");
    scanf("%c",&grade);
    switch (grade)
    {  case 'A':  printf("90-100\n");   break;
       case 'B':  printf("80-89\n");    break;
       case 'C':  printf("70-79\n");    break;
       case 'D':  printf("60-69\n");    break;
       default:   printf("0-59\n");
    }
}
```

程序运行结果为：

```
B↙
80-89
```

如果输入等级为‘D’,则程序运行结果为:

```
60-69
```

如果输入等级为‘F’,则程序运行结果为:

```
0-59
```

相关知识点1:switch 语句

用 switch 语句实现多分支的一般形式为:

```
switch(表达式)
{    case 常量表达式 1: 语句段 1;
     case 常量表达式 2: 语句段 2;
              ⋮
     case 常量表达式 n: 语句段 n;
     default :          语句段 n+1;
}
```

其中,switch 语句中的表达式可以是一个变量或由变量构成的表达式,语句段中可以包含多条语句,不需要用花括号括起来形成复合语句。表达式的值与 case 后面常量表达式的值都只能是整型或字符型。

其执行过程是:首先计算表达式的值,将计算结果与 case 后常量表达式值进行比较,如果表达式的值与某个常量表达式的值相等,则执行其后的语句,然后不再进行判断,继续执行后面所有 case 以及 default 后的语句。如果表达式的值与任何一个常量表达式的值都不相等,则执行 default 后面的语句。例如:

```
switch (grade)
{    case 'A':    printf("90-100\n");
     case 'B':    printf("80-89\n");
     case 'C':    printf("70-79\n");
     case 'D':    printf("60-69\n");
     default:     printf("0-59\n");
}
```

如果 grade 的值为‘A’,则将连续输出:

```
90-100
80-89
70-79
60-69
0-59
```

温馨提示:

① 在 switch 语句中,表达式和常量表达式的值一般是 int 型或 char 型。

② 每个 case 后面常量表达式的值必须各不相同，否则会出现相互矛盾的现象。

③ case 后面的常量表达式仅起语句标号作用，并不进行条件判断。系统一旦找到入口标号，就从此标号开始执行，不再进行判断。

④ default 可以省略，如果省略了，当表达式的值与任何一个常量表达式的值都不相等时，就什么都不执行，结束 switch 语句。

⑤ 各个 case 及 default 子句的先后次序不影响程序执行结果。

⑥ 多个 case 子句可共用同一语句段。例如：

```
switch (grade)
{   case 'A':
    case 'B':
    case 'C':
    case 'D':  printf(">60\n"); break;          /*共用语句*/
    default:   printf("<60\n");
}
```

当 grade 的值为'A'、'B'、'C'或'D'时都执行同一组语句。

【案例 3.13】 输入某个日期(××年××月××日)，计算该日期是该年的第几天。

分析：假设输入的日期为 *year*:*month*:*day*，*t* 表示该日期是该年的第几天，则 *t* 为前(*month*－1)月每个月总天数之和再加上 day。例如，判断 2009 年 5 月 6 日是 2009 的第几天，只需要把 1 到 4 月每月总天数之和再加上 6 即可。在这里要注意的是，闰年的 2 月有 29 天。闰年的判断条件是，年号能被 4 整除但不能被 100 整除或者能被 400 整除的是闰年。

方法一：

```
#include<stdio.h>
void main()
{  int year,month,day,t=0;
   printf("输入一个日期:\n");
   scanf("%d%d%d",&year,&month,&day);
   switch (month)
   {  case 1:   t=day;   break;
      case 2:   t=31+day;   break;
      case 3:   t=31+28+day;   break;
      case 4:   t=31+28+31+day;   break;
      case 5:   t=31+28+31+30+day;   break;
      case 6:   t=31+28+31+30+31+day;   break;
      case 7:   t=31+28+31+30+31+30+day;   break;
      case 8:   t=31+28+31+30+31+30+31+day;   break;
      case 9:   t=31+28+31+30+31+30+31+31+day;   break;
      case 10:  t=31+28+31+30+31+30+31+31+30+day;   break;
      case 11:  t=31+28+31+30+31+30+31+31+30+31+day;   break;
      default:  t=31+28+31+30+31+30+31+31+30+31+30+day;
   }
   if (month>2)
      if((year%4==0&&year%100!=0)||(year%400==0)) t=t+1;
                                          /*若为闰年且月份大于2时加1*/
```

```
    printf("%d年%d月%d日是该年的第%d天。",year,month,day,t);
}
```

程序运行结果为：

```
2010  12  2↙
2010年12月2日是该年的第336天。
```

方法一是比较容易想到且易于实现的一种方式。实际上，该问题的求解也可以用方法二来实现。

方法二：

```
#include<stdio.h>
void main()
{   int year,month,day,t=0;
    printf("输入一个日期：\n");
    scanf("%d%d%d",&year,&month,&day);
    switch (month)
    {   case 12:  t=t+30;
        case 11:  t=t+31;
        case 10:  t=t+30;
        case 9:   t=t+31;
        case 8:   t=t+31;
        case 7:   t=t+30;
        case 6:   t=t+31;
        case 5:   t=t+30;
        case 4:   t=t+31;
        case 3:   t=t+28;
        case 2:   t=t+31;
        default:  t=t+day;
    }
    if (month>2)
        if ((year%4==0 && year%100!=0) || (year%400==0))  t=t+1;
    printf("%d年%d月%d日是该年的第%d天。",year,month,day,t);
}
```

温馨提示：方法二中case的排列顺序不能随意变换，否则影响问题的正确求解。

请思考：方法二是如何实现问题求解的？

相关知识点2：break语句

break语句的一般使用形式为：

```
break;
```

break语句可以终止switch语句的执行。在用switch语句实现多分支结构时，当表达式的值与某个case后面常量表达式的值相等时，就执行此case后面的语句以及其后所有case后面的语句。当不需要再执行其他case后面的语句时，用break语句可以结束switch语句的执行。例如，案例3.12和案例3.13的第一种方法中在每个case的最后都有一个break语句。

3.6 应用实例

【案例 3.14】 输入一个形式如“操作数 运算符 操作数”的四则运算表达式，输出运算结果。

例如：

输入：3.1+4.8
输出：7.9

分析：用字符变量 *oper* 表示运算符，用两个实型变量 *value*1、*value*2 表示操作数。在 switch 中根据输入的运算符选择相应的运算，并输出运算结果。

```
#include<stdio.h>
void main()
{   char oper;
    double value1, value2;
    printf("Type in an expression: ");
    scanf("%lf%c%lf", &value1, &oper, &value2);
    switch(oper)
    {   case '+':
            printf("%f+%f=%.2f\n", value1, value2, value1+value2);
            break;
        case '-':
            printf(""%f-%f =%.2f\n", value1, value2, value1-value2);
            break;
        case '*':
            printf("%f*%f =%.2f\n", value1, value2, value1*value2);
            break;
        case '/':
            printf("%f/%f =%.2f\n", value1, value2, value1/value2);
            break;
        default:
            printf("Unknown operator\n");
    }
}
```

如果输入 2.3+5.2↙，则程序运行结果为：

```
2.300000+5.200000=7.5
```

如果输入 2.3/5.2↙，则程序运行结果为：

```
2.300000/5.200000=0.44
```

案例 3.14 在程序运行时根据输入的运算符，只进行一种相应的运算。输入‘+’就进行加法运算，输入‘*’就进行乘法运算，这就是 break 语句在程序中所起到的控制作用。在从键盘输入数据和运算符时，不需要加间隔符，因为中间输入的是字符。

【案例 3.15】 从键盘输入一个英文字母，如果它是大写字母，将它转换成小写字母；否则将它转换成大写字母。然后输出转换以后的字母。

分析：定义字符变量 *ch* 存放从键盘输入的英文字母。如果 *ch*>='A'&&ch<='Z'，则将它转换成小写字母；否则，该字母为小写字母，将其转换成大写字母。另外，同一个字母的大小写形式，其 ASCII 码值相差 32。该问题的求解算法描述如图 3.20 所示。

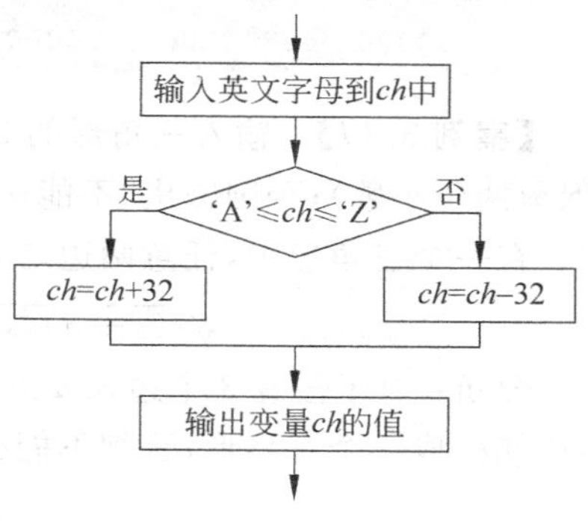

图 3.20　案例 3.15 算法流程图

```
#include<stdio.h>
void main()
{   char ch;
    ch=getchar();
    if (ch>='A' && ch<='Z') ch=ch+32;
    else  ch=ch-32;
    putchar(ch);
}
```

如果输入 a↙，则程序运行结果为：

```
A
```

如果输入 A↙，则程序运行结果为：

```
a
```

【案例 3.16】 输入 3 个数 *a*、*b*、*c*，要求按由小到大的顺序输出。

分析：首先比较 *a*、*b* 的大小，如果 *a*>*b*，则将 *a*、*b* 交换。这样 *a* 中保存的就是 *a*、*b* 中的小者。再比较 *a*、*c* 的大小，如果 *a*>*c*，则将 *a*、*c* 交换。这样 *a* 中保存的就是 *a*、*b*、*c* 中的最小数。最后比较 *b*、*c* 的大小，如果 *b*>*c*，则将 *b*、*c* 交换。这样 *b* 中保存的就是 *b*、*c* 中的小者。交换数据需要一个中间变量。其算法描述如图 3.21 所示。

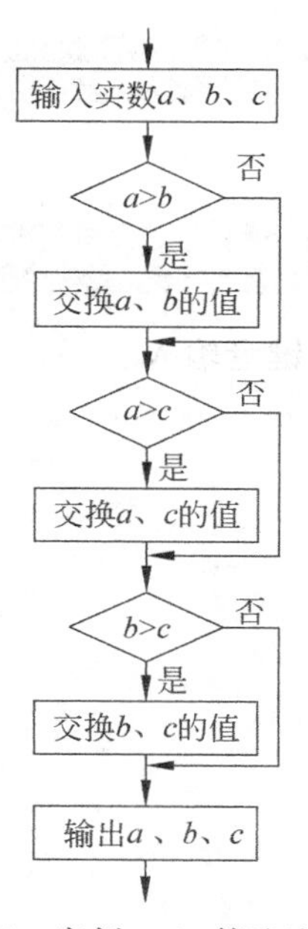

图 3.21　案例 3.16 算法流程图

```
#include<stdio.h>
void main()
{   float a,b,c,t;
    scanf("%f%f%f", &a, &b,&c);
    if (a>b)
    { t=a;  a=b;  b=t;  }
    if (a>c)
    {  t=a;  a=c;  c=t;  }
    if (b>c)
    {    t=b;  b=c;  c=t;     }
    printf("%f  %f  %f\n",a,b,c);
}
```

程序运行结果为：

```
6.5  4.3  2.8↙
2.800000  4.300000  6.500000
```

【案例 3.17】 输入三角形的 3 条边，如果能构成一个三角形，输出面积 *area* 和周长 *s*（保留两位小数）；否则输出“不能构成三角形”。

在一个三角形中，任意两边之和大于第三边。三角形面积计算公式为：

$$area = \sqrt{s(s-a)(s-b)(s-c)}, \quad 其中, \quad s=(a+b+c)/2$$

分析：对于任意 3 个边长 a、b、c，如果满足 $a+b>c$ && $b+c>a$ && $a+c>b$，则该三条边能构成一个三角形；否则不能构成三角形。

```
#include<stdio.h>
#include<math.h>
void main()
{   float a,b,c,s,area;
    printf("Enter length of three sides:\n ");
    scanf("%f%f%f", &a, &b, &c);
    if(a+b>c && b+c>a && a+c>b)
    {  s=1.0/2*(a+b+c);                       /*计算 s,即周长的一半*/
       area=sqrt(s*(s-a)*(s-b)*(s-c));        /*计算面积*/
       printf("area=%f\n",area);
    }
    else printf("不能构成三角形!\n");
}
```

如果输入 3 边长为 4、5、6，则程序运行结果为：

```
area=9.921567
```

如果输入 3 边长为 4、8、15，则程序运行结果为：

```
不能构成三角形!
```

【案例 3.18】 求一元二次方程 $ax^2+bx+c=0$ 的解。a、b、c 由键盘输入。

分析：根据方程的系数 a、b、c 的值不同，方程的解也不同。

(1) $a=0$，不是二次方程。

(2) $b^2-4ac=0$，有两个相等实根。

(3) $b^2-4ac>0$，有两个不等实根。

(4) $b^2-4ac<0$，无实根。具体算法描述如图 3.22 所示。

```
#include<stdio.h>
#include<math.h>
void main()
{   float a,b,c,d,x1,x2;
    scanf("%f%f%f", &a, &b, &c);
```

```
    printf("The equation");
    if (a==0)printf(" is not a quadratic.\n");
    else
    {
        d=b*b-4*a*c;
        if (d<0) printf(" has not real roots.\n");
        else
        {
            if (d==0)
            {   x1=-b/(2*a);
                x2=x1;
                printf(" has two equal roots:%f.\n",x1);
            }
            else
            {   x1=(-b+sqrt(d))/(2*a);
                x2=(-b-sqrt(d))/(2*a);
                printf(" has distinct real roots:%f  %f.\n",x1,x2);
            }
        }
    }
}
```

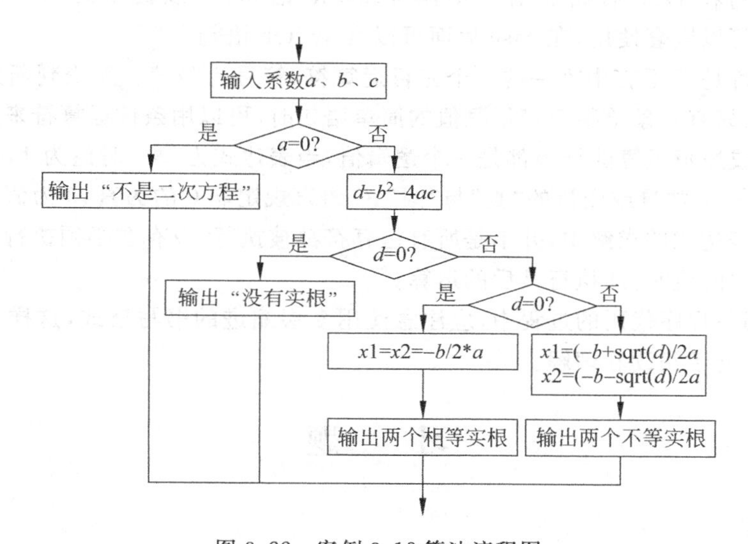

图 3.22　案例 3.18 算法流程图

如果输入方程系数为 0、2、2，则程序运行结果为：

```
The equation is not a quadratic.
```

如果输入方程系数为 1、2、2，则程序运行结果为：

```
The equation has not real roots.
```

如果输入方程系数为1、2、1,则程序运行结果为:

```
The equation has two equal roots:-1.000000.
```

3.7 本章小结

C语言的分支结构语句包括条件(if-else)语句和开关(switch)语句两种,其中,单分支结构用if语句来实现,二分支结构用if-else语句来实现,多分支结构用开关语句switch、if-else语句,或者嵌套的if-else语句来实现。在条件语句中,if的个数一定不少于else的个数。else总是与它上面最近的未与别的else匹配过的if相配对,与书写格式无关。

if后面的表达式可以是关系表达式、逻辑表达式,也可以是常量、变量或函数调用表达式。语句可以是一条语句或多条语句。当为多条语句时,需用花括号{}将多条语句括起来形成复合语句,在语法上复合语句相当于一条语句。

switch语句的执行过程是:首先计算表达式的值,如果表达式的值与某个case后面常量表达式的值相等,则执行其后的语句,然后不再进行判断,继续执行后面所有case以及default后的语句。若表达式的值与所有case后面常量表达式的值都不相等,则执行default后面的语句。表达式的值与case后面常量表达式的值都只能是整型或字符型。

switch语句在case后面的语句中添加break语句,可以提前终止switch的执行。switch语句也可以嵌套使用,在case后面可以有switch语句。

条件运算符是C语言中唯一的一个三目运算符,符号为"?:"。无论判断条件为"真"或"假",所执行的只有一条给某个变量赋值的简单语句时,可以用条件运算符来完成。

关系运算或逻辑运算的结果都是一个逻辑值,当表达式为"真"时值为1,表达式为"假"时值为0;判断一个常量或变量的"真"与"假",C语言规定非0的为真,0为假。C语言编译系统在对逻辑表达式的求解中,并不是所有运算符都被执行,只有在必须执行后面的运算符才能求出表达式的值时,才执行其后的运算。

此外,在书写程序代码的过程中,应注意使用多层缩进的书写格式,这样可使程序的层次更加分明,有助于阅读和理解。

习　题

1. 选择题

(1) 下列选项中,(　　)在C语言中是正确的标识符。

A. 3B	B. KEY	C. _123	D. void
sizeof	cl_c2	T3_al_	CHAT
DO	-for	scan	6B

(2) 下列4个选项中,均是C语言关键字的是(　　)。

A. auto	B. switch	C. signed	D. if
Enum	typedef	union	struct
include	continue	scanf	type

(3) 在C语言中,标识符只能由字母、数字和下划线组成,且第一个字符(　　)。

A. 必须为字母　　B. 必须为下划线

C. 必须为字母或下划线　　D. 可以是字母、数字或下划线中的任意一种

(4) 当A的值为奇数时表达式为"真",A的值为偶数时表达式为"假",则下列不能满足条件的表达式是(　　)。

A. A%2==1　　B. !(A%2==0)

C. !(A%2)　　D. A%2

(5) 下列程序的输出结果是(　　)。

```
#include<stdio.h>
void main()
{   int  x=10 ;
    printf("%d\n", 5 * 6+x ) ;
}
```

A. 30　　B. 125　　C. 40　　D. 120

(6) 下列表达式的值为1的是(　　)。

A. 3%5　　B. 3/5.0　　C. 3/5　　D. 3<5

(7) 已知字符c的ASCII码值为99,语句printf("%d,%c",'c', 'c'+1);的输出为(　　)。

A. 99,c　　B. 99,100　　C. 99,d　　D. 语句不合法

(8) 若x是单精度实型变量,k是基本整型变量,则下列表达式中,错误的是(　　)。

A. x%k　　B. x/k　　C. x=k　　D. x=x+k

(9) 下列程序(　　)。

```
#include<stdio.h>
void main()
{   int x=0,y=0,z=0;
    if(x=y+z) printf("***") ;
    else printf("###") ;
}
```

A. 有语法错误,不能通过编译　　B. 输出***

C. 可以通过编译,连接出错　　D. 输出###

(10) 执行下列语句后的输出是(　　)。

```
int x=-1;
if(x<=0) printf("****\n")
else printf("%%%%\n");
```

A. ****　　B. %%%%

C. -1　　D. 有语法错误,编译出错

2. 填空题

(1) 表达式"5.5+1/2+85%10"的计算结果是________。

(2) 决定表达式运算顺序的两个因素是________和________。

(3) 在 C 语言中,char 型数据在内存中的存储形式是________。

(4) 语句 printf("%f",(int)(2.5 * 3)/3);的输出结果是________。

(5) 设 $a=3,b=4,c=5$,表达式 $a+b>c\&\&b==c$ 的值为________,表达式 $!(a>b)\&\&c\|1$ 的值为________。

(6) 判断一个字符是否是字母或数字的逻辑表达式为________。

(7) 程序填空。使用 getchar()函数输入一个字符,用 printf()输出;用 scanf()函数输入一个字符,用 putchar()函数输出。

```
#include<stdio.h>
void main()
{   char c;
    printf("Please input the first char:");
    ____①____;
    printf("____②____", c);
    printf("Please input the second char:");
    scanf("%c",____③____);
    ____④____;
}
```

(8) 程序填空。某物品原有价值为 p,由于使用使其价值降低,价值的折扣率与时间 t(月数)的关系为:

$$\begin{cases} t<3, & \text{无折扣} \\ 3\leqslant t<6, & 2\% \text{ 折扣} \\ 6\leqslant t<12, & 5\% \text{ 折扣} \\ 12\leqslant t<21, & 8\% \text{ 折扣} \\ t\geqslant 21, & 10\% \text{ 折扣} \end{cases}$$

下列程序根据输入的时间和原有价值计算物品的现有价值。请根据题意填空。

```
#include<stdio.h>
void main()
{   int t,d;
    float p;
    scanf("%d,%f",&t,&p);
    switch(____①____)
    {  case 0:d=0;break;
       case 1:d=2;break;
       case 2:
       case 3:d=5;break;
       case 4:
       case 5:
       case 6:d=8;break;
       ____②____: d=10;
    }
    printf("Pice=%f\n",p*(____③____));
```

}

3. 分析下列程序,写出程序运行结果

(1)

```
#include<stdio.h>
void main()
{   float f=123.456;
    printf("%f **%10.2f**%.3f\n", f , f , f ) ;
}
```

(2)

```
#include<stdio.h>
void main()
{   int a ,b,max;
    scanf("%d%d",&a,&b);
    if(a>b) max=a ;
    else max=b ;
    printf("max=%d\n",max) ;
}
```

(3)

```
#include<stdio.h>
void main()
{   int x,a=10,b=20,v1=5,v2=0;
    if(a<b)
        if(b!=15)
            if(!v1)x=1;
            else if(v2)x=10;
      x=-1;
      printf("%d\n",x) ;
}
```

(4)

```
#include<stdio.h>
void main()
{   int k=6;
    char c='A';
    switch(c=c+1)
    {   case 'A':k=k+1;break;
        case 'B':k=k-1;break;
        case 'C':k=k*k;
    }
    printf("%d\n",k);
}
```

(5)

```
#include<stdio.h>
void main()
{   int x=1,y=0,a=0,b=0;
    switch(x)
    {   case 1:
                switch(y)
                {  case 0:a=a+1;break;
                   case 1:b=b+1;break;
                }
        case 2:a=a+1;b=b+1;break;
        case 3:a=a+1;b=b+1;break;
    }
    printf("a=%d,b=%d\n",a,b) ;
}
```

4. 改错题

(1) 指出下列程序中的错误并改正。

```
#include<stdio.h>
void main()
{  int a;
   float b;
   char c;
   scanf("%c , %d , %d , %f ",c , b , a , c );
   printf("%c , %d , %d , %f ",c , b , a , c );
}
```

(2) 下列程序有错,请查找并改正。

```
#include<stdio.h>
void main()
{   int x,y;
    scanf("%d,%d",&x,&y);
    if(x>y) x=y;y=x;
    else x=x+1;y=y+1;
    printf("%d,%d\n",x,y) ;
}
```

5. 编程题

(1) 计算以下分段函数:

$$y = f(x) = \begin{cases} x^2 + 2x + 1/x & x < 0 \\ \sqrt{x} & x \geqslant 0 \end{cases}$$

输出计算结果,保留两位小数。

(2) 输入一个整数,若为奇数则输出其平方根,否则输出其立方根。(提示:可以利用数学函数 pow(x,1.0/3)计算 x 的立方根。)

(3) 从键盘输入一个整数,判断该整数是否能同时被 3 和 7 整除。

(4) 输入一个英文字母，判断该字母是大写字母还是小写字母。

(5) 从键盘任意输入一个字符，如果它是英文字母，则以小写的形式输出；否则输出“它不是英文字母”。

(6) 从键盘输入 3 个整数 a、b、c，输出其中的最大数。

(7) 从键盘输入 x，计算下列分段函数的值。

$$f(x)=\begin{cases}10 & x<-10\\ 0 & -10\leqslant x\leqslant 10\\ -10 & x>10\end{cases}$$

(8) 从键盘输入 4 个整数 a、b、c、d，按照由大到小的顺序输出。

(9) 从键盘输入年月，输出该月的天数(考虑当年是否闰年)。

(10) 输入月薪 $salary$，输出应交的个人所得税 tax。计算公式为：

$$tax=rate*(salary-2000)$$

当 $salary\leqslant 2500$ 时，$rate=0$；

当 $2500<salary\leqslant 4000$ 时，$rate=5\%$；

当 $4000<salary\leqslant 7000$ 时，$rate=10\%$；

当 $7000<salary\leqslant 22000$ 时，$rate=15\%$；

当 $22000<salary\leqslant 42000$ 时，$rate=20\%$；

当 $42000<salary\leqslant 62000$ 时，$rate=25\%$；

当 $62000<salary\leqslant 82000$ 时，$rate=30\%$；

当 $82000<salary\leqslant 102000$ 时，$rate=35\%$；

当 $102000<salary$ 时，$rate=40\%$。

要求给出问题求解的算法，用流程图表示，并用程序实现。

第4章　循环结构程序设计

本章主要内容：

- 循环结构及其两大要素(循环条件和循环体)；
- 如何使用 while 语句、do-while 语句以及 for 语句来实现循环；
- 自增、自减运算符及其使用；
- break 语句和 continue 语句在循环语句中的应用；
- 多重循环。

在日常生活中，许多问题需要用到循环。例如，求若干学生某门课程的平均成绩，需要将多个成绩累加后除以学生数；判断一个数 n 是否是素数，需要判断 n 能否被 2、3、…、$n-1$ 整除；求阶乘，需要进行累乘等，这其中都存在反复执行的操作。

循环结构是结构化程序设计的基本控制结构之一。在程序设计中，如果需要重复执行某些操作，就要用到循环结构。循环结构的特点是：在给定条件成立时，反复执行某程序段，直到条件不成立为止。其中，给定的条件称为循环条件，反复执行的操作称为循环体。使用循环结构编程时，首先要明确循环条件和循环体，即哪些操作需要反复执行以及这些操作在什么情况下重复执行。在 C 语言中可以用 while、do-while 和 for 语句实现循环结构。

4.1　while 语句

【案例 4.1】 输出 1～100 之间的所有整数。

分析： 该问题就是要重复输出整数，只不过每次输出的整数不同而已，显然是一个循环问题。定义变量 i 表示每次要输出的整数，由于第一个要输出的整数为 1，所以可以将变量 i 的初值置为 1。另外，每次输出变量 i 之前首先要判断 $i \leqslant 100$ 是否成立，如果成立，则输出变量 i，同时计算出下一个数；否则输出结束。具体算法描述为：

(1) 设变量 $i=1$。

(2) 判断 i 的值是否小于或等于 100，若是，转(3)继续执行；否则输出结束。

(3) 输出 i 的值。

(4) i 的值自增 1，转(2)。

算法的流程图描述如图 4.1 所示。

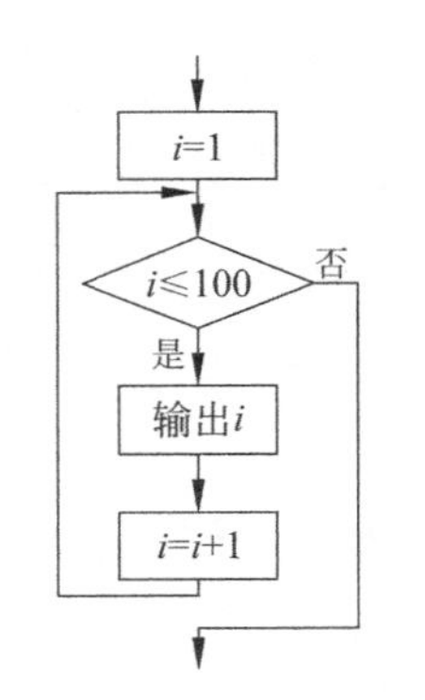

图 4.1　案例 4.1 算法流程图

```
#include<stdio.h>
void main()
{   int i;
    i=1;
    while (i<=100)
```

```
    {   printf("%4d", i);
        i=i+1;
    }
}
```

程序运行结果为：

```
1   2   3   4   5   6   7   8   9   10  11  12  13  14  15  16  17  18  19  20
21  22  23  24  25  26  27  28  29  30  31  32  33  34  35  36  37  38  39  40
41  42  43  44  45  46  47  48  49  50  51  52  53  54  55  56  57  58  59  60
61  62  63  64  65  66  67  68  69  70  71  72  73  74  75  76  77  78  79  80
81  82  83  84  85  86  87  88  89  90  91  92  93  94  95  96  97  98  99 100
```

从算法分析可知，第(3)步、第(4)步需反复执行100次，被称为循环体；而 $i \leqslant 100$ 是循环体是否要执行的判定条件，被称为循环条件。

相关知识点1：while语句

从案例4.1的算法分析以及流程图描述可以看出，该问题是循环结构。在C语言中可以用while语句来实现循环结构。while语句的一般形式为：

```
while (表达式)
    循环体语句
```

其中，while后面的表达式可以是关系表达式或逻辑表达式，也可以是特殊表达式，如一个常量或一个变量等。循环体语句默认为一个语句，如超过一个语句时要用花括号把多个语句括起来。

其执行过程为：首先计算表达式的值，当表达式为真(非0)时，执行循环体语句；否则，while语句执行结束。while语句的执行过程如图4.2所示。

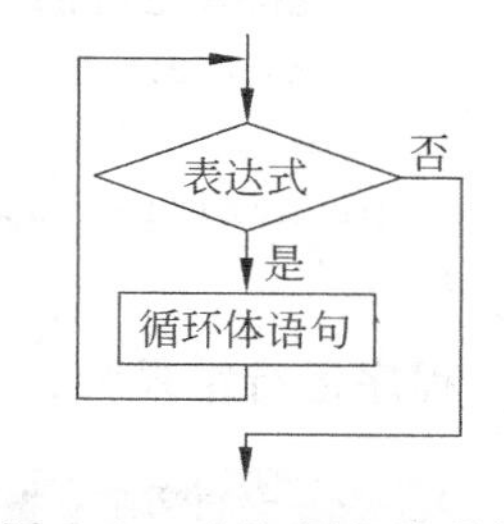

图4.2　while语句流程图

温馨提示：

① 在循环语句中，通常是通过判断某个变量的值是否满足某种条件来决定循环体是否执行。因此，该变量被称为循环(控制)变量。例如，语句：

```
while (i<=100)
{   printf("%5d", i);
    i=i+1;
}
```

是通过判断和改变变量 i 的值来控制循环的。因此，变量 i 也称为循环变量。用while语句实现循环时，循环变量的初始化操作应在while语句之前完成。

② 在循环体中应有使循环趋向于结束的语句。例如，在上面的while语句中，循环结束的条件是 $i>100$。因此，在循环体中应该有使 i 增值以最终导致 $i>100$ 的语句。语句 $i=i+1$;就起到这样一个作用。如果无此语句，则 i 的值始终不改变，循环永远不会结束，成了死循环。

③ 因为while语句是先进行条件判断，在条件成立的情况下才执行循环体，所以，循环体有可能一次也不执行。例如，在案例4.1的while语句中，如果把 i 的初值设为101，执行

while 语句时，由于在进行第一次条件判断时条件就不成立，所以循环体一次也不执行。

【案例 4.2】 计算 1～100 之间的所有奇数之和。

分析：计算 1～100 之间的所有奇数之和，即 1+3+5+7+…+99。设整型变量 n 起始值为 1，整型变量 sum 用来计算累加和，起始值为 0。sum 累加 n 的值，将变量 n 依次加 2，直至 n 大于 99 为止。n 作为循环控制变量，循环条件就是 $n \leqslant 99$。具体描述为：

(1) 设变量 $n=1$，$sum=0$。

(2) 若 $n \leqslant 99$，转第(3)步，否则，循环结束。

(3) $sum=sum+n$。

(4) $n=n+2$，转(2)步。

(5) 输出计算结果。

通过以上分析可知，第(3)到(4)步需要反复执行多次，即循环体。利用 while 语句实现循环。其算法流程图如图 4.3 所示。

```
#include<stdio.h>
void main()
{  int n=1,sum=0;
   while(n<=99)
   {  sum=sum+n;
      n=n+2;
   }
   printf("1-100之间的所有奇数之和为: %d\n",sum);
}
```

图 4.3 案例 4.2 算法流程图

程序运行结果为：

```
1-100之间的所有奇数之和为: 2500
```

【案例 4.3】 输出 21 世纪所有的闰年。

分析：21 世纪是从 2000 年开始到 2099 年结束，用变量 $year$ 表示年份，则 $year$ 的初值为 2000。要把 2000～2099 中的闰年输出，很明显就是一个循环操作。其中，循环条件就是 $year \leqslant 2099$，循环体中首先判断 $year$ 是否为闰年，如果是，则输出；然后 $year=year+1$。其中，判断闰年的条件是：能被 4 整除但不能被 100 整除，或者能被 400 整除。

```
#include<stdio.h>
void main()
{  int  year,flag=0;
   year=2000;
   while (year<=2099)
   {  if((year%4==0&&year%100!=0)||(year%400==0))        /*判断year是否闰年*/
      {  printf ("%d  ",year);
         flag=flag+1;                                 /*输出一个闰年计数器flag加1*/
         if(flag%10==0) printf("\n");                 /*输出够10个就换行*/
      }
      year=year+1;
```

```
    }
}
```

程序运行结果为：

```
2000  2004  2008  2012  2016  2020  2024  2028  2032  2036
2040  2044  2048  2052  2056  2060  2064  2068  2072  2076
2080  2084  2088  2092  2096
```

以上程序在实现闰年的输出过程中，每输出一个闰年，计数器 *flag* 就加 1，每输出 10 个就换行。

相关知识点 2：循环的计数控制和条件控制

循环控制是程序设计中的一个重要环节。通常有两种控制方法：计数控制和条件控制。

对于要求解的问题循环次数能够确定时，使用计数控制法。假设已知循环次数为 n，常用以下 3 种方法实现计数控制。

(1) 先将 0 送入循环计数器中，然后每循环一次，计数器加 1，直到循环计数器的内容与循环次数 n 相等时结束循环。

(2) 先将循环次数 n 送入循环计数器中，然后，每循环一次，计数器减 1，直至循环计数器中的内容为 0 时结束循环。

(3) 先将循环次数的负值(以补码形式)送入循环计数器中，然后每循环一次，计数器加 1，直至计数器中的值为零时结束循环。

例如，案例 4.1、案例 4.2 都是通过计数来控制循环的，而且计数器的初始值为 0，每循环一次，计数值与循环终值做一次比较，小于或等于时继续循环，大于时循环结束。

在有些问题的求解中，循环次数事先无法确定，但它与问题的某些条件有关。这些条件可以通过语句来测试。若测试比较的结果表明满足循环条件，则继续循环，否则结束循环。这种循环即为条件控制。

【案例 4.4】 计算若干个整数之和，直到文件结尾为止。

分析：多个数据求和需要用到循环语句，但数据的个数未知，就不能用计数控制循环，只能用条件控制循环。要求计算到文件末尾，即文件结束就是循环结束的条件。在用 scanf()函数输入的数据为 Ctrl＋z 时，函数的返回值为 EOF，而 EOF 是文件结束标志，所以用 EOF 作为循环结束的条件。定义变量 a，从键盘输入一个整数，判断它不等于 EOF 时就执行循环体，即累加 a 的值，当等于 EOF 时循环结束。

```
#include<stdio.h>
void main()
{   int a,sum=0;
    while(scanf("%d",&a)!=EOF)
        sum=sum+a;
    printf("%d\n",sum);
}
```

程序运行结果为：

```
34 7 8 -9 65 13 -22 11 5 7 ^Z(即 Ctrl+z)
119
```

4.2 do-while 语句

【案例 4.5】 求一个正整数的平方根并输出。要求从键盘输入整数，如果是非正整数，则继续输入，直到输入的是正整数为止，然后计算该正整数的平方根并输出。

分析：该问题要求对一个正整数求平方根，所以当输入的是一个非正整数时，要继续输入数据，直到输入的是一个正整数为止。因此，在求平方根之前，可能需要多次输入数据，即循环体，且其循环的条件是所输入的数 n 不大于 0，即 $n\leqslant0$。另外，在该问题中，由于至少要进行一次数据的输入操作，也就是说，循环体至少要执行一次，在此，改用 do-while 语句实现该循环。

通过上面的分析，已经明确了循环条件和循环体。

```
#include<stdio.h>
#include<math.h>
void main()
{   int  n;                                          /*n表示从键盘输入的整数*/
    do{
        printf("input a number:\n");
        scanf ("%d", &n);
    }while (n<=0);                                   /*当n≤0时，执行循环*/
    printf ("%d的平方根为: %f\n", n, sqrt(n));       /*sqrt()是求平方根的库函数*/
}
```

如果输入 4，则程序运行结果为：

```
4的平方根为: 2.000000
```

如果输入-4 和 9，则程序运行结果为：

```
9的平方根为: 3.000000
```

相关知识点：do-while 语句

在案例 4.5 的程序中，语句：

```
do{
    printf("input a number:\n");
    scanf ("%d", &n);
} while (n<=0);
```

的作用就是重复输入一个整数，然后判断该整数是否小于或等于 0，直到输入一个正整数时，结束输入数据的操作。因此，总地来说，其作用就是实现输入一个正整数。

用 do-while 语句可以实现循环结构。其一般形式为：

```
do {
    循环体语句
} while (表达式);
```

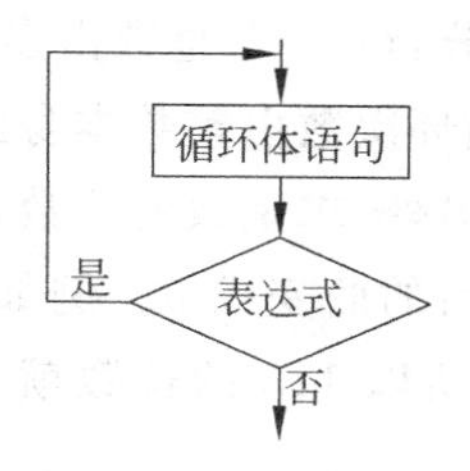

图 4.4 do-while 语句流程图

其执行过程为：首先执行循环体语句，然后再计算表达式的值，并进行条件判断。其流程图如图 4.4 所示。

温馨提示：while 语句和 do-while 语句的区别

① while 是先判别条件，再决定是否循环。while 也称为当型循环，即当条件满足时，才执行循环体。因此，while 语句的循环体有可能一次也不执行。

② do-while 是先执行循环体，然后再根据循环条件决定是否继续循环。do-while 也称为直到型循环，即执行循环体，直到条件不满足。do-while 语句的循环体至少执行一次。

③ do-while(表达式)的后面以分号"；"结束。

④ 两种语句都适用于循环次数不确定的循环。

【案例 4.6】 比较 while 和 do-while 的异同。

```
#include<stdio.h>
void main()
{   int sum, i;
    sum=0;
    scanf ("%d", &i);
    while (i<=10) {
        sum=sum+i;
        i=i+1;
    }
    printf ( " sum =% d \n",
    sum);
}
```

运行情况为：

```
1↙
sum=55
```

再运行一次：

```
11↙
sum=0
```

```
#include<stdio.h>
void main()
{   int sum, i;
    sum=0;
    scanf ("%d", &i);
    do {
        sum=sum+i;
        i=i+1;
    } while (i<=10);
    printf ( " sum =% d \n",
    sum);
}
```

运行情况为：

```
1↙
sum=55
```

再运行一次：

```
11↙
sum=11
```

从以上结果可以看出，当输入 i 的初值小于或等于 10 时，二者的结果相同。而当 $i>10$ 时，二者的结果就不同了。这是因为此时 while 循环的循环体一次也不执行，而 do-while 循环的循环体执行一次。

【案例 4.7】 从键盘读入一个整数，统计该数的位数。例如，输入 1234，输出 4；输入

−23,输出 2;输入 0,输出 1。

分析:一个整数由多位数字组成,统计过程需要一位一位地数,因此这是一个循环过程,循环次数由整数本身的位数决定。由于需要处理的数据有待输入,因此无法确定循环次数。另外,求整数的位数,可以借助于"/"运算符去实现。将输入的整数不断地整除 10,直到最后的商变成 0。例如,123/10 商为 12,12/10 商为 1,1/10 商为 0。以上操作重复了 3 次,所以 123 的位数就是 3。对于负数位数的统计,可以首先将负数转换为正数然后再处理。

```
#include<stdio.h>
void main()
{   int count, n;
    count=0;                              /* count 记录整数 n 的位数 */
    printf("Enter a number: ");
    scanf ("%d", &n) ;
    if (n<0) n=-n;                        /* 将输入的负数转换为正数 */
    do {
          n=n/10;                         /* 整除后减少一位个位数,组成一个新数 */
          count=count+1;                  /* 位数加 1 */
    } while (n!=0);                       /* 判断循环条件 */
    printf("It contains %d digits.\n", count);
}
```

如果输入 12345,则程序运行结果为:

```
It contains 5 digits.
```

如果输入 0,则程序运行结果为:

```
It contains 1 digits.
```

如果将程序中 do-while 语句改成 while 语句,应为:

```
while (n!=0)
{   n=n/10;
    count=count+1;
}
```

则当输入的数据为 0 时,统计的位数为 0。显然不正确。

请思考:程序应如何修改?

4.3 for 语句

【案例 4.8】 求 $\sum_{n=1}^{100} n$ 之和。

分析：该问题也是一个求累加和。其求解步骤如图4.5所示。对于这样一个循环问题，可以很方便地用while语句实现。

```
#include<stdio.h>
void main()
{   int i,sum;
    sum=0;
    i=1;
    while (i<=100){
        sum=sum+i;
        i++;
    }
    printf("1+2+…+100=%d\n",sum);
}
```

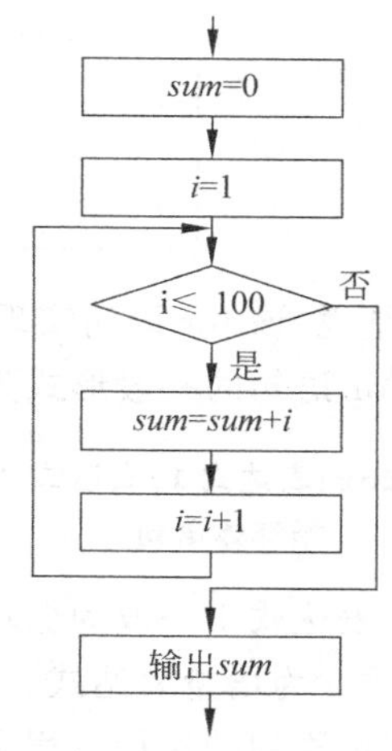

图4.5　案例4.8算法流程图

程序运行结果为：

```
1+2+…+100=5050
```

其中，语句i++；表示使变量i的值加1，相当于语句i=i+1；。

相关知识点1：自增、自减运算符

C语言提供了自增运算符++和自减运算符--。++、--的作用是使变量的值增1或减1，运算符在变量前（即前置）或后（即后置），其含义略有差异。例如：

```
++i, --i            /*运算符前置,表示在使用i之前,先使i的值加(减)1*/
i++, i--            /*运算符后置,表示在使用i之后,再使i的值加(减)1*/
```

设i的值为3，则：

```
j=++i;              /*i的值先变成4,再赋给j,j的值为4*/
j=i++;              /*先将i的值赋给j,j的值为3,然后i变为4*/
printf("%d",++i);   /*输出4*/
printf("%d",i++);   /*输出3*/
```

从这里可以看出运算符前置与后置的区别。

温馨提示：

① ++、--是单目运算符，只能作用于变量，不能作用于常量或表达式。如5++或$(a+b)$++都是不合法的。

② ++和--的结合方向是自右向左，优先级高于算术运算符、低于圆括号。

③ ++、--运算符常用于循环语句，其中++常用于使循环变量自加1；也可用于指针变量，使指针指向下一个地址。

相关知识点2：for语句

在案例4.8的程序中，循环结构的实现也可以用for语句代替，把while循环改为for循环：

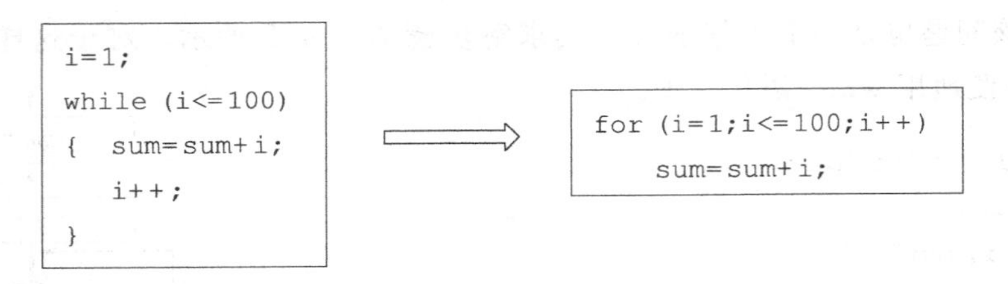

```
i=1;
while (i<=100)
{  sum=sum+i;
   i++;
}
```

```
for (i=1;i<=100;i++)
    sum=sum+i;
```

也就是说，该 for 语句实现了求 1～100 之间 100 个数的和。

for 语句的一般形式为：

```
for(表达式 1;表达式 2;表达式 3)
    循环体语句
```

其中，表达式 1 一般为循环变量赋初值；表达式 2 为循环控制条件；表达式 3 为增量表达式。

for 语句的执行过程是：

(1) 计算表达式 1 的值。

(2) 计算表达式 2 的值，若值为真(非 0)，则执行循环体中的语句，继续第(3)步；若值为假(0)，则转第(4)步。

(3) 计算增量表达式的值，转第(2)步重复执行。

(4) 结束循环。

其执行过程流程图如图 4.6 所示。

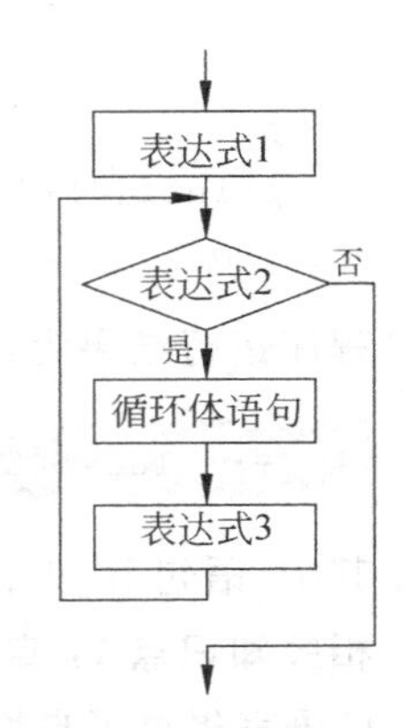

图 4.6 for 语句流程图

温馨提示：

① 在 for 语句中，是通过改变或判断某个变量的值来控制循环的执行。因此，该变量被称为循环(控制)变量。例如，在以上 for 语句中，是通过判断和改变变量 i 的值来控制循环的。因此，变量 i 也称为循环变量。

② 表达式 1 通常用来给循环变量赋初值，指定循环的起点。该表达式只执行一次。

③ 表达式 2 用来给出循环的条件，决定循环的继续或结束。该表达式根据情况可能执行 1 次或多次。

④ 表达式 3 用来设置循环的步长，改变循环变量的值，从而可改变表达式 2 的真假性。该表达式根据情况可能执行 0 次、一次或多次。

⑤ 3 个表达式之间以分号隔开，因此不要在 for 语句中随意加分号；另外，3 个表达式、循环体语句的书写顺序和执行顺序不同。

⑥ 3 个表达式可以缺省某一个或两个，也可以全部缺省。如：

```
for(;;){ }                    /*是合法的*/
```

若表达式 1 缺省，循环变量赋初值可以放在 for 语句之前；若表达式 3 缺省，可以将增量表达式放在循环体中；若表达式 2 缺省，相当于循环条件永远为真，此时，应在循环体内使用控制语句使循环能够结束。

⑦ 循环体语句是被反复执行的语句，可以是一条语句，也可以是多条语句。当是多条语句时，要用{}括起来。

⑧ while 语句和 for 语句都是在循环前先判断条件。因此，两种语句可以相互转换。

其转换方法为：

```
for(表达式 1; 表达式 2; 表达式 3)
    循环体语句
```

⟺

```
表达式 1;
while (表达式 2)
{   循环体语句;
    表达式 3;
}
```

for 语句的应用比较灵活，在 C 语言中，for 语句主要用来实现循环次数确定的循环，也可以实现循环次数不确定的循环，它完全可以替代 while 语句。

【案例 4.9】 判断素数。输入一个正整数 m，判断它是否为素数。

分析：除了 1 和 m，不能被其他数整除的则为素数。设 i 取值[2,$m-1$]，如果 m 不能被该区间上的任何一个数整除，即对每个 i 值，$m\%i$ 都不为 0，则 m 是素数。实际上，只需要判断[2,$m/2$]区间上有无能被 m 整除的数即可判断 m 是否为素数。如果找到一个 i 能被 m 整除，且 $2\leqslant i\leqslant m/2$，则 m 肯定不是素数。

```c
#include<stdio.h>
void main()
{   int i, m;
    printf("Enter a number: ");
    scanf ("%d", &m);
    for (i=2; i<=m/2; i++)
        if(m%i==0) break;
    if (i>m/2 )
        printf("%d is a prime number!\n", m);
    else
        printf("No!\n");
}
```

运行结果一：

```
Enter a number:5↙
5 is a prime number!
```

运行结果二：

```
Enter a number:9↙
No!
```

在案例 4.9 的程序中，语句：

```c
for (i=2; i<=m/2; i++) if (m%i==0) break;
```

的作用是判断 2 到 $m/2$ 之间是否存在一个整数 i 能整除 m。如果存在这样一个数 i，则已经说明 m 不是素数。因此，就不用再判断 $i+1$ 到 $m/2$ 之间的每个数是否能整除 m，提前结束循环。其中，语句：

```
if (m%i==0) break;
```

就起到了这样一个作用，表示当 m 除以 i 余数为 0（即能整除）时，终止循环。其中，语句 break;的作用就是结束循环。

4.4 break 语句和 continue 语句

【案例 4.10】 求 $s=1+1/2+1/3+1/4+\cdots+1/n$，直到和 s 大于 3 为止，求此时的 s 与 n 的值。

分析：该问题也是一个求累加和，其循环条件是累加和 $s\leqslant 3$。其实，也可以将循环条件设置为常量 1 即逻辑真，然后在循环体中利用 break 语句，在需要结束循环操作时跳出循环。

```
#include<stdio.h>
void main()
{   int n=1;
    double s=0;
    while (1)                               /*非 0(永真),无条件循环*/
    {   s=s+1.0/n;
        if (s>3) break;                     /*当 s>3 时,执行 break 语句跳出循环*/
        n++;
    }
    printf("s=%f    n=%d\n", s,n);
}
```

程序运行结果为：

```
s=3.019877   n=11
```

请思考：若将 $s\leqslant 3$ 作为循环条件，程序应如何改？

相关知识点 1：break 语句

break 语句的一般形式为：

```
break;
```

break 语句只能用于循环语句和 switch 语句，作用是跳出（或结束）循环语句或 switch 语句。

【案例 4.11】 从键盘输入 10 个数，输出所有的负数。

```
#include<stdio.h>
void main()
{   int  i,x;
    printf("Input 10 datas:\n");
    for (i=1; i<=10; i++)
    {   scanf("%d",&x);
        if (x>=0)  continue;              /*非负数就跳过下面的语句,即不输出*/
```

```
        printf("%d ", x);
    }
    printf("\n");
}
```

程序运行结果为：

```
Input 10 datas:
1 2 3 4 -4 -5 6 7 -8 9↙
-4 -5 -8
```

相关知识点 2：continue 语句

continue 语句的一般形式为：

```
continue;
```

continue 语句的作用是结束本次循环，即跳过循环体中尚未执行的语句，接着进行下一次是否执行循环的判定。

温馨提示：

① break 语句和 continue 语句的区别是：continue 语句只结束本次循环，而不影响整个循环的执行次数，break 语句则是提前结束整个循环过程，不再判断循环条件是否成立，但其作用仅限于本层循环。

② break 语句和 continue 语句一般都与 if 语句配套使用，来控制循环。

【案例 4.12】 比较 break 和 continue 的异同。

```
#include<stdio.h>
void main()
{  int i;
   for (i=1; i<=10; i++)
   {  if(i%2==0) break;
      printf("%5d", i);
   }
   printf("\n");
}
```

```
#include<stdio.h>
void main()
{  int i;
   for (i=1; i<=10; i++)
   {    if ( i% 2 = = 0 )
        continue;
        printf("%5d", i);
   }
   printf("\n");
}
```

由于 break 语句的作用是结束其所在的整个循环，所以对于循环语句：

```
for (i=1; i<=10; i++){
    if (i%2==0) break;
    printf("%5d", i);
}
```

来说，导致其结束的情况有两种：一种是循环条件 $i \leqslant 10$ 不满足时，即 $i > 10$；另一种是 break 所在 if 语句后的判定条件 $i\%2==0$ 满足时，即 i 的值能被 2 整除。

而 continue 的作用是结束本次循环，所以对于循环语句：

```
for (i=1; i<=10; i++)
```

```
{    if (i%2==0) continue;
     printf("%5d", i);
}
```

来说，其结束条件只有一个，即循环条件 $i\leqslant10$ 不满足时，即 $i>10$。

continue 语句的作用是：当 i 能被 2 整除时，跳过下面的语句，即语句 printf(%5d",i)；不执行；当 i 不能被 2 整除时，语句 continue；不执行，而下面的输出语句执行。因此，两个程序的输出结果截然不同，分别为 1 和 1、3、5、7、9。

4.5 循环语句的嵌套

循环嵌套就是一个循环体之中包含了另一个循环。C 语言对循环嵌套没有任何限制，只是每个内部循环必须完全位于外部循环体中，而不能相互交叠，内外层的循环控制变量必须各自独立。

【案例 4.13】 求 1!+2!+…+10!。

分析：该问题也是一个求累加和的循环，但它与求 1+2+…+10 之和的不同之处在于：该问题在求累加和的过程中，先要计算阶乘。由于计算阶乘本身又是一个循环，所以要使用循环嵌套完成该问题的求解。以上分析过程可以表示为：

```
for (i=1; i<=10; i++)
{    item=i !                                   /*求阶乘*/
     sum=sum+item;
}
```

将其中求阶乘用语句来替代：

```
item=1;                                         /*任何数的阶乘都从 1 开始进行累乘*/
for (j=1; j<=i; j++)
     item=item * j;
```

完整的程序代码为：

```
#include<stdio.h>
void main()
{    int i, j;
     double sum, item;                            /* sum 存放累加和,item 存放阶乘对应的结
果*/
     sum=0;                                     /*累加和的初值为 0*/
     for(i=1; i<=10; i++)
     {    item=1;                               /*任何数的阶乘都是从 1 开始进行累乘*/
          for (j=1; j<=i; j++)                  /*该 for 语句用来求 i!*/
            item=item * j;
          sum=sum +item;                        /*求累加和*/
     }
     printf("1! +2! +3! +… +10!=%.0f\n", sum);
}
```

程序运行结果为：

```
1!+2!+3!+…+10!=4037913
```

相关知识点：循环嵌套

在以上程序中，语句：

```
for(i=1;i<=100;i++)                          /* 外层循环 */
{   item=1;
    for (j=1;j<=i;j++)                       /* 内层循环 */
        item=item*j;
    sum=sum+item;
}
```

就是循环语句的嵌套应用。外层循环变量 i 每变化一次，内层循环变量 j 变化一个轮次；内外层循环变量名不能相同，各自起控制作用。

多重循环即循环体内套有循环。设计多重循环程序时，可以从外层循环到内层循环一层一层地进行。通常在设计外层循环时，仅把内层循环看成一个处理粗框，然后再将该粗框细化，分成置初值、工作、修改和控制 4 个组成部分。当内层循环设计完之后，用其替换外层循环体中被视为一个处理粗框的对应部分，这样就构成了一个多重循环。对于程序，这种替换是必要的；对于流程图，如果关系复杂，可以不替换，只要把细化的流程图与其对应的处理粗框联系起来即可。

【案例 4.14】 求 200 以内的全部素数，每行输出 10 个。

分析：由案例 4.9 可知，判断一个数是否为素数就是一个循环操作，而要判断 1～200 之间的每一个数是否为素数，就是一个循环嵌套。以上分析过程可以描述为：

```
for (m=2; m<=200; m++)
    if (m是素数)  输出 m
```

将以上 if 语句中的条件进行细化后，所得到完整程序如下：

```
#include<stdio.h>
void main()
{   int count, i, m, n;
    count=0;
    for (m=2; m<=200; m++)
    {   for (i=2; i<=m/2; i++)
            if(m%i==0)  break;
        if(i>m/2)                          /* 如果 m 是素数 */
        {   printf("%6d", m);
            count++;
            if (count %10==0) printf("\n");
            }
    }
}
```

程序运行结果为：

```
  2    3    5    7   11   13   17   19   23   29
 31   37   41   43   47   53   59   61   67   71
 73   79   83   89   97  101  103  107  109  113
127  131  137  139  149  151  157  163  167  173
179  181  191  193  197  199
```

4.6 应用实例

【案例 4.15】 使用格里高利公式求 π 的近似值，要求精确到最后一项的绝对值小于 10^{-4}。

$$\frac{\pi}{4}=1-\frac{1}{3}+\frac{1}{5}-\frac{1}{7}+\cdots$$

分析：这是一个反复求和的过程。其中，每一项都是一个分数，且分子都为 1，如 $-1/3$、$+1/5$ 等，1 可以看做 1/1。用变量 t 表示分母，$flag$ 表示每一项的符号。由于第 1 项为 1，所以 $t=1, flag=1$。第 i 项的符号 $flag$ 与第 $(i-1)$ 项的符号 $flag$ 相反，即 $flag=-flag$。用变量 pi 表示和，在没有求和之前使 pi 的值为 0；$item$ 表示分数项。则循环体（即需要重复执行的操作）如下：

(1) 求分数项 $item$：$item=flag*1.0/t$。

(2) 求和：$pi=pi+item$。

(3) 求下一个 $item$ 的符号 $flag$ 和分母 t：$flag=-flag; t=t+2$。

循环条件：$|item|\geqslant 10^{-4}$

通过上面的分析，明确了循环条件和循环体，使用 while 语句可以实现该循环。

```
#include<stdio.h>
#include<math.h>
void main()
{  int  t, flag;                           /*t用来表示分母;flag表示每一项的符号*/
   double item, pi;                        /*pi用来存放累加和*/
   flag=1;
   t=1 ;                                   /*t表示第i项的分母,初始为1*/
   item=1.0;                               /*item中存放第i项的值,初值为1*/
   pi=0;                                   /*pi的初值为0*/
   /*当|item|≥10⁻⁴时,执行循环*/
   while(fabs (item) >=0.0001)             /*fabs ()是求绝对值的数学函数*/
   {   item=flag*1.0 /t;                   /*计算第i项的值*/
       pi=pi +item;                        /*累加第i项*/
       flag=-flag;                         /*求下一项的符号,为下一次循环做准备*/
       t=t+2;                              /*求下一项的分母,为下一次循环做准备*/
   }
   pi=pi * 4;                              /*循环计算的结果是pi/4*/
   printf ("pi=%f\n", pi);
}
```

程序运行结果为：

```
pi=3.141793
```

【案例 4.16】 从键盘输入一批学生的成绩，计算平均分。

分析：由于不知道输入数据的个数，无法事先确定循环次数，因此，可以用一个特殊的数据作为正常输入数据的结束标志。例如，选用一个负数作为结束标志。也就是说，循环条件可以确定为输入成绩 grade 为非负数，即 grade≥0。

```
#include<stdio.h>
void main()
{   int num;
    double grade, total;
    num=0; total=0;
    printf("Enter grades: \n");
    scanf("%lf", &grade);                       /*输入第一个数*/
    while (grade>=0)                            /*输入负数,循环结束*/
    { total=total +grade;                       /*求累加和*/
      num++;                                    /*计算学生数*/
      scanf ("%lf", &grade);
    }
    if(num !=0)
      printf("Grade average is %.2f\n", total/num);
    else
      printf(" Grade average is 0\n");
}
```

程序运行结果为：

```
Enter grades:
86 92 75 67 0 -5↙
Grade average is 64.00
```

【案例 4.17】 求 Fibonacci 数列的前 20 个数。这个数列有如下特点：第一、二个数均为 1。从第三个数开始，该数是其前面两个数之和。即：

$$\begin{cases} F_1 = 1 & (n=1) \\ F_2 = 1 & (n=2) \\ F_n = F_{n-1} + F_{n-2} & (n \geqslant 3) \end{cases}$$

```
#include<stdio.h>
void main()
{   int  f1, f2, f, i,count;
    f1=1;
    f2=1;
    printf ("%6d%6d", f1, f2 );                 /*输出头两项*/
    count=2;
```

```
    for (i=3; i<=20; i++)                          /* 循环输出后 18 项 */
    {   f=f1 +f2;                                  /* 计算下一项 */
        printf("%6d", f);
        count++;
        if (count%10==0) printf("\n");             /* 每输出 10 个数据换一行 */
        f1=f2;   f2=f;                             /* 更新 f1 和 f2 */
    }
}
```

程序运行结果为：

```
   1     1     2     3     5     8    13    21    34    55
  89   144   233   377   610   987  1597  2584  4181  6765
```

【案例 4.18】 输入一行字符，统计其中英文字母、数字字符和其他字符的个数。

分析：输入一行字符，字符个数未定，用回车键作为输入结束的条件。定义 3 个整型变量作为计数器分别记录字符、数字和其他字符的个数，定义一个字符型变量保存从键盘输入的字符。当输入一个字符后判断该字符是字母或数字或是其他字符，则相应的计数器加 1。

```
#include<stdio.h>
void main()
{  int letter, digit, other;
                          /* letter、digit、other 分别存放字母、数字和其他字符的个数 */
   char ch;
   letter=digit=other=0;                  /* 设置存放统计结果的 3 个变量的初值为 0 */
   printf("Enter characters:\n");
   while ((ch=getchar())!='\n')                          /* 输入一行字符 */
   {   if((ch>='a'&&ch<='z')||(ch>='A'&&ch<='Z'))        /* 如果是字母,letter 加 1 */
           letter ++;
       else if(ch>='0' && ch<='9')        /* 如果是数字字符,digit 加 1 */
           digit++;
       else                               /* 除字母和数字外,other 加 1 */
           other++;
   }
   printf("letter=%d,digit=%d,other=%d\n",letter,digit,other);
}
```

程序运行结果为：

```
Enter characters:
sd34 56hjdf  rewth74589/k,]t↙
lettet=13,digit=9,other=6
```

温馨提示：从终端键盘向计算机输入时，是在按回车键以后，才将一批数据一起送到内存缓冲区中去的。例如：

```
while ((ch=getchar())!='\n')  printf("%c", ch);
```

运行情况是：

```
computer↙          (输入)
computer           (输出)
```

注意，输出结果不是：

```
ccoommppuutteerr
```

即不是从终端输入一个字符马上输出一个字符，而是按回车键后数据才送入内存缓冲区，然后每次从缓冲区读一个字符，再输出该字符。

【案例 4.19】 编一程序，输出以下图形。

```
*****
 ****
  ***
   **
    *
```

分析：该问题要输出 5 行信息，即外循环 5 次，每行分别输出 5 个、4 个、3 个、2 个和 1 个星号，即内循环分别为 5 次、4 次、3 次、2 次和 1 次。但在每行输出星号之前，根据要求输出 0 个、1 个、2 个、3 个和 4 个空格，以保持图形形状，所以内层循环需要两个，一个输出星号，另一个输出空格。对应的外层循环语句为：

```
for(i=0;i<5;i++)
{
    输出一行相关信息;
    printf("\n");
}
```

每行输出的信息主要包括空格和“*”两种。

其中，每行输出的空格，实质上是多次输出一个空格的循环操作过程。由于每行输出的空格数 j 与对应的行数 i 相等，即第 j 行有 i 个空格，因此，对应的循环语句为：

```
for(j=0;j<i;j++)  printf(" ");
```

每行输出的“*”，实质上是多次输出一个“*”的循环操作过程。其中，第 k 行需要输出 $(5-i)$ 个“*”。因此，对应的循环语句为：

```
for(k=0;k<5-i;k++)  printf("*");
```

通过以上分析，可以将输出空格和输出星号的两个 for 语句填写在外循环中“输出一行相关信息”的位置，程序即可实现输出指定的图形。

```
#include<stdio.h>
void main()
{  int i, j, k;
   for(i=0;i<5;i++)
   {    for(j=0;j<i;j++)  printf(" ");                    /*输出空格*/
```

```
        for(k=0;k<5-i;k++)  printf("*");           /*输出"*"*/
        printf("\n");
    }
}
```

【案例 4.20】 百钱百鸡问题。中国古代数学家张丘建在《算经》中出了一道题："鸡翁一，值钱五；鸡母一，值钱三；鸡雏三，值钱一。百钱买百鸡，问鸡翁、鸡母、鸡雏各几何？"

分析：用穷举法解此题，即是列举各种可能的情况，只要满足条件即可。设 x、y、z 分别为鸡翁数、鸡母数和鸡雏数，依题意可得方程组：

```
x+y+z=100          ①
5x+3y+z/3=100      ②
```

3 个未知数，只有两个方程，所以 x、y、z 可能有多组解，若每种鸡至少有一只，要求统计并输出所有购买方案。因此，用穷举法找出 x、y、z 可能满足条件的组合，若同时符合上述两个方程，则输出即可。用二重循环即可解决问题。

x 为鸡翁个数，一只五钱，20 只即为 100 钱，显然，x 的值在 1～20 之间；y 为鸡母个数，33 只即为 99 钱，那么 y 的值在 1～33 之间；z 为鸡雏个数，则 $z=100-x-y$。

```
#include<stdio.h>
void main()
{   int x, y, z, s=0;                          /*x:鸡翁数,y: 鸡母数,z: 鸡雏数*/
    for(x=1;x<=20;x++)
      for(y=1;y<=33;y++)
      {   z=100-x-y;
          if(5*x+3*y+z/3.0==100&&z%3==0)
          {   printf("鸡翁:%d\t鸡母:%d\t鸡雏:%d\n", x, y, z);
              s++;
          }
      }
    printf("共有%d种买法。\n",s);
}
```

程序运行结果为：

```
鸡翁:4    鸡母:18   鸡雏:78
鸡翁:8    鸡母:11   鸡雏:81
鸡翁:12   鸡母:4    鸡雏:84
共有 3 种买法。
```

4.7 本章小结

循环结构是 3 种基本控制结构之一，在结构化程序设计中占有重要位置。在进行循环结构程序设计的过程中，必须明确以下两点：

(1) 归纳出哪些操作需要反复执行，即确定循环体。

(2) 归纳出这些操作在什么情况下重复执行，即确定循环的条件。

确定了循环的两大要点之后，还要保证循环变量起始值正确，步长设置得当，接下来就是选用合适的循环语句：for 语句、while 语句或 do-while 语句。

关于几种循环语句的比较：

- 一般情况下，如果事先明确循环次数，则首选 for；若需要通过其他条件控制循环，则可以考虑 while 或 do-while。
- 在 while 语句和 do-while 语句中，只在 while 后面的括号内指定循环条件。因此，为了使循环能正常结束，应在循环体中包含使循环趋于结束的语句(如 i++，或 i=i+1 等)。而在 for 语句中通常是在表达式 3 中包含使循环趋向结束的操作。

用 while 语句和 do-while 语句实现循环时，循环变量的初始化操作应在 while 语句和 do-while 语句之前完成。而 for 语句通常是在表达式 1 中为循环变量赋初值。

用 while 语句、do-while 语句以及 for 语句实现循环时，都可以用 break 语句跳出循环，用 continue 语句结束本次循环。

一个循环体内又包含另一个完整的循环结构，称为循环的嵌套。它包括双重循环和多重循环，可以是多个 for 的嵌套循环，也可以是 for 与 while、do-while 相组合的嵌套循环。

习　　题

1. 选择题

(1) C 语言中运算对象必须是整型的运算符是(　　)。

A. /　　B. ‖　　C. *　　D. %

(2) 设 $a=1,b=2$;，则 $++a+b$ 的结果是(　　)，a 的结果是(　　)，b 的结果是(　　)。

A. 2　　B. 3　　C. 4　　D. 5

(3) 下列运算符中优先级最高的是(　　)。

A. ++　　B. %　　C. *(算术乘)　　D. =

(4) 下列运算符中优先级最低的是(　　)。

A. +　　B. &&　　C. <=　　D. sizeof

(5) 设 int a=2;，则表达式(a++ * 1/3)的值是(　　)，a 的值是(　　)。

A. 0　　B. 1　　C. 2　　D. 3

(6) 自增自减运算只能作用于(　　)。

A. 常量　　B. 变量　　C. 表达式　　D. 函数

(7) 下列描述不正确的是(　　)。

A. break 语句不能用于循环和 switch 语句外的任何其他语句

B. 在 switch 语句中使用 break 语句或 continue 语句作用相同

C. 在循环语句中使用 continue 语句是为了结束本次循环而不是终止整个循环

D. 在循环语句中使用 break 语句是为了使流程跳出循环体，提前结束循环

(8) 下列描述中，不正确的是(　　)。

A. 使用 while 和 do-while 时，循环变量初始化应在循环语句之前完成

B. while 循环是先判断循环条件，后执行循环体语句

C. do-while 和 for 都是先执行循环体语句，后判断循环条件

D. while、do-while 和 for 的循环体都可以由空语句构成

(9) 下列对 for 语句的判断正确的是(　　)。

```
int a,b;
a=100;
for(b=100;a!=b; a++,b++) printf("*****");
```

A. 循环体只执行一次　　B. 是死循环

C. 循环体一次也不执行　　D. 输出*****

(10) 下列程序段的输出结果是(　　)。

```
x=3;
do
{    printf("%d",x--);
}while(!x);
```

A. 321　　B. 3　　C. 21　　D. 210

2. 填空题

(1) 若 k 为 int 型且赋值 12，则表达式 $k\%=k$ 的值是________。

(2) 设有整型变量 a，若赋值 $a=12$；a+=a-=a*a；则 a 的值为________。

(3) 有一个整数 354，取它的个位数的表达式为________，取百位数的表达式为________，取十位数的表达式为________。

(4) break 语句在循环中的作用是________；continue 语句在循环中的作用是________。

(5) 程序填空。以下程序是求出所有 3 位整数中各个数位的数字之和等于 5 的整数并输出。

```
#include<stdio.h>
void main()
{   int n,ng,ns,nb;
    for(n=100;____①____;n++)
    {   ng=n%10;
        ____②____;
        nb=n/100;
        if(____③____)printf("%d\n",n);
    }
}
```

(6) 程序填空。以下程序是计算 1+2/3+3/5+4/7+5/9+…前 20 项之和。

```
#include<stdio.h>
void main()
{   int i,b=1;
    double sum;
    ____①____;
```

```
    for(i=1;i<=20;i++)
    {    sum=____②____+(double)i/b;
         b=____③____;
    }
    printf("%d\n",sum);
}
```

3. 写出下列程序的运行结果

(1)

```
#include<stdio.h>
void main()
{  int x=012 , n=0;
   while (x)
   {  x-=2 ; n++; }
   printf("x=%d,  n=%d\n", x, n);
}
```

(2)

```
#include<stdio.h>
void main()
{   int i,y;
    for(i=1,y=1;i<=20;i++)
    {   if(y>=10)break;
        if(y%2==1)
        {  y=y+5; continue;}
        y=y-3;
    }
    printf("i=%d,y=%d\n",i,y);
}
```

(3)

```
#include<stdio.h>
void main()
{   int n,m,k,t,sum=0;
    n=4;m=1;
    while(m<=n)
    {   t=1;
        for(k=1;k<=m;k++)
            t=t * m;
        sum+=t;
        m++;
    }
    printf("sum=%d\n",sum);
}
```

(4)

```
#include<stdio.h>
void main()
{   int k=0;
    char c='A';
    do
    {   switch( c++)
        {   case 'A': k++;break;
            case 'B': k--;
            case 'C': k+=2;break;
            case 'D': k%=2;continue;
            case 'E': k*=10;break;
            default: k/=3;
        }
        k++;
    }while(c<'G');
    printf("K=%d\n",k);
}
```

(5) 下列程序若在运行时输入的数据是 3.6 和 2.4,输出的结果是什么?

```
#include<stdio.h>
#include<math.h>
void main()
{   float x,y,z;
    scanf("%f%f",&x,&y);
    z=x/y;
    while(1)
        if( fabs(z)>1.0){ x=y; y=z; z=x/y; }
      else break;
    printf("%f\n",y);
}
```

4. 编程题

(1) 输入一个整数 n,并求 $1-1/3+1/5-\cdots$ 的前 n 项和。

(2) 输出 1~100 之间的所有偶数。

(3) 求 $n!$。

(4) 输入一个正实数 x,求平方根不超过 x 的最大整数 n,并输出。

(5) 输入一个整数,从高位开始逐个数字输出。

(6) 输入一个正整数 n,再输入 n 个整数,输出最小值。

(7) 输出九九乘法口诀表。按照下列格式输出:

```
1*1=1
2*1=2  2*2=4
⋮
9*1=9  9*2=18  9*3=27  9*4=36  9*5=45  9*6=54  9*7=63  9*8=72  9*9=81
```

(8) 利用循环输出以下图案：

```
   *
  ***
 *****
*******
 *****
  ***
   *
```

(9) 求 $S_n=a+aa+aaa+\cdots+aa\cdots a$ 之值，其中 a 代表 1～9 中的一个数字。例如，a 代表 2，则求 2＋22＋222＋2222＋22222(此时 $n=5$)，a 和 n 由键盘输入。

(10) 一个球从 100 米高度自由落体，每次落地后反跳回原高度的一半，再落下，再反弹。求它在第 10 次落地时，共经过多少米？第 10 次反弹多高？

(11) 猴子吃桃问题：猴子第一天摘下若干个桃子，当即吃了一半，还不过瘾，又多吃了一个。第二天将剩下的桃子吃掉一半，又多吃了一个。以后每天都吃了前一天剩下的一半零一个。到第 10 天想再吃时，见只剩下一个桃子了。编程计算第一天共摘了多少桃子。

第5章 数组与字符串

本章主要内容：

- 一维数组的定义与引用；
- 二维数组的定义与引用；
- 字符数组；
- 字符串处理函数的应用。

到目前为止，学习了基本的数据类型，如char、int、float、double，以及int的一些变体。尽管这些数据很有用，但它们有一个限制，那就是，在任何给定的时间里，这些数据类型的变量只能保存一个数值。因此，它们只能用于处理数量有限数据。而在很多时候需要读取、处理和显示大量的数据。要处理这种大量数据，就需要一种功能强大的数据类型，它可以方便地用来高效存储、访问和操作数据项。于是，C语言还提供了一些更为复杂的数据类型，称为构造类型或导出类型，它们由基本类型按一定的规则构造而成。

数组是最基本的构造类型，它是一组相同类型数据的有序集合。

数组的最简单形式是用来表示数列。如某班学生的考试成绩、某公司的职员名单列表、每天最高和最低温度数据表、每周产品的销售数量表、每个城市某种汽车使用情况调查表等。

这些描述都可以用数组来表示：

某班61个学生的考试成绩——float score[61]；

某公司80个职员的工号列表——int No[80]；

每天最高温度数据表——float hightemp[365]；

每周产品的销售数量表——int produce[25]；

每个城市某种汽车使用情况调查表——int car[31]；

数组是有序数据的集合。数组中的元素在内存中连续存放，每个元素都属于同一种数据类型，用数组名和下标可以唯一确定数组元素，下标是数组名后面位于方括号中的数字，可用于指定数组中各个元素的编号。

5.1 一维数组

【案例5.1】 用数组求10个数之和。

分析： 假设有10个int型数据，求它们的和，应从第一个数据开始，逐个累加，直至10个数据加完。现在要求用数组存储数据，因此，需要定义数组，指明数组的名称为a，类型为int，数组的元素个数为10，并给每个元素赋值；此外，还需要定义一个变量sum，来计算累加和，初始值为0，在0的基础上逐个累加数组的元素值；因为数组元素个数较多，适合用循环来计算累加和，需定义一个循环控制变量i，由i控制循环次数。

按照C语言的规则，数组的下标从0开始，到9结束。

```
#include<stdio.h>
void main()
{   int a[10]={1,2,4,5,6,7,7,4,36,5};          /*定义数组并初始化*/
    int i,sum=0;                               /*定义整型变量i、sum*/
    for(i=0;i<10;i++)                          /*在循环中计算元素累加和*/
        sum+=a[i];
    printf("数组元素累加和是:%d\n",sum);          /*输出计算结果*/
}
```

程序运行结果为：

```
数组元素累加和是：77
```

相关知识点1：一维数组的定义

与变量一样，数组在使用之前必须进行定义。数组定义的一般形式为：

类型标识符　数组名[常量表达式]；

其中，类型标识符指定数组的类型，如int、float或char等，数组名应为合法的标识符，而常量表达式则表明了数组所能存储的元素个数，也称为数组长度。例如，案例5.1中：

```
int a[10];
```

把 *a* 定义为一个含有10个整数的数组，其中，数组的下标是0～9。

温馨提示：在数组定义时，数组的长度必须是一个常量或符号常量或常量表达式，不可以是一个变量或变量表达式。也就是说，C语言不允许对数组的大小做动态定义。例如，下面这样定义数组是错误的：

```
int n;
scanf("%d",&n);                  /*在程序中临时输入数组的大小*/
int a[n];                        /*错误*/
```

下面代码中的数组定义方式是合法的：

```
#define FD 5                     /*定义FD符号常量的值为5*/
int main(void)
{   int a[3+2],b[7+FD];          /*正确*/
    …
}
```

在C语言中，当定义了一个数组后，编译器将留出一块足够容纳整个数组的内存。各个数组元素在内存中被顺序存储。

例如，如果要用数组 *number* 表示含有5个数字的集合(35,22,40,56,11)，可以这样定义 *number*：

```
int number[5];
```

编译系统将按顺序为 *number* 保留5个元素的连续存储空间，每个元素占据一定的字节单元。在TC编译系统中，一个int型数据占据两个字节，5个元素共占用10个字节；在

Visual C++ 6.0 编译系统中,一个 int 型数据占据 4 个字节,5 个元素共占用 20 个字节。

在程序中可以为数组中每个元素赋值:

```
number[0]=35;
number[1]=22;
number[2]=40;
number[3]=56;
number[4]=11;
```

35	*number*[0]
22	*number*[1]
40	*number*[2]
56	*number*[3]
11	*number*[4]

图 5.1 数组存储示意图

从而使数组 *number* 保存这些数值,如图 5.1 所示。

C 语言把字符串当做字符的数组来处理。字符串的大小表示字符数组的长度,即字符串中所含字符的个数。例如:

```
char name[10];
```

将 *name* 定义为字符数组,最多可以保存 10 个字符,包括字符串结束标志'\0'在内。假设将如下的字符串常量存储到字符数组 *name* 中:

```
"Well Done"
```

字符串的每个字符都作为数组 *name* 的一个元素,在内存中的存储情况如图 5.2 所示。

'W'
'e'
'l'
'l'
' '
'D'
'o'
'n'
'e'
'\0'

图 5.2 字符串存储示意图

当编译器遇到一个字符串时,存储时将自动在串尾给它添加空字符'\0'作为字符串结束标志。当定义字符数组时,必须留出一个额外的元素空间来保存空字符。有关字符数组的内容有待本章后面详述。实际上,字符串在内存中是以字符的 ASCII 码方式存储的,这里只是示意图。

相关知识点 2:一维数组的初始化

数组元素和变量一样,可以在定义时赋予初值,称为数组的初始化。数组元素赋初值和变量赋初值的方法相似,也是在定义时给出数组元素的初值。其初始化的一般格式为:

类型标识符　　数组名[常量表达式]={初始值表};

初始值表中的数据就是数组各元素的初值,各值之间用逗号间隔。

对一维数组的初始化通常可以采用以下 3 种方式进行:

(1) 对数组的全部元素赋初值。例如:

```
int num[5]={1,2,3,4,5};
```

数值与数值之间用逗号隔开,全部数据依次放在一对花括号内,初始值表与数组定义之间用"="连接。所以,数组元素 *num*[0]=1,*num*[1]=2,*num*[2]=3,*num*[3]=4,*num*[4]=5。

(2) 对数组的前几个元素赋初值。例如:

```
int num[5]={1,2,3};
```

该语句只对数组的前 3 个元素 *num*[0]、*num*[1]、*num*[2]赋初值,对于其后面的两个元素默认为 0。

(3) 对数组的全部元素赋初值时，可以不指定数组的长度，系统按初值个数确定其长度。例如：

```
int num[]={1,2,3,4,5};
```

花括号中有 5 个数，系统会据此自动定义数组 *num* 的长度为 5。这种情况适合数组初始化时为其提供的初值个数和数组长度相同的情况。但若是被定义的数组长度与提供初值的个数不同，则数组长度不能省略。

为数组元素赋值除了初始化，也可以在程序中赋值或在程序运行时从键盘输入。

温馨提示：数组初始化时，若给出的初值个数多于数组定义的长度，则编译时会出现错误。

【案例 5.2】 使用一维数组来计算如下表达式：$\text{Total} = \sum_{i=1}^{10} x_i^2$。

其中，x_1、x_2、…、x_{10}的值分别等于 1.1、2.2、3.3、4.4、5.5、6.6、7.7、8.8、9.9、10.10。

分析：首先定义一个数组 x，其中有 10 个元素。每个元素的值用已知数据直接进行初始化。先通过循环输出各元素值，再通过循环进行累加计算，最后输出结果。

```
#include<stdio.h>
void main()
{   int i;
    float total;
    float x[10]={1.1,2.2,3.3,4.4,5.5,6.6,7.7,8.8,9.9,10.10};    /*给x数组初始化*/
    for(i=0;i<=9;i++)                                          /*输出每个元素的值*/
        printf("x[%2d]=%5.2f\n",i+1,x[i]);
    total=0;
    for(i=0;i<10;i++)                                          /*根据要求计算累加和*/
        total=total+x[i]*x[i];
    printf("total=%.2f\n",total);                              /*输出结果*/
}
```

程序运行结果为：

```
x[ 1]=1.10
x[ 2]=2.20
x[ 3]=3.30
x[ 4]=4.40
x[ 5]=5.50
x[ 6]=6.60
x[ 7]=7.70
x[ 8]=8.80
x[ 9]=9.90
x[10]=10.10
total=446.86
```

相关知识点3：一维数组的引用

在C语言中，数组不能整体引用，只能通过数组元素来访问数组。数组元素是组成数组的基本单元，每个数组元素相当于同类型的变量。数组元素的访问即为引用，用数组名和下标表明引用的是哪个元素。引用数组元素的一般格式为：

数组名[下标]

引用与数组定义时不同，下标可以是常量或常量表达式，也可以是已赋值的变量或变量表达式。下标值的含义也不同，它代表着数组元素在数组中的排列顺序号，例如，案例5.1中，随着i值从0到9的变化，$a[i]$也随之变成了$a[0]$、$a[1]$、$a[2]$、…、$a[9]$，逐个引用了这些元素。

数组的下标从0开始排列，第i个元素表示为"数组名[$i-1$]"。例如：

```
int a[5];
```

它的第3个元素表示为$a[2]$。上述引用数组元素的方法称为"下标法"。C语言规定：以下标法引用数组元素时，下标可以越界，即下标可以不在0～(长度－1)的范围之内。例如：

```
int a[3];
```

能合法使用的数组元素是$a[0]$、$a[1]$、$a[2]$，而$a[3]$、$a[4]$、…虽然也能使用，但由于下标越界，超出数组元素的范围，可能导致程序运行结果的不可预料。在程序中要避免出现下标越界的情况。

在C语言中只能逐个地使用数组元素，而不能一次引用整个数组。一维数组通常是和一重循环配合对数组元素依次进行处理。例如，输出有10个元素的数组必须使用循环语句逐个输出各个元素：

```
for(j=0;j<10;j++)
    printf("%d",a[j]);
```

而不能用一个语句输出整个数组(字符数组例外)。下面的写法是错误的：

```
printf("%d",a);                              /* a是数组名 */
```

综上所述，当需要存储多个同类型相同意义的数据时，应定义一个数组，而不是定义多个变量。例如，要对全班60个学生的英语四级考试成绩进行相应处理，那么应该定义一个能包含60个元素的浮点型数组，而不是创建60个变量。

温馨提示：

① 数组元素下标从0开始，其最后一个元素的下标比数组长度小1。

② 如果对数组的引用超过了所定义的范围，编译系统不会产生错误。但是，运行时可能导致不可预知的结果。

【案例5.3】 用"冒泡法排序"对一维数组中的整数进行排序，使其元素的值按由小到大的顺序排列。

分析：冒泡法排序的思路是将相邻的两个数比较，将小的调到前头。设有n个数要求从小到大排序，冒泡法排序的排序过程分为如下的$n-1$步：

第1步，从下向上，相邻两数比较，小的调上。反复执行$n-1$次，那么第1个数最小。

第 2 步，从下向上，相邻两数比较，小的调上。反复执行 $n-2$ 次，那么前 2 个数排好。
第 3 步，从下向上，相邻两数比较，小的调上。反复执行 $n-3$ 次，那么前 3 个数排好。
⋮
第 k 步，从下向上，相邻两数比较，小的调上。反复执行 $n-k$ 次，那么前 k 个数排好。
⋮
第 $n-1$ 步，从下向上，相邻两数比较，小的调上。执行 1 次，所有数排好，排序结束。
例如，排列"6,4,5,2,1"，具体排序过程如图 5.3～图 5.6 所示。

第1次	第2次	第3次	第4次	结果
6	6	6	6	1
4	4	4	1	6
5	5	1	4	4
2	1	5	5	5
1	2	2	2	2

图 5.3　冒泡排序第 1 步

第1次	第2次	第3次	结果
1	1	1	1
6	6	6	2
4	4	2	6
5	2	4	4
2	5	5	5

图 5.4　冒泡排序第 2 步

第1次	第2次	结果
1	1	1
2	2	2
6	6	4
4	4	6
5	5	5

图 5.5　冒泡排序第 3 步

第1次	结果
1	1
2	2
4	4
6	5
5	6

图 5.6　冒泡排序第 4 步

```
#include<stdio.h>
int main(void)
{    int n,i,j,x;
    int a[5]={6,4,5,2,1};                                  /*对数组 a 进行初始化*/
    printf("对 6,4,5,2,1 五个数进行冒泡排序\n");
    for(i=1;i<5;i++)                    /*用冒泡法将数组中各元素按从小到大的顺序排列*/
        for(j=4;j>=i;j--)
            if(a[j]<a[j-1])
            {  x=a[j]; a[j]=a[j-1]; a[j-1]=x; }
    printf("排序结果为:\n");
    for(i=0;i<5;i++)                                       /*输出排好顺序的数组元素*/
        printf("%2d",a[i]);
    return 0;
}
```

程序运行结果为：

```
对 6,4,5,2,1 五个数进行冒泡排序
排序结果为:
1 2 4 5 6
```

查找与排序是在数组上使用最频繁的两个操作。计算机科学家已经设计了多种数据结构、查找与排序技术，以方便对保存在列表中的数据的快速访问。

排序是根据列表中元素的值，按升序或降序，重新排列元素的过程。已排序列表称为规则列表。已排序表在查找中非常重要，因为它们可以方便快速地进行查找操作。最简单的排序法有冒泡法排序、选择法排序、插入法排序等。查找技术中两个最常用的技术是顺序查找、二元查找。案例 5.3 是冒泡排序算法的具体实例，接下来重点讨论选择法排序。

【案例 5.4】 用选择法排序对随机数函数生成的若干个数进行排序。

分析：选择法排序是从待排序的数中选出最小数，将该最小数放在已排好序的数据的最后，直到全部的数据排序完毕。设有 n 个数，要求从小到大排列。选择法排序的排序过程分为 $n-1$ 步：

第 1 步，从第 1～n 个数中找出最小数，然后与第 1 个数交换，前 1 个数排好。

第 2 步，从第 2～n 个数中找出最小数，然后与第 2 个数交换，前 2 个数排好。

第 3 步，从第 3～n 个数中找出最小数，然后与第 3 个数交换，前 3 个数排好。

⋮

第 k 步，从第 k～n 个数中找出最小数，然后与第 k 个数交换，前 k 个数排好。

⋮

第 $n-1$ 步，从第$(n-1)$～n 个数中找出最小数，然后与第 $n-1$ 个数交换，排序结束。

例如，排列“6,4,5,2,1”，那么采用选择法排序的过程为：

第 1 步，从“6,4,5,2,1”中找到最小的数即 1，将它与第 1 个数 6 交换。

第 2 步，从“4,5,2,6”中找到最小的数即 2，将它与第 2 个数 4 交换。

第 3 步，从“5,4,6”中找到最小的数即 4，将它与第 3 个数 5 交换。

第 4 步，从“5,6”中找到最小的数即 5，这里因为较小数 5 在第 4 个数的位置，所以不用交换。

最后结果为“1,2,4,5,6”，选择法排序的过程如图 5.7 所示。

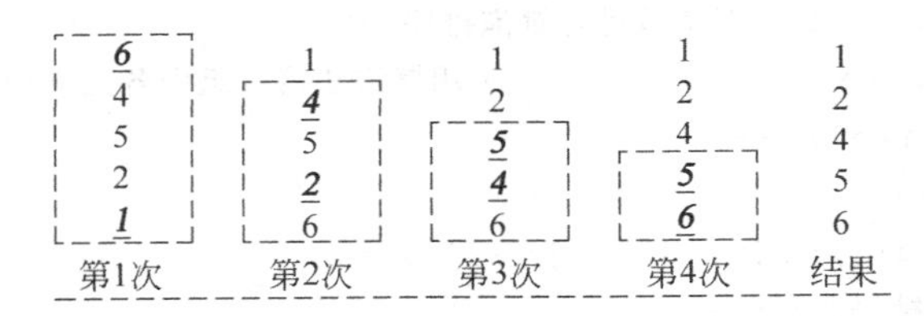

图 5.7　选择法排序的排序过程

```
#include<stdio.h>
#include<stdlib.h>
#include<time.h>
void main(void)
{   int n,i,j,k,x,min,a[100];
    printf("请输入需要排序的数据个数:");
    scanf("%d",&n);                                    /*输入要排序的整数个数*/
    srand( (unsigned)time( NULL) );
    printf("利用随机数生成函数生成%d个数:",n);
    for(i=0;i<n;i++)                                   /*输入n个数存放在数组里*/
    {   a[i]=rand()%100;                  /*利用随机数函数生成n个数存储在数组a中*/
```

```
        printf("%d ",a[i]);
    }
    for(i=0;i<n-1;i++)              /* 选择法排序将数组元素按从小到大的顺序排列 */
    {   min=a[i];                   /* 存放最小数 */
        k=i;                        /* 记下当前最小数在数组中的下标 */
        for(j=i;j<n;j++)
            if(a[j]<min)            /* 在待排序的其他元素中选出最小数 */
            {   min=a[j];
                k=j;                /* 记录最小数所在位置 */
            }
        x=a[k];a[k]=a[i];a[i]=x;    /* 将最小数与第1、2、3、…个元素交换位置 */
    }
    printf("\n经过选择法排序后:\n");
    for(i=0;i<n;i++)                /* 输出排序后的结果 */
        printf("%4d",a[i]);
    printf("\n");
}
```

程序运行结果为:

```
请输入需要排序的数据个数:10↙
利用随机数生成函数生成10个数: 23 42 13 39 81 84 52 29 69 95
经过选择法排序后:
  13  23  29  39  42  52  69  81  84  95
```

相关知识点4:随机数生成函数

函数rand()和srand()是编译系统提供的标准库函数。rand()用来随机生成0～RAND_MAX之间的一个无符号整数,RAND_MAX是头文件stdlib.h中定义的符号常量,其值为0x7fff或32767。rand()是随机数生成器,没有参数,直接调用即可,每次调用生成一个随机数。例如,利用随机数函数产生10个整数:

```
#include<stdio.h>
#include<stdlib.h>
void main()
{   int i;
    for(i=0;i<10;i++)               /* 循环10次,产生10个随机数 */
        printf("%6d",rand());
}
```

程序运行可以产生10个随机数,但是每次运行产生的随机数都一样,也就是说,函数rand()产生的是伪随机数,因为每次执行该函数时种子都是个定值。为了使程序在每次运行时产生的都是新的随机数,要为随机数函数提供一个新的种子。srand()函数用来为rand()初始化,即提供种子,种子不同,产生的随机数也不同。所以,通常先调用srand()函数,用系统时钟初始化种子,因为系统时钟总是在不断的变化。函数time(0)返回的是计算机系统的当前时间,该函数也是系统提供的库函数,其定义在time.h中。在上述程序for

前添加 srand()函数的调用：

```
#include<stdio.h>
#include<stdlib.h>
#include<time.h>                          /* 当前系统时钟做种子 */
void main()
{  int i;
   srand( (unsigned)time(0) );            /* 初始化随机数生成函数 */
   for(i=0;i<10;i++)
       printf("%6d",rand());
}
```

该程序每次运行产生的随机数都是不同的，数据在 0～32767 之间。当需要产生某个范围内的随机数时，例如 100 以内的整数，则利用表达式：

```
rand()%100
```

或

```
100*rand()/(double)RAND_MAX
```

可以达到要求。案例 5.4 产生的就是 100 以内的无符号整数。若需要 0～1 之间的随机数，则表达式为：

```
rand()/(double)RAND_MAX
```

或

```
rand()/32767.0
```

总之，在 C 语言中生成真正的随机数需要函数 rand()和 srand()配合，还需要有一个不断变化的数做种子。

【案例 5.5】 无符号整数的任意进制数转换。

分析：求 n 除以 d 的余数，就能得到 n 的 d 进制数的最低位数字，同时 n 缩小 d 倍，重复上述步骤，直至 n 为 0，依次得到 n 的 d 进制数的最低至最高位数字。由各位数字取出相应字符，就能得到 n 的 d 进制的字符串。例如，将 213 转换为八进制：

(1) 设 $n=213, d=8$，数组 s 存放转换后的字符串。

(2) $s[0]=n\%d=213\%8=5, n=n/d=213/8=26$。

(3) $s[1]=n\%d=26\%8=2, n=n/d=26/8=3$。

(4) $s[2]=n\%d=3\%8=3, n=n/d=3/8=0$，$n$ 等于 0，转换结束。即将 213 转换为八进制数为 325。

```
#include<stdio.h>
#define M sizeof(unsigned int)*8    /* 无符号整型所占用内存的位数 */
int trans(unsigned n,int d,char s[])/* 进制转换函数 */
{   char digits[]="0123456789ABCDEF"/* 十六进制数字字符 */
    char buf[M+1];
    int j,i=M;
```

```
    if(d<2||d>16)                          /*小于二进制或大于十六进制不转换*/
    {   s[0]='\0';
        return 0;
    }
    buf[i]='\0';                           /*字符串末尾添加标志*/
    do                                     /*进制转换*/
    {   buf[--i]=digits[n%d];              /*得到最低位存入数组中*/
        n/=d;
    }while(n);
    for(j=0;(s[j]=buf[i])!='\0';j++,i++);       /*将转换后的字符串复制到数组s中*/
      return j;
}
void main()
{   int i;
    unsigned int num=0;
    int scale[]={2,3,4,5,6,7,8,9,11,12,13,14,15,16};          /*转换的进制*/
    char str[33];
    printf("Please input a number to translate:");
    scanf("%d",&num);
    printf("The translate results are:\n",num);
    for(i=0;i<sizeof(scale)/sizeof(scale[0]);i++)
    {   if(trans(num,scale[i],str))                            /*调用进制转换函数*/
            printf("%5d=%s(%d)\n",num,str,scale[i]);           /*输出转换结果*/
        else printf("%5d=>(%d)Error!\n",num,scale[i]);
    }
}
```

程序运行结果为：

```
Please input a number to translate:213↙
The translate results are:
  213=11010101(2)
  213=21220(3)
  213=3111(4)
  213=1323(5)
  213=553(6)
  213=423(7)
  213=325(8)
  213=256(9)
  213=184(11)
  213=159(12)
  213=135(13)
  213=113(14)
  213=E3(15)
  213=D5(16)
```

5.2 二维数组

【案例 5.6】 设有数据表如表 5.1 所示，显示了 4 位销售人员所售 3 种物品的数量。

表 5.1 销售人员销售物品表

姓名	可乐(瓶)	饼干(盒)	牛奶(箱)	姓名	可乐(瓶)	饼干(盒)	牛奶(箱)
王芳	310	275	365	赵刚	405	235	240
李丽	210	190	325	徐辉	260	300	380

该表总共含有 12 个数值，每行 3 个。可以把它看做是由 4 行 3 列组成的矩阵。每行代表某个销售人员的销售数量，每列代表某种物品的销售数量。计算并显示数据表中的以下信息：

(1) 每个销售人员的销售总值。

(2) 每种物品的销售总值。

(3) 所有销售人员销售的全部物品的总值。

分析：在数学中，使用双下标(如 V_{ij})来表示矩阵中的某个值。其中，V 表示整个矩阵，V_{ij} 指的是第 i 行第 j 列的值。例如，在表中，V_{23} 指的是数值 325。C 语言可以使用二维数组来定义这样的表。该表在 C 中可以定义为 *value* [4][3]。那么使用二维数组元素 *value*[*i*][*j*] 确定表中某个数据，其中 *i* 表示销售人员，*j* 表示物品，如表 5.2 中粗实线部分。例如，*value*[1][2]指的是数据 325。

表 5.2 二维数组表示的销售人员销售物品表

姓名	可乐(0 列)	饼干(1 列)	牛奶(2 列)	姓名	可乐(0 列)	饼干(1 列)	牛奶(2 列)
王芳(0 行)	310	275	365	赵刚(2 行)	405	235	240
李丽(1 行)	210	190	325	徐辉(3 行)	260	300	380

(1) 第 m 个销售人员的总销售$=\sum_{j=0}^{2} value[m][j]$ (即 $girl\_total[m]$)。

(2) 第 n 种物品的总销售$=\sum_{i=0}^{3} value[i][n]$ (即 $item\_total[n]$)。

(3) 总销售$=\sum_{i=0}^{3}\sum_{j=0}^{2} value[i][j] = \sum_{i=0}^{3} girl_total[i] = \sum_{i=0}^{2} item_total[j]$。

```
#define MAXGIRLS 4                          /*定义销售员最大数常量值为 4*/
#define MAXITEMS 3                          /*定义销售品种最大数常量值为 3*/
#include<stdio.h>
void main()
{   int value[MAXGIRLS][MAXITEMS];          /*销售值为 value*/
    int girl_total[MAXGIRLS],item_total[MAXITEMS];
    int i,j,grand_total;
    printf("Input data:\n");
```

```
    for(i=0;i<MAXGIRLS;i++)                    /*读入数据并计算 girl_total*/
    {   girl_total[i]=0;
        for(j=0;j<MAXITEMS;j++)
        {   scanf("%d",&value[i][j]);
            girl_total[i]=girl_total[i]+value[i][j];
        }
    }
    for(j=0;j<MAXITEMS;j++)                    /*计算 item_total*/
    {   item_total[j]=0;
        for(i=0;i<MAXGIRLS;   i++)
            item_total[j]=item_total[j]+value[i][j];
    }
    grand_total=0;
    for(i=0;i<MAXGIRLS;i++)                    /*计算 grand_total*/
        grand_total=grand_total+girl_total[i];
    printf("\nGirls Totals\n");
    for(i=0;i<MAXGIRLS;i++)
        printf("Salesgirl[%d]=%d\n",i+1,girl_total[i]);
    printf("\nItem totals\n");
    for(j=0;j<MAXITEMS;j++)
        printf("Item[%d]=%d\n",j+1,item_total[j]);
    printf("\nGrand Total=%d\n",grand_total);
}
```

程序运行结果为：

```
Input data:
310 257 365↙
210 190 325↙
405 235 240↙
260 300 380↙

Girls Totals
Salesgirl[1]=932
Salesgirl[2]=725
Salesgirl[3]=880
Salesgirl[4]=940

Item totals
Item[1]=1185
Item[2]=982
Item[3]=1310

Grand Total=3477
```

相关知识点 1：二维数组

如前所述，一维数组的下标有一个。那么数组元素的下标在两个或两个以上时，该数组称为多维数组。下标是两个则为二维数组，下标是 3 个则为三维数组。多维数组中使用最多的就是二维数组，所以有了二维数组的知识基础，再掌握多维数组就不困难了。这里只介绍二维数组。

二维数组的定义格式为：

类型标识符　数组名[常量表达式 1][常量表达式 2];

其中，常量表达式 1 表示第一维下标的长度，常量表达式 2 表示第二维下标的长度。

一个二维数组可以看成若干个一维数组。例如，定义了二维整型数组 $a[2][3]$，可以看成是两个长度为 3 的一维数组，这两个一维数组的名字分别为 $a[0]$、$a[1]$。其中，名为 $a[0]$ 的一维数组元素是 $a[0][0]$、$a[0][1]$、$a[0][2]$；名为 $a[1]$ 的一维数组元素是 $a[1][0]$、$a[1][1]$、$a[1][2]$。

二维数组在概念上是二维的，常常表示成下标在两个方向上的变化，下标在数组中的位置也处于一个平面之中，而不是像一维数组只是一个向量。但是，计算机的硬件存储器却是连续编址的，也就是说，存储器单元是按一维线性排列的。在 C 语言中，二维数组是按行排列的。即先存放 $a[0]$ 行，再存放 $a[1]$ 行，依此类推。每行的元素也是依次存放的，如图 5.8 所示。

$a[0][0]$	
$a[0][1]$	
$a[0][2]$	
$a[1][0]$	
$a[1][1]$	
$a[1][2]$	

图 5.8　二维数组存储示意图

温馨提示： 在定义或引用二维数组时，一定要注意其每个常量表达式或下标都要用方括号括起来。例如，定义 4×5 的整型数组时，应为“int $a[4][5]$”，而不能写成“$a[4,5]$”或“$a[4]5$”等形式。

【案例 5.7】 从键盘输入 n 的值和 $n\times n$ 阶矩阵的各个元素，然后输出该 $n\times n$ 阶矩阵的主对角线数据之和。

分析： $n\times n$ 阶矩阵在 C 语言中可以用二维数组的数据结构来代替。因为 C 语言中不能动态地定义数组长度，因此，预先定义一个较大的够用的二维数组，然后只需要其中的 $n\times n$ 个单元，其余单元可以空置不用。首先向 $n\times n$ 的二维数组中输入各个元素，输入过程由一个双重循环来控制，外层循环控制每行数据，内层循环控制各行中每列数据的输入。主对角线上元素的特征为元素的行、列下标相等，把这些元素相加就是对角线上数据之和。

```
#include<stdio.h>
#define N 100
void main()
{   int a[N][N],i,j,sum,n;                    /*定义一个足够大的二维数组和 4 个变量*/
    sum=0;
    puts("Please input the n value ");
    scanf("%d",&n);                           /*输入矩阵的行数和列数,应该相等*/
    puts("Please input the elements of the matrix one by one:");
    for(i=0;i<n;i++)                          /*输入 n×n 矩阵的值*/
        for(j=0;j<n;j++)
```

```
            scanf("%d",&a[i][j]);
    printf("%d*%d matrix:\n",n,n);
    for(i=0;i<n;i++)                          /*显示n×n矩阵*/
    {   for(j=0;j<n;j++)
            printf("%4d",a[i][j]);
        printf("\n");
    }
    for(i=0;i<n;i++)                          /*根据对角线元素的特征计算它们的和*/
        sum+=a[i][i];
    printf("The sum is %d\n",sum);            /*输出对角线元素的和*/
}
```

程序运行结果为：

```
Please input the n value 4↙
Please input the elements of the matrix one by one:
1 2 3 4 5 6 7 8 9 10 11 12 13 14 15 16↙
4*4 matrix:
   1   2   3   4
   5   6   7   8
   9  10  11  12
  13  14  15  16
The sum is 34
```

请思考：将案例5.7修改为求主对角线数据之和与次对角线数据之和，程序应如何改？

相关知识点2：二维数组的初始化

二维数组的初始化和一维数组初始化的方法相同，也是在定义数组时给出数组元素的初值。主要有以下5种方式：

(1) 按行给二维数组所有元素赋初值。例如：

```
int a[2][3]={{1,2,3},{4,5,6}};
```

其中，“1,2,3”是给第0行3个数组元素的，“4,5,6”是给第1行3个元素的。

(2) 不按行给二维数组所有元素赋初值。例如：

```
int a[2][3]={1,2,3,4,5,6};
```

各元素获得的初值和第(1)种方式完全相同。前3个值是第0行的，后3个值是第1行的。

(3) 只对每行的前若干个元素赋初值。例如：

```
int a[2][3]={{1},{4,5}};
```

它的作用是只对第0行第0列的元素和第1行第0、1列元素赋初值，其余元素默认为0。

(4) 只对前若干行的前若干个元素赋初值。例如：

```
int a[2][3]={{1,2}};
```

它的作用是只对第0行的第0、1列赋初值，其余元素自动为0。

(5) 若给所有元素赋初值,第1维的长度可以省略。例如:

```
int a[][3]={{1,2,3},{4,5,6}};
```

或

```
int a[][3]={1,2,3,4,5,6};
```

上面两个语句均表示数组 $a[][3]$的第1维长度是2,系统根据所给出的初值个数以及每行的数据个数可以得出应有的行数。

【案例 5.8】 将一个3×2的矩阵存入一个3×2的二维数组中,找出最大值以及它对应的行下标和列下标,并输出该矩阵。

分析:首先定义一个3行2列的数组 $a[3][2]$,利用双重循环对数组元素赋值,然后仍然通过双重循环遍历整个数组找出其中的最大值 max,并且用 row 和 col 两个变量分别记录最大值的行下标和列下标,即最大值就是 $a[row][col]$,最后输出相关数据。

```
#include<stdio.h>
void main()
{   int col,i,j,row;
    int a[3][2];
    printf("Please Enter 6 integers:");        /*提示输入6个数*/
    for(i=0;i<3;i++)                            /*外层循环控制行数*/
        for(j=0;j<2;j++)                        /*内层循环控制列数*/
            scanf("%d",&a[i][j]);               /*从键盘读入数据*/
    printf("The matrix is:\n");
    for(i=0;i<3;i++)
    {   for(j=0;j<2;j++)
            printf("%d ",a[i][j]);
        printf("\n");                            /*按矩阵形式输出每行数据后再输出回
车*/
    }
    row=col=0;                                  /*先假设a[0][0]是最大值*/
    for(i=0;i<3;i++)
        for(j=0;j<2;j++)
            if(a[i][j]>a[row][col])             /*如果遍历过程中有比假设值大的*/
            {    row=i;    col=j;  }            /*将该值设成新的最大值*/
    printf("max=a[%d][%d]=%d\n",row,col,a[row][col]);
}
```

程序运行结果为:

```
Please Enter 6 integers:25 62 85 96 35 26↙
The matrix is:
25 62
85 96
35 26
max=a[1][1]=96
```

【案例 5.9】 在屏幕上输出杨辉三角形的前 10 行。

分析：杨辉三角形，简单地说，就是两个未知数和的幂次方运算后的系数问题。例如，$(x+y)$的平方等于 $x^2+2xy+y^2$，它的系数便是 1、2、1，这就是杨辉三角形的其中一行。也就是说，杨辉三角形中的某一行的数，是$(x+y)$的某次方幂展开式各项的系数。一般，杨辉三角形的第 N 行是$(x+y)$的 $N-1$ 次方幂展开各项的系数。形式上，它就是一个由数字排列成的三角形数表，如下所示：

```
1
1   1
1   2   1
1   3   3   1
1   4   6   4   1
⋮
```

杨辉三角形的本质是：它的两条斜边都是由数字 1 组成的，而其余的数则等于它肩上的两个数之和。所以，应该先把杨辉三角形中的两条斜边的数字 1 存储在数组中，然后对每一行中间的数利用上述规律赋值，最后将整个杨辉三角形输出。

```
#include<stdio.h>
#define N 11
void main()
{    int i,j,a[N][N];                          /*定义两个整型变量和一个二维数组*/
    for(i=1;i<N;i++)                            /*存储杨辉三角中两条斜边的数字 1*/
    {    a[i][i]=1;
         a[i][1]=1;
    }
    for(i=3;i<N;i++)                            /*打印出杨辉三角中每一行中间的数*/
        for(j=2;j<i;j++)
            a[i][j]=a[i-1][j-1]+a[i-1][j];
    for(i=1;i<N;i++)                            /*输出杨辉三角形*/
    {    for(j=1;j<=i;j++)
            printf("%4d",a[i][j]);
        printf("\n");
    }
}
```

程序运行结果为：

```
1
1   1
1   2   1
1   3   3   1
1   4   6   4   1
1   5  10  10   5   1
1   6  15  20  15   6   1
1   7  21  35  35  21   7   1
1   8  28  56  70  56  28   8   1
1   9  36  84 126 126  84  36   9   1
```

5.3 字符数组与字符串

【案例 5.10】 从键盘上输入一行字符(不多于 40 个,以换行符作为输入结束标志),将其中的大写字母改为小写字母,其他字符不变,然后输出。

分析:首先定义一个字符数组,数组的长度为 40,将从键盘输入的字符保存在数组中。通过循环每次输入一个字符,然后判断这个字符是不是大写字母,如果是,就转换为小写字母。如果输入的字符是换行符(即回车键),则循环结束。最后通过循环将字符数组输出。

```
#include<stdio.h>
void main()
{   char a[40];
    int n=0,i;
    printf("Input characters (<40):\n");
    do
    {   scanf("%c",&a[n]);                          /*输入单个字符存入数组 a*/
        if((a[n]>='A')&&(a[n]<='Z'))a[n]+=32;   /*若是大写字母就改为小写字母*/
        n++;
    }while(a[n-1]!='\n');                          /*若输入字符不是'\n',继续循环*/
    for(i=0;i<n;i++)  printf("%c",a[i]);
}
```

程序运行结果为:

```
input char(<40):
Welcome to you!↙
Welcome to you!
```

相关知识点 1:字符数组的定义与赋值

字符数组是存放字符型数据的数组,其中每个数组元素存放的值都是单个字符。字符数组的定义格式为:

```
char 数组名[常量表达式]={初始值表};
```

其功能是定义一个字符型的数组,并且给其赋初值。字符型数组初始化的方法和一般数组初始化的方法完全相同。"初始值表"中是用逗号分隔的字符常量,如果花括号中提供的初值个数(即字符个数)大于数组长度(常量表达式的值),则程序编译时将出现错误。如果初值个数小于数组长度,则只将这些字符赋给数组中前面那些元素,其余的元素系统自动定义为空字符(即'\0')。例如:

```
char s1[3]={'1','2','3'};                    /*逐个元素赋初值*/
```

结果 s1[0]的值为字符'1',s1[1]的值为字符'2',s1[2]的值为字符'3'。它相当于以下语句:

```
char s1[3];
```

```
s1[0]='1';s1[1]='2';s1[2]='3';
```

上面所描述的是字符数组初始化的一种方法：对数组元素逐个初始化。还可以用字符串常量对数组初始化：如果提供的初值个数与预定义的数组长度相同，在定义时可以省略数组长度，系统会自动根据初值个数确定数组长度。例如：

```
char c[]={"happy!"};
```

这样数组 *c* 有 7 个元素。用这种方式可以不必人工去数字符的个数，尤其在初值的字符个数较多时，比较方便。那么，字符串"happy!"中只有 6 个字符，为什么数组 *c* 中会有 7 个元素呢？

在 C 语言中没有专门的字符串变量，通常用一个字符数组来存放一个字符串常量。字符串常量是用一对双引号括起来的多个字符，例如，"happy!"，在 C 语言中字符串常量存储时系统会自动在串尾加上一个'\0'作为串的结束符。因此，当把一个字符串存入一个数组时，也把结束符'\0'存入数组，并以此作为该字符串结束的标志。有了'\0'标志后，就不必再用字符数组的长度来判断字符串的长度了。在程序中往往依靠检测'\0'的位置来判定字符串是否结束。所以像上述定义中，整个 *c* 数组的内容在内存中应为：

char[0]	char[1]	char[2]	char[3]	char[4]	char[5]	char[6]
'h'	'a'	'p'	'p'	'y'	'!'	'\0'

通常还可以用一个二维字符数组来存放多个字符串。例如：

```
char s[3][4]={"123","ab","x"};
```

那么整个 *s* 数组在内存中的存储情况为：

s[0]	'1'	'2'	'3'	'\0'
s[1]	'a'	'b'	'\0'	'\0'
s[2]	'x'	'\0'	'\0'	'\0'

系统在每行字符数组的赋值过程中，对于空下来的单元均自动赋值为'\0'。

温馨提示：如果字符数组不是通过字符串常量赋值，而是通过字符一个一个赋值，最后的字符串结束标志就不会自动加上。那么，在定义字符数组时应估计字符串长度，保证数组长度始终大于字符串实际长度。如果在一个字符数组中先后存放多个不同长度的字符串，则应使数组长度大于最长的字符串长度。

【案例 5.11】 将一个字符串的内容逆序输出。如"abcde"输出为"edcba"。

分析：字符数组中预先通过字符串赋值，那么字符串中的每个字符依次存放在字符数组中，并且在最后一个字符后面加上一个字符串结束标志'\0'。首先，通过遍历串计算出整个字符串的长度(有效字符个数)，然后取其中值，将第 0 个元素与最后一个元素互换，第 1 个元素与倒数第 2 个元素互换，依此类推，直到中值元素为止。这样就可以达到逆序的目的。最后将其输出。

```
#include<stdio.h>
```

```
void main()
{   char a[]="I am happy!";          /*利用字符串给字符数组赋值*/
    int num=0,i=0,k,temp;
    while(a[i]!='\0')                /*通过循环确定字符串中字符的个数*/
      {  num++;i++;  }
    for(i=0;i<num;i++)
       printf("%c",a[i]);
    printf("\n");
    k=num/2;                         /*取字符串个数的一半*/
    for(i=0;i<k;i++)                 /*将字符串头尾两个元素的位置互换达到逆序的目的*/
    {   temp=a[i];
        a[i]=a[num-1-i];
        a[num-1-i]=temp;
    }
    for(i=0;i<num;i++)
       printf("%c",a[i]);            /*输出逆序后的字符串*/
}
```

程序运行结果为：

```
I am happy!
!yppah ma I
```

相关知识点 2：字符数组的输入与输出

字符数组的输入与输出可以使用两对输入/输出函数，一对是常用的 printf 函数和 scanf 函数，另一对是 puts 函数和 gets 函数。例如：

```
char ch[]="I am a student!";
```

对上述字符数组 *ch* 进行输出有以下几种方式：

(1) 使用 printf 函数将整个字符数组一次输出，利用格式控制符“%s”输出字符数组。

```
printf("%s",ch);
```

那么，整个字符数组一次性输出为：I am a student!。

(2) 使用 puts 函数输出字符数组，该函数的调用格式为：

puts(字符数组名);

它的功能是把字符数组的各元素值输出到标准输出设备中，字符数组也可以是字符串。所以，对字符数组 *ch* 采用这种方法输出：

```
puts(ch);
```

那么对于字符数组的输入呢？也有以下两种方法：

(1) 使用 scanf 函数将整个字符数组一次性输入，输入时不需要加入取地址符号 &，因为字符数组名表示该字符数组的首地址。

```
scanf("%s",ch);
```

输入时遇到空格或回车认为字符数组输入结束。也就是说,用 scanf()输入的字符串中不包含空格,当字符串中需要包含空格时,应采用另外的方式输入。

(2) 使用 gets 函数输入字符串,该函数的调用格式为:

```
gets(字符数组名);
```

它的功能是从标准输入设备键盘上输入一个字符串存储到字符数组中。使用 gets 函数输入字符时,只以回车作为输入结束标志。所以,也可以采用这种方法对 *ch* 进行输入:

```
gets(ch);
```

5.4 字符串处理函数

在 C 的函数库中提供了大量的字符串处理函数,调用字符串处理函数之前,要使用预处理命令#include 把文件“string. h”包含到程序中。

【案例 5.12】 从键盘输入若干个字符串,输出其中最大的字符串。

分析:先假定一个字符串为最大的字符串 s1,然后利用字符串比较函数 strcmp 逐个比较以后输入的各字符串,若输入的字符串 s2 比 s1 大,则把 s2 当做当前最大的字符串。当输入空字符串时退出循环。

```
#include<stdio.h>
#include<string.h>
void main()
{   char s1[90],s2[90];
    printf("Please input string:\n");
    gets(s1);                                    /* 输入 s1 字符串 */
    gets(s2);                                    /* 输入 s2 字符串 */
    do{
        if(strcmp(s1,s2)<0)                      /* 比较 s1 和 s2,将大的复制到 s1 */
            strcpy(s1,s2);
        gets(s2);
    }while(strcmp(s2,""));                       /* 直到输入空字符串为止 */
    printf("The max string is %s\n",s1);         /* 输出最大的字符串 */
}
```

程序运行结果为:

```
Please input string:
banana↙
apple↙
pear↙
The max string is Pear
```

相关知识点：几种常用的字符串处理函数

1）字符串比较函数 strcmp

函数的调用格式为：

```
strcmp(字符串 1,字符串 2)
```

该函数的功能是：按照 ASCII 码顺序比较两个字符串的大小。函数的返回值是整数，若字符串 1 大于字符串 2,返回一个正整数;若字符串 1 等于字符串 2,返回 0;若字符串 1 小于字符串 2,返回一个负整数。字符串 1 和字符串 2 既可以是字符串常量,也可以是字符数组名。

2）字符串复制函数 strcpy

函数的调用格式为：

```
strcpy(字符数组名,字符串)
```

该函数的功能是：将字符串的内容复制到由字符数组名指定的字符数组中,函数的返回值是字符数组的起始地址,字符数组的长度应大于或等于字符串的长度。其中的字符串可以是字符串常量,也可以是已赋值的字符数组名。

3）字符串连接函数 strcat

函数的调用格式为：

```
strcat(字符数组名,字符串)
```

该函数的功能是将字符串连接到字符数组名指定的字符数组内容之后,若原有内容为字符串,则删除字符串结束标志'\0',字符数组的长度应足够长,能够容纳字符数组的元素个数加上字符串的字符个数。函数的返回值为该字符数组的起始地址。其中的字符串也可以是已赋值的字符数组名。

4）字符串长度函数 strlen

函数的调用格式为：

```
strlen(字符串)
```

该函数的功能是计算字符串的实际长度,不包括字符串结束标志'\0',并将计算结果作为函数的返回值。

【案例 5.13】 从键盘输入一个字符串和一个字符,要求输出的字符串中不包含输入字符。

分析：先从键盘输入一个字符串,然后输入一个字符,依次判断该字符串中是否包含所输入的字符,若包含,则将其删除。删除的方法是将被删除的字符用其后面的字符逐个前移,将被删除的字符覆盖。

```
#include<stdio.h>
#include<string.h>
void main()
{   int i,j;
    char c,str[80];
```

```
    printf("Please input a string:\n");
    gets(str);
    printf("Please input a char:");
    c=getchar();                    /* 输入指定字符 */
    printf("Before deleted:\n");
    puts(str);
    for(i=0;i<strlen(str);i++) /* 逐个遍历整个数组 str,判断是否含有指定字符 */
        if(str[i]==c)
            for(j=i;str[j]!='\0';j++)
                                    /* 将 str 中所包含的指定字符删除,以后面的字符替代 */
                str[j]=str[j+1];
    printf("After deleted:\n");
    puts(str);
}
```

程序运行结果为：

```
Please input a string:
I am a student!↙
Please input a char:a↙
Before deleted:
I am a student!
After deleted:
I m  student!
```

5.5 应用实例

【案例 5.14】 从键盘输入 m 和 n 的值和 $m\times n$ 阶矩阵的各个元素，然后输出该 $m\times n$ 阶矩阵的转置矩阵。

分析：$m\times n$ 阶矩阵在 C 语言中可以用二维数组来存储。因为 C 语言中不能动态地定义数组长度，因此，预先定义一个较大的够用的二维数组，然后只需要其中的 $m\times n$ 个单元，其余单元可以空置不用。首先向 $m\times n$ 的二维数组中输入各个元素，输入元素的过程应该由一个双重循环来控制。然后根据数学中的转置方法，将 $m\times n$ 的二维数组转置成 $n\times m$ 的二维数组。最后将转置后的二维数组再用双重循环输出。

```
#include<stdio.h>
#define N 100
void main()
{   int a[N][N],b[N][N],i,j,m,n;      /* 定义两个足够大空间的二维数组和四个变量 */
    puts("Please input m and the n value ");
    scanf("%d%d",&m,&n);              /* 输入矩阵的行数和列数 */
    puts("Please input the elements of the matrix one by one:");
    for(i=0;i<m;i++)                  /* 输入 m*n 矩阵的值 */
        for(j=0;j<n;j++)
```

```
            scanf("%d",&a[i][j]);
    printf("%d*%d matrix:\n",m,n);
    for(i=0;i<m;i++)                         /*显示 m*n 矩阵*/
    {   for(j=0;j<n;j++)
            printf("%4d",a[i][j]);
        printf("\n");
    }
    for(i=0;i<n;i++)                         /*转置 m*n 矩阵*/
        for(j=0;j<m;j++)
            b[i][j]=a[j][i];
    printf("%d*%d matrix:\n",n,m);
    for(i=0;i<n;i++)                         /*输出 m*n 矩阵的转置*/
    {   for (j=0;j<m;j++)
            printf("%4d",b[i][j]);
        printf("\n");
    }
}
```

程序运行结果为：

```
Please input m and the n value 3 4↙
Please input the elements of the matrix one by one:
1 2 3 4↙
5 6 7 8↙
4 5 6 7↙
3*4 matrix:
   1   2   3   4
   5   6   7   8
   4   5   6   7
4*3 matrix:
   1   5   4
   2   6   5
   3   7   6
   4   8   7
```

【案例 5.15】 由键盘输入代表年、月、日的 3 个整数，转换并输出该日期为该年的第几天。

分析：计算某年某月某日是当年的第几天的方法是将该月以前各月的天数之和再加上当月的日期，而要计算 3 月以后的某天时，则要考虑 2 月份是 28 天还是 29 天。用二维数组 Monday 分别存储平年和闰年的 12 个月的天数。通过判断该年是否闰年，从而选择二维数组中对应的数组元素进行计算。闰年和平年对应的 2 月的天数不同。

```
#include<stdio.h>
void main()
{   int year,month,day;
    int leap,i,dayth;
```

```
    int monday[2][13]={{0,31,28,31,30,31,30,31,31,30,31,30,31},
                       {0,31,29,31,30,31,30,31,31,30,31,30,31}};
    printf("Enter year,month,day:");
    scanf("%d%d%d",&year,&month,&day);
    if((year%400==0)||(year%4==0&&year%100!=0))        /*判断是否为闰年*/
       leap=1;
    else leap=0;
    dayth=day;
    for(i=1;i<month;i++)
       dayth+=monday[leap][i];
    printf("%d/%d/%d is the %dth day of %d\n",year,month,day,dayth,year);
}
```

程序运行结果为:

```
Enter year,month,day: 2009 3 20↙
2009/3/20 is the 79th day of 2009
```

【案例 5.16】 发纸牌游戏。要求编写一个程序负责发一副标准纸牌(标准纸牌的花色有梅花、方块、红桃和黑桃,而且纸牌的等级有 2、3、4、5、6、7、8、9、10、J、Q、K、A)。程序需要用户指明手里应该握有几张牌,最后能明确给出用户手中的纸牌及其花色。

分析:该程序主要处理两个问题:①如何从一副牌中随机抽取纸牌;②避免两次抽到同一张牌。为了随机抽取纸牌,可以采用 C 语言的库函数 rand()、srand()和 time()。rand()是随机数生成器,srand 函数初始化随机数生成器,通过把 time 函数的返回值(即系统时钟)传递给函数 srand 做种子这种方法可以避免程序每次运行时发同样的牌。rand 函数在每次调用时会产生一个随机数。利用表达式 rand()%N,根据 N 的不同,可以使得生成的随机数在 0~3(为了表示牌的花色)之间,或者在 0~12(为了表示纸牌的等级)之间。为了避免两次都拿到同一张牌,需要跟踪已经选好的牌。为了这个目的,将采用一个名为 in_hand 的二维数组,其中,数组有 4 行(每行表示一种纸牌的花色)和 13 列(每一列表示纸牌的一种等级)。换句话说,数组中的所有元素分别对应着 52 张纸牌中的一张。在程序开始时,所有数组元素都将为 0。每次随机抽取一张纸牌时,将检查数组 in_hand 的元素与此牌是否相对应,对应就为 1,否则为 0。如果为 1,那么就需要抽取其他纸牌;如果为 0,则将数值 1 存储到与此张纸牌相对应的数组元素中,这样做是为了以后提醒此张纸牌已经抽取过了。一旦证实纸牌是“新”的,即没选取过此张纸牌,就需要把牌的等级和花色对应成字符,然后显示出来。

```
#include<stdio.h>
#include<stdlib.h>
#include<time.h>
#define NUM_SUITS 4                                  /*纸牌花色数*/
#define NUM_RANKS 13                                 /*纸牌等级数*/
#define TRUE 1
#define FALSE 0
void main()
```

```
{   int in_hand[NUM_SUITS][NUM_RANKS]={0};        /* 全部数组元素设置为 0 */
    int num_cards,rank,suit;
    char rank_code[]={'2','3','4','5','6','7','8','9','10','J','Q','K','A'};
                                                  /* 纸牌等级 */
    char suit_code[]={'c','d','h','s'};           /* 纸牌花色 */
    srand((unsigned) time(NULL));                 /* 初始化随机数生成器 */
    printf("Enter number of cards in hand:");
    scanf("%d",&num_cards);
    printf("Your hand:");
    while(num_cards>0)
        {   suit=rand()%NUM_SUITS;                /* 选取随机数作纸牌花色 */
            rank=rand()%NUM_RANKS;                /* 选取随机数作纸牌等级 */
            if(!in_hand[suit][rank])
            {   in_hand[suit][rank]=TRUE;
                num_cards--;
                printf(" %c%c",rank_code[rank],suit_code[suit]);
            }
    }
    printf("\n");
}
```

程序运行结果为：

```
Enter number of cards in hand:7
Your hand:Kh 2s 6d 7s Qh 9s Ac
```

【案例 5.17】 竞赛评分。评委会对每一个参赛人员进行打分，每一个参赛人员得分的规则为去掉一个最高分和一个最低分，然后计算得分的平均值，输出参赛人员的得分。假设评委会的人数为 15。

分析：可以定义一个浮点型的数组 score[15]，用来记录每一个评委的打分值。程序中使用循环语句来输入每一个评委所打的分数，输入的分数存入数组中。在采用循环语句处理数组时，要谨慎确定循环的终值，避免下标越界。然后再利用循环语句来完成几个任务：①累计所有评委所打的分数；②统计其中的最高分数；③统计其中的最低分数；④最后计算去掉最高分和最低分之后的平均分数，并输出计算的结果。

```
#include<stdio.h>
#define N 15
void main()
{   float score[N];
    float sum;                                   /* 用于存放总得分 */
    float min,max,result;                        /* 用于存放最低分、最高分和平均分 */
    int i;
    printf("Please input scores:\n");
    for(i=0;i<N;i++)
        scanf("%f",&score[i]);
```

```
    min=max=score[0];
    sum=0.0;
    for(i=0;i<N;i++)                          /*计算总得分sum,并寻找最高分和最低分*/
    {   sum+=score[i];
        if(score[i]<min)
            min=score[i];
        else if(score[i]>max)
            max=score[i];
    }
    result=(sum-min-max)/(N-2);          /*总得分减去最高分和最低分*/
    printf("the result score is %f.\n",result);
}
```

程序运行结果为:

```
Please input scores:
78 89 90 85 95 93 95 88 86 76 78 79 80 83 99↙
the result score is 86.076920
```

5.6 本章小结

数组是程序设计中最常用的数据结构。数组属于构造数据类型,是有序数据的集合。利用数组编程,首先要确定数组的类型和大小,并且要清楚数组元素在内存中的存储形式;其次要明了程序运行过程中,数组元素在内存中的变化,变化的结果是否符合编程的目的和要求。本章主要知识点为:

- 数组的概念及数组在内存中的存储形式;
- 数组的定义格式;
- 一维数组、二维数组的定义、引用和初始化;
- 字符数组的初始化及其应用;
- 字符数组与字符串的关系;字符串及其结束标志;
- 常用字符串处理函数的应用。

在C语言中数组分为数值型数组和字符型数组。数值型数组可分为一维数组和二维及以上的多维数组。对于数组,数组名是地址常量,表示数组的首地址,而不是地址变量,不能对其进行赋值。数组定义与数组元素引用中的表达式是不同的。数组引用时下标从0开始,到数组长度−1为止,下标表达式的值只允许是大于等于0的正整数。数组要求先定义后使用,可以在定义时赋初值,也可以对数组元素逐一赋值。每一个数组元素相当于同类型的变量。

字符型数组是用来处理字符串的,可以是一维数组,用来存放一个字符串,或一组有序的字符序列;也可以是二维数组,用来存放多个字符串。字符串是以'\0'为结束标志的字符序列,每个字符占用一个字节的存储空间。对于字符数组,系统提供了一些字符串处理函数,为编程应用提供了便利条件。

习　题

1. 判断题

(1) 数组中所有元素的类型必须相同。　　(　　)

(2) 当定义一个数组时,C 语言自动将其元素初始化为零。　　(　　)

(3) 计算结果为整数值的表达式可以作为数组的下标。　　(　　)

(4) 访问数组超出了其范围编译时会出现错误。　　(　　)

(5) char 类型的变量不能用做数组的下标。　　(　　)

(6) 无符号长整型数值可用做数组的下标。　　(　　)

(7) 在 C 语言中,数组元素第一个下标为零。　　(　　)

(8) 在定义数组时,数组的大小可以是一个常量、变量或表达式。　　(　　)

2. 选择题

(1) 设:int a[10];,以下说法错误的是(　　)。

A. *a* 是数组名,数组包含 10 个元素

B. 数组中的任意元素都可以看成是一个整型变量

C. 数组元素为 *a*[1],*a*[2],…,*a*[10]

D. 数组 *a* 的元素占一片连续存储空间

(2) 设 char x[]="abcdefg";char y[]={'a','b','c','d','e','f','g'};,则正确的叙述为(　　)。

A. 数组 *x* 和数组 *y* 等价　　B. 数组 *x* 和数组 *y* 长度相同

C. 数组 *x* 的长度大于数组 *y* 的长度　　D. 数组 *x* 的长度小于数组 *y* 的长度

(3) 下列程序段给数组所有的元素输入数据,请选择正确答案填入(　　)中。

```
#include<stdio.h>
void main()
{   int a[10],I=0;
    while(I<10)
        scanf("%d",(  ));
}
```

A. a+(I++)　　B. &a[I+1]　　C. a+I　　D. &a[I++]

(4) 定义变量和数组:

```
int i;
int x[3][3]={1,2,3,4,5,6,7,8,9};
```

则下列语句的输出结果是(　　)。

```
for(i=0;i<3;i++)
    printf("%d",x[i][2-i]);
```

A. 1 5 9　　B. 1 4 7　　C. 3 5 7　　D. 3 6 9

(5) 当执行下列程序且输入“ABC”时，输出的结果是(　　)。

```
void main()
{   char ss[10]="12345";
    strcat(ss,"6789");
    gets(ss);
    printf("%s\n",ss);
}
```

A. ABC　　B. ABC9　　C. 123456ABC　　D. ABC456789

(6) 定义下列数组 s：

```
char s[40];
```

若准备将字符串“This is a string.”记录下来，错误的输入语句是(　　)。

A. gets(s+2);

B. scanf(“%20s”,s);

C. for(i=0;i<17;i++)s[i]=getchar();

D. while((c=getchar())!='\n')s[i++]=c;

(7) 下列语句中，能对数组正确初始化的是(　　)。

A. int a[2][3]={{1,1},{1,2},{4,5}};

B. int a[3][]={{1},{2},{3}};

C. int a[][]={1,1,2,2,3,3};

D. int a[][3]={{1,1,1},{2,2},{3}};

(8) 若二维数组 a 有 n 列，则计算任意元素 $a[i][j]$ 在数组中位置的公式为(　　)。

A. $i*n+j$　　B. $j*n+1$　　C. $i*n+j-1$　　D. 不能确定

(9) 将字符串 a 复制到字符串 b 中，下列语句正确的是(　　)。

A. a=b;　　B. b=a;　　C. strcpy(a,b);　　D. strcpy(b,a);

(10) 有下列程序段，运行后的输出结果是(　　)。

```
char a[]={'a','b','c','d','e','f','g','h','\0'};
int i,j;
i=sizeof(a); j=strlen(a);
printf("%d,%d",i,j);
```

A. 9,9　　B. 8,9　　C. 1,8　　D. 9,8

3. 分析下列程序的运行结果

(1)

```
#include<stdio.h>
void main()
{   int a[10]={1,2,3,4,5,6,7,8,9,10};
    int m,s,i;
    float x;
    for(m=s=i=0;i<=9;i++)
    {   if(a[i]%2!=0) continue;
```

```
        s+=a[i];
        m++;
    }
    if(m!=0){  x=s/m; printf("%d,%f\n",m,x);    }
}
```

(2)

```
#include<stdio.h>
void main()
{   int k,a[10]={1,2,3,4,5};
    int j=0;
    do
      a[j]+=a[j+1];
    while(++j<4);
    for(k=0;k<5;k++)    printf("%d,",a[k]);
    printf("\n");
}
```

(3) 以下程序执行时输入 Cat↙,输出的结果是什么?

```
#include<stdio.h>
#include<string.h>
void main()
{   char s[10]="12345";
    strcat(s,"6789");
    gets(s);
    printf("%s\n",s);
}
```

(4)

```
#include<stdio.h>
#include<string.h>
void main()
{   char a[3][5]={"aaaa","bbbb","cc"};
    int i;
    a[1][2]='\0';
    for(i=0;i<3;i++)
        printf("%s\n",a[i]);
}
```

(5) 下列程序执行时输入 Language Programming↙,输出的结果是什么?

```
#include<stdio.h>
void main()
{   char str[30];
    scanf ("%s",str);
    printf ("str=%s\n",str);
```

```
}
```

(6)

```
#include<stdio.h>
void main ()
{   char str[]={"1a2b3c"};
    int i;
    for (i=0;str[i]!='\0';i++)
      if(str[i]>='0'&&str[i]<='9') printf("%c", str[i]);
    printf("\n");
}
```

(7)

```
#include<stdio.h>
void main()
{   char str[]="abcdef";
    int a,b;
    for(a=b=0;str[a]!='\0';a++)
       if(str[a]!='c')str[b++]=str[a];
    str[b]='\0';
    printf("str[]=%s\n",str);
}
```

(8) 下列程序执行时输入 china#↙,输出结果是什么?

```
#include<stdio.h>
void main()
{   char str[20];
    int x=0,y=0,i=0;
    while((str[i]=getchar())!='#')
    {   switch(str[i])
        {   case 'a':
            case 'h': x++; break;
            default:
            case '0': y++;
        }
        i++;
    }
    printf("%d,%d\n",x,y);
}
```

4. 编程题

(1) 编程统计数组 a 中正数、0、负数的个数,并输出统计结果。

(2) 读入某班全体 50 位同学某科学习成绩,然后进行简单处理(求平均成绩、最高分、最低分)。

(3) 用数组求 Fibonacci 数列的前 20 个数,每行输出 10 个数。

(4) 输入一个字符串，统计一个长度不超过 2 的子字符串在该字符串中出现的次数。例如，假定输入的字符串为“asd asasdfg asd zx76 asd mklo”，子字符串为“as”，输出值为 6。

(5) 输入两个字符串，输出两个字符串的长度，判断两个字符串是否相同，并将第 2 个字符串连接到第 1 个字符串后面并输出。

(6) 字符加密。输入一个字符串，将字符串中的所有小写字母改写成该字母的下一个字母，如果字母是 z，则改写成字母 a，大写字母和其他字符保持不变。把已处理的字符串仍存入字符串数组中。

(7) 输入 5 个不超过 20 个字符的字符串，要求利用二维数组找出其中的最大者。

(8) 判断一个数 m 是否是质数，利用已求出的质数对 m 的整除性来确定。提示：利用数组求前 n 个质数将其存放到质数表中，再通过该质数表判断。

第6章 函　　数

本章主要内容：

- 函数的定义与调用；
- 函数的参数传递；
- 函数的递归调用和嵌套调用；
- 数组作为函数的参数；
- 全局变量与局部变量；
- 变量的存储类型。

C语言程序由函数构成，前面所有案例程序中都使用了函数，但是，这基本上仅限于3个函数，即main、printf和scanf函数。本章将深入讨论如何设计函数，为解决一个问题而设计的两个或两个以上函数之间是如何通信的。

为什么使用函数呢？实际上函数就是抽象地使用一个标识符来代表一组语句，编写代码时不考虑这组语句是怎么工作的，而可以从一个更高的抽象层，即这组语句所完成的操作这个角度，将这组语句作为一个整体来对待和使用。将一组操作定义为一个函数，在其他程序中可以多次调用，这将非常有利于软件的重复使用，可以为编程人员节省很多时间。

6.1 概　　述

C语言中的函数类似于数学函数，每个函数都完成一个特定的功能。例如，数学函数sinx、cosx用于计算x的正弦值和余弦值，sin、cos是函数名称，x是函数参数，计算结果为实型数据。在C语言中把某种操作定义为一个函数，需要命名函数名、函数参数，预先估计运算结果的类型。

【案例6.1】 从键盘输入一个整数n，求$1^2+2^2+3^2+\cdots+n^2$。

分析：求1～n的平方之和需要完成两件事情：求每个数的平方以及累加和。可以定义一个函数用于求一个数的平方，然后在main函数中通过循环调用该函数，计算平方之和。由于不同的编译系统int占据内存单元字节数不同，设$n\leqslant 45$。

```
#include<stdio.h>
int square(int n);                                /*函数 square 的声明*/
void main()
{   int i,n;
    int s=0;
    printf("Please input n:");
    scanf("%d",&n);                               /*输入一个数 n*/
    for(i=1;i<=n;i++)
        s+=square(i);                             /*利用循环累加 i 的平方*/
    printf("1到%d的平方和为: %d\n",n,s);
```

```
}
int square(int a)                       /*定义函数 square 求 a 的平方*/
{
    return a*a;
}
```

程序运行结果为：

```
Please input n:20↙
1到20的平方和为：2870
```

相关知识点1：程序的模块结构

一个程序一般由若干个子程序模块组成，一个模块实现一个特定的功能。所有的高级语言都支持子程序这个概念，用子程序实现特定的功能。在C语言中，子程序用函数表示。一个C程序一般由一个主函数和若干个其他函数构成。由主函数调用其他函数，其他函数间也可互相调用。在案例6.1中，求平方的过程需要反复执行，所以定义一个square函数，将求平方运算所涉及的语句形成一个模块，组合成一个整体，然后在main函数中通过循环调用该函数达到计算由1到n平方之和的目的。像这种把一个程序按功能划分为多个部分，每个部分单独编码，然后再组合成一个整体的结构称为模块化结构。该结构便于自上而下的模块化编程，如图6.1所示。在这种编程风格中，整个问题的高层逻辑先解决，而后再解决每个低层函数的细节。通过在适当的地方使用函数，可以减短源程序的长度。函数可以被其他多个程序使用。这意味着程序的软件重用性加强。

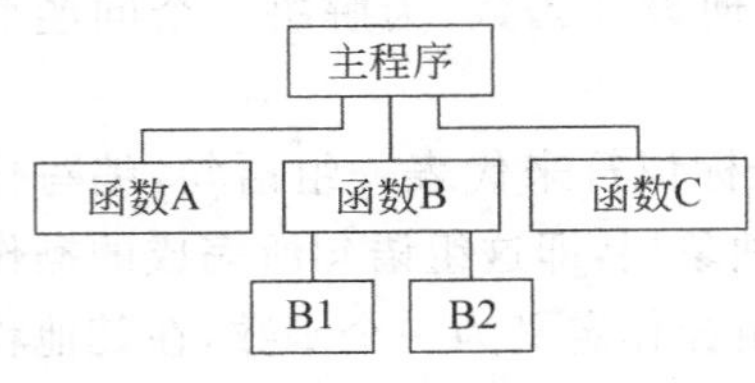

图6.1 使用函数的自上而下的模块化编程

模块化程序设计可以把大型程序分割成小而独立的程序段(称为模块)，它们单独命名，是单个的可调用的程序单元。这些模块经集成后成为一个软件系统，以满足系统的需求。模块化程序设计有以下特征：

(1) 每个模块只做一件事情。

(2) 模块之间的通信只允许通过调用模块来实现。

(3) 某个模块只能被更高一级的模块调用，例如，main()函数只能被系统调用。

(4) 如果不存在调用或被调用关系，模块之间不能直接通信。

(5) 所有模块都使用控制结构设计成单入口、单出口。

【案例6.2】 编程实现输出下面形式的字符串。

```
********************
Welcome to you!
********************
```

分析：按照前面所学，在main函数中只需要3个printf()函数调用就可以了。现在尝试采用另一种方法。由于第一行输出的星号和第三行输出的星号是一样的，定义一个printstar()函数用来输出星号，然后在main函数中先调用printstar()输出一行星号，调用printf()函数输出字符串，再调用printstar()输出一行星号，也可以达到题目要求。

```
#include<stdio.h>
void printstar();                         /* printstar()函数的声明 */
void main()
{   printstar();                          /* printstar()函数的调用 */
    printf("Welcome to you!\n");
    printstar();                          /* printstar()函数的调用 */
}
void printstar()                          /* printstar()函数的定义 */
{   int i;
    for(i=1;i<=20;i++)
        printf("*");
    printf("\n");
}
```

相关知识点 2：多函数程序

函数就是执行某个特定任务的代码段。在案例 6.2 中，定义了一个 printstar()函数，用于显示 20 个星号。这个函数一旦定义后就可以看做是一个“黑盒子”，它可以从主函数中获得一些数据，并返回一个值。其操作的内部细节对程序的其他部分是不可见的。系统对函数的了解是：输入什么数据以及输出什么数据。

C 程序总是从 main 函数开始执行的。在运行案例 6.2 程序中的 main 函数时，遇到的第一条语句是 printstar()；，这表明将调用 printstar 函数，输出一行星号。此时，程序的控制权转移到 printstar 函数。运行完 printstar 函数后，控制权又回到 main 函数。接着从函数调用处继续向下运行，执行 printf 语句，输出字符串“Welcome to you!”后，再调用 printstar 函数，输出一行星号。之后再回到 main 函数，最后结束运行。

实际上，任何函数都可以调用其他函数，而且函数也可以调用自身。一个被调用函数又可以调用另外的函数。一个函数可以被多次调用。事实上，这就是函数的主要特性。

这里要着重强调的是，所有函数的定义是分别进行的，是相互独立的。一个函数并不从属于另一个函数，即函数不能嵌套定义。函数之间可以互相调用，但不能调用 main 函数，main 函数是由系统调用的。

在 C 程序中可以从不同角度对函数分类，从函数定义的角度来看，函数可分为库函数和用户自定义函数。库函数是由系统提供的标准函数，用户不必自己定义，只需了解其作用，用＃include 命令，将定义该函数的头文件包含到本程序中，然后即可在程序中调用它。例如，前面反复使用的 printf()、scanf()、getchar()、putchar()、sqrt()、fabs()等函数均属于此类。用户自定义函数是由用户根据需要自己编写的函数。对于自定义函数，不仅要在程序中定义函数本身，而且在主调函数模块中还必须对该被调用函数进行原型说明，然后才能调用。例如，任何一个 main 函数都是用户自定义函数。案例 6.2 中的 printstar 函数也是用户自定义函数，在程序代码第二行对其进行了原型声明。

6.2 函数的定义

【案例 6.3】 定义一个函数，用于求 $1+2+3+\cdots+n$ 之和。

分析：本题在 main 函数中只需要通过一个循环语句就可以实现，现在要把这个功能独立出来，通过定义一个求和函数来实现这个功能，然后在 main 函数或其他函数中去调用这个求和函数。所以算法虽然一样，但是此时强调的是该函数的定义过程。

```
int sum(int n)                    /* sum 函数定义的首部 */
{   int m;                        /* 定义一个局部变量用于求和 */
    int i;                        /* 定义一个局部变量用于循环控制 */
    m=0;
    for(i=1;i<=n;i++)             /* 通过循环计算 1 到 n 的和 */
        m+=i;
    return m;                     /* 将最后的和 m 返回到主调函数中 */
}
```

【案例 6.4】 定义一个函数，用于求两个数的最大值。

```
int max(int a,int b)              /* max 函数首部 */
{
    return(a>b?a:b);              /* 将 a 和 b 中的最大值返回到主调函数中 */
}
```

【案例 6.5】 定义一个函数，用于求 3 个数的最大值。

```
int max(int a,int b,int c)        /* max 函数首部 */
{   int m;                        /* 局部变量 m 定义,用于存放 3 个数中的最大数 */
    if(a>b)     m=a;
    else m=b;                     /* a 和 b 中的最大值赋给 m */
    if(m<c)     m=c;              /* m 和 c 中的最大值赋给 m */
    return m;                     /* 将 3 个数中的最大值返回到主调函数中 */
}
```

温馨提示：案例 6.3、6.4、6.5 分别定义了一个函数，由若干条语句构成，能实现某种操作，但是它们都不能独立运行，必须通过主函数调用它们，才可以运行进而完成相应的操作。

相关知识点 1：函数的定义

函数定义就是将能实现某种操作的若干条语句有序地组合成为一个整体(即函数)。函数定义的一般形式为：

```
函数类型  函数名([形式参数列表])      /* 函数定义的首部 */
{
    函数体
}
```

其中：

(1) 函数类型即函数返回值的数据类型，可以是 C 语言中的基本数据类型，如整型、实型、字符型等，也可以是其他类型如指针等。如果没有返回值则为空类型 void。有返回值的函数，函数中应该包含至少一个下列语句：

```
return  返回值;
```

如没有返回值，那么函数体中也可以没有 return 语句。

(2) 函数名可以是任意合法的标识符，且不能和其他函数或变量重名，也不可以是关键字。

(3) 形式参数列表简称形参，是可选项。通过形式参数，主调函数可以传递数据给被调用参数，如果有多个参数，参数之间用逗号隔开，每个参数的类型必须单独声明，这种函数称为有参函数。如果不需要参数，可以没有形式参数列表，这种参数称为无参函数，但必须注意“()”不能省略。返回值类型、函数名和形式参数列表合称为函数的首部。

(4) 函数体一般包括声明语句和执行语句两部分。声明语句部分用于定义函数内部使用的局部变量，也可以对其他函数原型进行声明。执行语句部分放置函数需要执行的操作，可以是一个或多个 C 语言语句。所有的声明语句必须放在执行语句之前，否则编译时会出错。

函数体可以为空，此时返回值类型必须为空，称为空函数。

```
void empty()                          /*空函数定义*/
{       }
```

(5) 如果在定义函数时省略了函数值类型，编译器将函数值类型默认为 int 类型，因此经常将 main 函数省略 int 声明。

相关知识点 2：函数的参数

函数在定义时，函数首部参数列表中的参数称为形式参数。那么当主调函数在调用该函数时，主调函数和被调用函数之间有数据传递。在主调函数中调用一个有参的函数时，函数名后面括号中的参数称为实际参数，简称实参。那么在函数定义时，就要确定该函数与主调函数之间是否存在数据传递，也就是说，是否需要主调函数传数据给被调用函数，函数的参数此时扮演着数据通道的角色。

【案例 6.6】 调用函数时的数据传递。

```
#include<stdio.h>
void main()
{   int max(int a,int b);                   /*max 函数原型声明*/
    int x,y,z;
    scanf("%d%d",&x,&y);
    z=max(x,y);                             /*max 函数调用*/
    printf("Max of %d and %d is:%d\n",x,y,z);
}
int max(int a,int b)                        /*max 函数定义首部*/
{
    return(a>b?a:b);                        /*将 a 和 b 中的最大值返回到主调函数中*/
}
```

在该程序中，max 函数定义时，a 和 b 是函数的形参，在 main 函数中调用 max 函数时，x 和 y 是与之对应的函数的实参。当 max 函数调用发生时，按照自左向右的原则，实参 x 的值传递给形参 a，实参 y 的值传递给形参 b；当函数调用结束返回到 main 函数时，将两者中大的值返回给了主调函数 main()。这样使得主调函数和被调用函数之间发生了数据传递。

温馨提示：关于形参和实参。

① 在函数定义中指定的形参，在未发生函数调用时，它们并不占用内存单元。只有在函数调用发生时，函数max中的形参才被分配内存单元。在调用结束后，形参所占的内存单元被释放，值也消失。

② 实参可以是简单或复杂的表达式。如max(3,x+y);，但要求它们有确定的值。在调用发生时将实参的值传给形参。

③ 在定义函数时，必须指定每个形参的数据类型。

④ 实参和形参的数据类型应该相同或赋值兼容。例如，上述程序中，实参和形参都是整型，这是合法的。如果实参为整型，而形参 a 为实型，或者相反，则按照不同类型数值的赋值规则进行转换。例如，实参 x 的值为8.5，而形参 a 为整型，则当函数调用发生时，将实型8.5转换成整数8，然后传递给形参。字符型与整型可以通用。

⑤ 主调函数在调用函数之前，应对被调用函数作原型声明或将被调用函数定义在主调函数之前。在案例6.6中main函数里就有max函数的原型声明语句，否则编译会出错。

⑥ 在C语言中，实参向形参的数据传递是"值传递"，只由实参传给形参，是单向传递，而不能由形参再传回来给实参。在内存中，实参单元与形参单元是不同的单元，如图6.2所示。

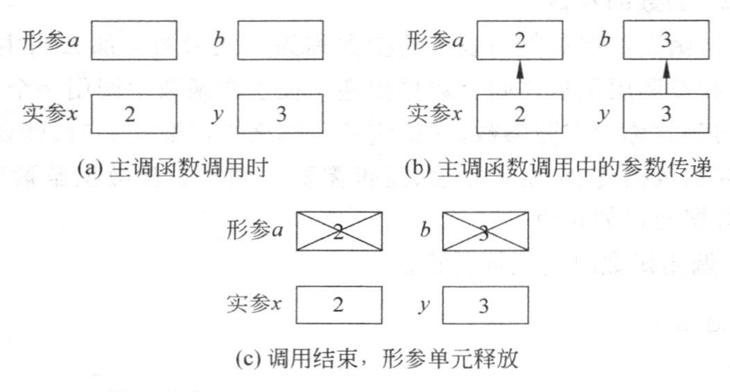

图6.2　实参与形参数据传递过程

在调用函数时，给形参分配存储单元，并将实参对应的值传递给形参。调用结束后，形参单元被释放，实参单元仍保留并维持原值。因此，在执行一个被调用函数时，形参的值如果发生改变，并不会改变主调函数实参的值。

6.3　函数的调用与返回值

【案例6.7】 编写一个函数，用于计算 x 的 y 次方的值，并且在main函数中调用该函数。x 和 y 由键盘输入。例如，x 和 y 的值为4、3，那么就是计算4的3次方。

分析：定义函数power()求 x 的 y 次方，主要涉及3个方面：函数的返回值及类型、函数的参数、函数体。假设 x、y 是整型变量，那么 x 的 y 次方应该是整数，所以函数的返回值类型应该是整型。对于power()中 x 和 y 的值都必须通过主调函数传递给它，所以应该把 x 和 y 设为该函数的形参，类型为整型。对于第三个问题，求 x 的 y 次方，可以通过循环进行累乘，$4^3=4*4*4$(即自乘3次)。在主函数中输入 x、y 值，调用 power()得到返回值即 x^y，最后输出结果即可。

```
#include<stdio.h>
void main()
{   int x,y,n;
    int power(int m,int n);          /*power函数的原型声明*/
    printf("Please Input x,y:\n");
    scanf("%d%d",&x,&y);             /*输入x、y*/
    n=power(x,y);                    /*调用power函数求x的y次方,此时x和y为实参*/
    printf("Result=%d\n",n);
}
int power(int m,int n)               /*函数定义首部确定返回值类型和形参m和n的类型*/
{   int   p=1,i;
    for(i=1;i<=n;i++)                /*通过循环控制变量i控制循环进行累乘*/
        p=p*m;
    return p;                        /*最后函数的返回值为整型局部变量p*/
}
```

程序运行结果为：

```
Please Input x,y:
4 3↙
Result=64
```

请思考：函数 power()中变量 p 的值为1，若改为 $p=0$ 可以吗？为什么？

【案例6.8】 求 $1!+2!+3!+\cdots+n!$。

分析：求 $1\sim n$ 的阶乘之和问题可以用循环嵌套来解决。现在换一种解决方法，首先定义一个函数用于求一个数的阶乘，然后在main函数中通过循环调用该函数，计算阶乘之和。

```
#include<stdio.h>
int factor(int n);                           /*函数factor的声明*/
void main()
{   int i,n;
    int fac=0;
    printf("Please input n:");
    scanf("%d",&n);                          /*输入一个数n*/
    for(i=1;i<=n;i++)
        fac+=factor(i);                      /*利用循环结构进行累加和*/
    printf("1!+…+%d!=%d",n,fac);
}
int factor(int n)                            /*定义函数求n的阶乘*/
{   int j,s=1;
    for(j=1;j<=n;j++)
    s*=j;
    return s;
```

```
}
```

程序运行结果为：

```
Please input n:5↙
1!+…+5!=153
```

相关知识点 1：函数调用的一般形式

函数调用的一般形式为：

函数名（实参列表）

函数名就是被调用函数的名称。其中，实参列表根据实际调用函数的原型不同，可以有零个或多个。若有多个参数，则不同参数之间用逗号隔开。

如果调用有参函数，实际参数可以是常量、变量或表达式。其中，变量必须要有确切的值。实参的个数应与形参相同，且数据类型应相同或赋值兼容。如果实参的数据类型与形参的类型不相同但兼容，系统将自动将实参的数据类型转换为形参的数据类型，否则会出现错误。如果是调用无参函数，则“实参列表”可以没有，但括号不能省略。

函数调用的过程是这样的：当执行到函数调用语句时，首先系统为函数的所有形参分配内存空间，之后将所有实参的值计算出来，依次传递给对应的形参。如果是无参函数，则上述工作不执行。然后进入函数体，依次执行函数中的声明语句部分和执行语句部分。当执行到 return 语句时，计算 return 后面表达式的值（如果是 void 型函数，本工作不执行），释放本函数中定义的变量以及形参所占用的内存空间，返回主调函数继续运行。

【案例 6.9】 求 100～200 之间所有的素数，并按照每 10 个数为一行进行输出。

分析：在第 4 章循环部分曾用案例解释了怎样判断一个数是否是素数。现在将这个求素数的功能抽象到一个函数中，然后在 main() 函数中通过循环调用该函数判断 100～200 之间的数是否为素数。那么求素数函数应该对任何整数 n 都能进行判别，所以应该将其作为该函数的形参。对于函数的返回值类型，如果 n 是素数，那么返回 1，否则返回 0。由此得知，返回值类型为 int 型。

```
#include<stdio.h>
#include<math.h>
void main()
{   int i,count=0;
    int prime(int n);                    /*素数函数原型声明*/
    for(i=100;i<=200;i++)                /*利用循环控制依次求素数*/
        if(prime(i))                     /*素数函数的调用*/
        {   count++;                     /*计数器*/
            printf("%4d",i);
            if(count%10==0)              /*判断如果每行输出10个素数则换行*/
                printf("\n");
        }
    printf("\n");
}
int prime(int n)                         /*求素数函数定义*/
```

```
{   int j,k=int(sqrt(n));
    for(j=2;j<=k;j++)          /*若n能被某个j整除,则n不是素数,提前结束循环*/
        if(n%j==0) break;
    if(j>k) return 1;          /*若循环正常结束,说明n不能被任何一个j整除,则n是素数*/
    else return 0;
}
```

程序运行结果为：

```
101 103 107 109 113 127 131 137 139 149
151 157 163 167 173 179 181 191 193 197
199
```

【案例 6.10】 利用函数调用输出 5 行的星型金字塔,如图 6.3 所示。

分析：要求定义一个函数用于输出 5 行的星型金字塔,功能很明确,就是在屏幕上输出星型金字塔,不做任何运算,也没有任何运算结果,所以这个函数的返回值为 void。函数定义时形参 *n* 决定了需要输出的金字塔的层数。

图 6.3 金字塔图形

```
#include<stdio.h>
void main()
{   void pyramid(int n);                          /*函数原型声明*/
    pyramid(4);                                   /*函数调用,输出4行金字塔*/
    pyramid(5);                                   /*函数调用,输出5行金字塔*/
}
void pyramid(int n)                               /*函数定义首部*/
{   int i,j;
    for(i=1;i<=n;i++)                             /*需要输出的行数*/
    {   for(j=1;j<=n-i;j++)                       /*输出每行左边的空格*/
            printf(" ");
        for(j=1;j<=i;j++)                         /*输出每行的星号*/
            printf("* ");
        printf("\n");                             /*换行*/
    }
}
```

程序运行结果为：

```
   *
  * *
 * * *
* * * *
    *
   * *
  * * *
 * * * *
* * * * *
```

相关知识点 2：函数调用的方式

按函数在程序中出现的位置来分，可以有以下两种函数调用的方式。

1）函数语句

把函数调用作为一个语句。多数空类型函数(返回值类型为 void 的函数)一般采用这种调用方式。这类函数只是进行了一些相关操作，并没有向主调函数中返回数据，所以可以独立成为一个语句。如案例 6.10 中 pyrimid 函数只是做了输出工作，没有其他任何运算，所以在 main 函数中可以作为独立的语句。

2）函数表达式

函数调用出现在一个表达式中，这类函数要求有返回值，能够返回一个确切的值以参加表达式的计算。例如：

```
if (x<0) y=fabs(x);
```

函数 fabs 是表达式的一部分，它的作用是取 x 的绝对值赋给 y。如前面的案例 6.7 中的 power 函数、案例 6.9 中的 prime 函数等也是类似的。像这样的函数调用可以用在与其类型相符的任何允许使用表达式的地方。

相关知识点 3：对被调用函数的声明和函数原型

在程序中按照书写顺序一般是 main 函数在前面，其他自定义函数在 main 函数后面跟着定义。如果在 main 函数中要调用后面的自定义函数时，应该先对该函数进行声明，这样便于在程序的编译阶段对调用函数的合法性进行全面检查。根据不同情况，声明的方法也有所不同。

第一种情况是调用库函数。这时，要求在程序的开始用文件包含命令将定义库函数的文件包含在本程序中。例如 printf()、scanf()等，对应的文件包含命令为“#include<stdio.h>”。

第二种情况是如果被调用函数和主调函数在一个编译单位中，必须在主调函数中对被调用函数进行原型声明。但是若被调用函数在主调函数之前定义，可以不对被调用函数加以声明。

第三种情况是如果被调用的自定义函数和主调函数不在同一个编译文件中，则在定义函数的编译文件中用下列方式将该函数定义成外部函数：

```
extern 类型标识符   函数名(形式参数表);
```

同时在主调函数的函数体中，或所在编译文件的开头将要调用的函数说明成外部函数，说明语句的格式为：

```
extern 类型标识符 被调用函数名(形式参数表);
```

在主调函数中调用某函数之前对该被调用函数进行声明，这与使用变量之前要先进行变量定义是类似的。在主调函数中对被调用函数作声明的目的是便于编译系统按照声明的返回值类型、函数名、函数参数以及类型对调用函数、被调用函数进行相关检查。函数原型声明的一般形式为：

```
函数类型   函数名(参数类型 1   形参 1,参数类型 2   形参 2,…,参数类型 n   形参 n);
```

或为：

```
函数类型  函数名(参数类型 1,参数类型 2,…,参数类型 n);
```

括号内给出了形参类型和形参名,或只给出形参类型也是可以的。因为编译系统对形参名不进行检查。因此对案例 6.10 中的 pyramid 函数的原型声明为:

```
void pyramid(int n);
```

或:

```
void pyramid(int);
```

从程序中可以看到对函数的声明与函数定义中的函数首部基本上是相同的,只差一个分号。因此可以简单地参照已定义的函数首部,再加一个分号,就成了对函数的原型声明。

温馨提示:对函数的"定义"和"声明"不是一回事。

函数的定义是指对函数功能的确立,包括指定函数名、函数类型、形参以及类型、函数体等,它是一个完整的、独立的函数单位。而函数声明的作用则是把函数的名字、函数类型以及形参的类型、个数和顺序通知编译系统,以便在编译时系统按照这些内容进行对照检查。

相关知识点 4:函数的返回值

函数的返回值是指函数被调用之后,执行函数体中的程序段所取得的并返回给主调函数的值。函数的返回值也简称为函数值。要从函数返回一个值,可以用 return 语句实现。

return 语句的一般形式为:

```
return 表达式;
```

或者

```
return(表达式);
```

该语句的功能是计算表达式的值,并返回给主调函数。如果需要从被调用函数带回一个函数值(提供给主调函数使用),那么被调用函数中必须包含 return 语句,但如果不需要被调用函数带回函数值,那么可以不要 return 语句或写成:

```
return;
```

一个函数中允许有多个 return 语句,但每次调用只能有一个 return 语句被执行,因此只能返回一个函数值。

6.4 函数的嵌套调用和递归调用

【案例 6.11】 求 $S=2^2!+3^2!$的值。

分析:根据题意分析有 3 个函数需要定义:main()、用来计算平方值的函数 $f1()$、用来计算阶乘值的函数 $f2()$。主函数先调用 $f1()$计算出平方值,再在 $f1()$中以平方值为实参,调用 $f2()$计算其阶乘值后返回 $f1()$,再返回主函数,在循环中计算累加和。

```
#include<stdio.h>
```

```
void main()
{   int i;
    long s=0;
    long f1(int p);                              /* f1 函数原型声明 */
    for(i=2;i<=3;i++)
        s+=f1(i);                                /* 调用 fi(),计算(2*2)!+(3*3)!的值 */
    printf("s=(2*2)!+(3*3)!=%ld\n",s);           /* 输出结果 */
}
long f1(int p)                                   /* 定义 f1 函数 */
{   int k;
    long r;
    long f2(int q);                              /* f2 函数原型声明 */
    k=p*p;                                       /* 计算变量 p 的平方 */
    r=f2(k);                                     /* 调用 f2 函数,求阶乘 */
    return r;                                    /* 返回函数 f1 的结果 */
}
long f2(int q)                                   /* f2 函数定义 */
{   long c=1;
    int i;
    for(i=1;i<=q;i++)                            /* 求参数 q 的阶乘 */
        c*=i;                                    /* 将 1 到 q 的值进行累乘 */
    return c;                                    /* 返回 q 的阶乘值 */
}
```

程序运行结果为：

```
s=(2*2)!+(3*3)!=362904
```

相关知识点 1：函数的嵌套调用

在 C 语言中,包括主函数 main 在内的所有函数定义都是平行的。也就是说,在一个函数的函数体内,不能再定义另一个函数,即不能嵌套定义。但是函数之间允许相互调用,也允许嵌套调用。案例 6.11 中,函数 $f1$ 和 $f2$ 的返回值均为长整型,都是在 main 函数之后先被调用而后定义的,所以必须在主调函数中进行相应的函数原型声明。在主函数中,执行循环程序,依次把 i 值作为实参调用函数 $f1$,求 i^2 值。在 $f1$()中又发生对函数 $f2$()的调用,这时把 i^2 值作为实参去调用 $f2$(),在 $f2$()中完成求 i^2!的计算。$f2$()执行完后把 c 值(即 i^2!)返回给 $f1$(),再由 $f1$()返回主函数实现累加。至此,由函数的嵌套调用实现了求 $2^2!+3^2!$的值。由于数值较大,所以函数值类型和一些变量的类型都声明为长整型,否则会造成计算结果错误。具体调用过程如图 6.4 所示。

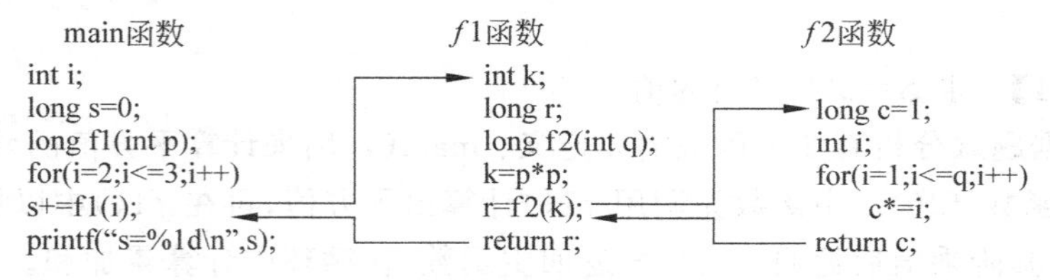

图 6.4　求 $S=2^2!+3^2!$值的函数嵌套调用过程

【案例 6.12】 用递归调用计算 $n!$。

分析：求 n 的阶乘，可以采用递推的方法，即从 1 开始，依次乘以 2、乘以 3…直到乘以 n，最后得到的乘积即为 $n!$的值。这是前面所用的方法。还有一种方法采用递归调用计算 $n!$，即要计算 $n!$，可以计算 $(n-1)!*n$；要计算 $(n-1)!$，可以计算 $(n-2)!*(n-1)$，……，直到计算 2!等于 1!*2；1!=0!*1。然后再一步步返回，即可求得 $n!$。需要注意的是数学规定 0!=1。那么 $n!$可以用公式表示：$n!=(n-1)!*n$。

```
#include<stdio.h>
void main()
{   int n;
    long y;
    long f(int n);                               /* f 函数的原型声明 */
    printf("Please input an integer number:");
    scanf("%d",&n);                              /* 从键盘输入 n */
    y=f(n);                                      /* 调用 f 函数 */
    printf("%d!=%d\n",n,y);
}
long f(int n)                                    /* 定义 f 函数 */
{   long p;
    if(n==0||n==1)  p=1;
    else p=n*f(n-1);                             /* 递归调用 f 函数,形参由 n 变成 n-1 */
    return p;
}
```

程序运行结果为：

```
Please input an integer number:10↙
10!=3628800
```

相关知识点 2：函数的递归调用

一个函数在其函数体内直接或间接调用自身，称为递归调用，如图 6.5、图 6.6 所示。C 语言允许函数递归调用。在递归调用中，主调函数又是被调用函数。执行递归函数将反复调用其自身，每调用一次就进入新的一层。例如，有函数 f 为：

```
int f(int x)
{   int y,z;
    z=f(y);
    return z;
}
```

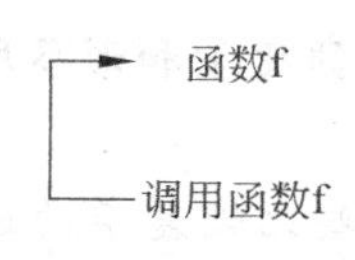

图 6.5　直接调用

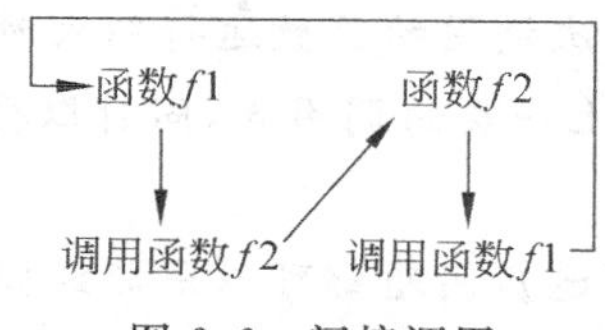

图 6.6　间接调用

这个函数是一个递归函数。但是运行该函数时，函数 f 直接调用函数本身，其执行过程将无休止地调用自身。这是因为实参 y 的值始终没有变化，也没有终止递归的条件。并不是所有问题都适合用递归调用的方法解决。采用递归方法必须符合以下条件：

(1) 可以把要解决的问题转化为一个新问题，而这个新问题的解决方法仍与原来的解决方法相同，只是所处理的对象有规律地变化，即处理问题的函数相同，但调用函数的参数每次都不同，有规律地递增或递减，越来越靠近终止递归的条件。

(2) 必定要有一个结束递归的条件，即能够在适当的地方终止递归调用。

为了防止递归函数调用无休止地进行，必须在函数内有终止递归调用的手段。常用的办法是用 if…else 语句进行条件判断，如果条件满足就不再做递归调用，然后逐层返回。在案例 6.12 中，f 函数是一个递归调用函数。主函数调用 f 后即进入函数 f 执行，当 $n=0$ 或 1 时都将结束函数的执行，否则就递归调用 f 函数自身。由于再次递归调用的实参为 $n-1$ 即把 $n-1$ 的值赋给形参 n，最后当 $n-1$ 的值为 1 时再作递归调用，形参 n 的值也为 1，将使递归终止，然后逐层退回。所以递归调用其实有两个过程：递推和回归。如果案例 6.12 中输入的 n 值为 5，则递归调用的过程如图 6.7 所示。

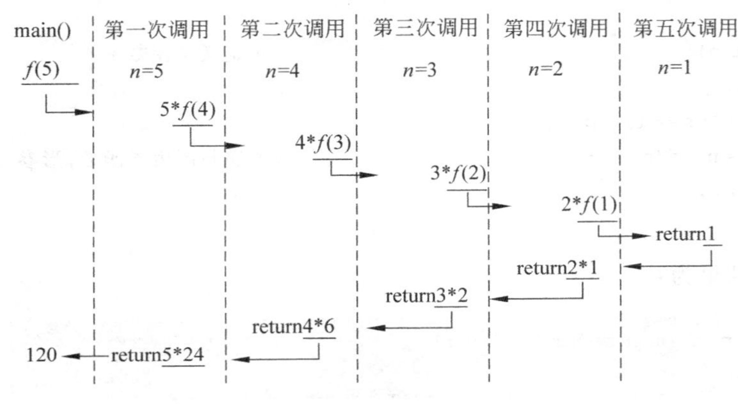

图 6.7　求 5!递归调用过程示意图

图中从左向右的箭头是递推的过程，从右向左的箭头是回归的过程。当递推过程结束时，回归过程开始。每一次回归均返回到上一次调用处，直至返回到主调函数为止。

温馨提示：

① 当函数递归调用时，系统将自动把函数中当前的变量和形参暂时保存在栈区中。在新一轮的调用过程中，系统为新调用的函数所用到的变量和形参在栈区中开辟另外的存储单元。每次调用函数所使用的变量在不同的内存单元中。

② 递归调用的层次越多，同名变量占用的存储单元也就越多。由于系统中栈区空间有限，限制了递归调用的层数。

③ 当本次调用的函数运行结束时，系统将释放本次调用时所占用的内存空间。程序的流程返回到上一层的调用点，同时取得当初进入该层时，函数中的变量和形参所占用的内存空间的数据。

④ 所有递归问题都可以用非递归的方法来解决，但对于一些比较复杂的递归问题用非递归的方法往往使程序变得十分复杂难以读懂，而函数的递归调用在解决这类问题时能使

程序简洁明了，有较好的可读性；但由于递归调用过程中，系统要为每一层调用中的变量开辟内存空间，还要保存每一层调用后的返回点，会增加许多额外的开销，因此函数的递归调用通常会降低程序的运行效率。

【案例 6.13】 输入一个整数，将该整数的数字逆序输出。

分析：设要输出的正整数只有一位，则“逆序输出”问题可以简化为输出一位整数。对大于 10 的正整数，逻辑上可以分为两个部分：个位上的数字和个位以前的全部数字。将个位以前的全部数字看成一个整体，为了逆序输出这个大于 10 的正整数，可按以下步骤：

(1) 输出个位上的数字：设整数为 N，$N\%10$ 得到个位数。

(2) 设 $S=N/10$ 得到商，即个位除外的其他数字作为一个新的整数，转第(1)步继续操作。其中，第(2)步只是将原数在规模上缩小 10 倍后再递归。所以可将逆序输出一个正整数的算法归纳为：

```
if (n 为一位整数)
        输出 n;
else{
        输出 n 的个位数字;
        对剩余数字组成的新整数重新"逆序输出"操作;
    }
#include<stdio.h>
void main()
{   void printn(int x);
    int n;
    printf("input n=: ");
    scanf("%d",&n);
    if(n<0)
    {   n=-n;
        putchar('-');
    }
    printn(n);
    printf("\n");
}
void printn(int x)
{   if(x>=0&&x<=9) printf("%d",x);
    else
    {  printf("%d",x%10);
       printn(x/10);                          /*递归调用的规模每次缩小 10 倍*/
    }
}
```

程序运行结果为：

```
input n: 12345↙
54321
```

6.5 数组作为函数参数

数组像变量一样也可以作为函数的参数使用,进行数据传送。数组作为函数参数有两种形式:一种是把数组元素作为函数实参使用;另一种是把数组名作为函数的形参和实参使用,需要注意的是,这种方式形参和实参之间传递的是数组的首地址。

【案例 6.14】 分别给一个整型数组输入各元素的值,若元素值大于 0 则输出该值,若元素值小于等于 0 则输出 0 值。

分析:利用函数调用来解决该问题。定义一个判断某数是否大于 0 的函数,在 main 函数中调用该函数对数组各元素进行判别,数组元素作为函数实参,每个元素需要传送一次。利用循环,每循环一次,就调用一次函数,传送一个数组元素,判断该值是否大于 0,并输出相应的结果。

```
#include<stdio.h>
void main()
{   void printint(int n);                          /*函数声明*/
    int a[5],i;
    printf("Please Input 5 numbers:");
    for(i=0;i<5;i++)
    {   scanf("%d",&a[i]);
        printint(a[i]);                            /*数组元素作实参*/
    }
    printf("\n");
}
void printint(int n)                               /*函数定义*/
{   if(n>0)    printf("%d ",n);
    else printf("%d ",0);
}
```

程序运行结果为:

```
Please Input 5 numbers:3 2 -1 -5 3
3 2 0 0 3
```

相关知识点 1:数组元素作函数参数

每个数组元素相当于同类型变量,它具有普通变量的所有性质。因此用数组元素作为函数实参与普通变量是完全相同的,在发生函数调用时,把作为实参的数组元素的值传送给形参变量,实现单向的值传送。用数组元素作实参时,只要数组类型和函数的形参变量的类型一致,那么作为数组元素的类型也和函数形参变量的类型是一致的。因此并不要求函数的形参也是数组元素。换句话说,对数组元素的处理是按普通变量对待的。

案例 6.14 中首先定义一个无返回值函数 printint,并声明其形参 n 为整型变量。在函数体中根据 n 值的判断情况输出相应的结果。在 main 函数中用一个 for 语句输入数组各元素,每输入一个元素就以该元素作为实参调用一次 printint 函数,即把 $a[i]$ 的值传送给形

参 n,供 printint 函数使用。

【案例 6.15】 找出数组 a 中的素数,并统计素数的个数。

分析:只能被 1 和自身整除的正整数为素数。判断一个数 x 是否为素数的最简单方法就是用此数除以 $2,3,\cdots,\sqrt{x}$,如果都不能整除,则此数为素数。所以这里定义函数 isPrime 判断是否是素数。在 main 函数中可以通过调用该函数对整型数组中每个元素进行判断,仍然用数组元素作为函数的实参。

```
#include<stdio.h>
#include<math.h>
void main()
{   int isPrime(int m);
    int j,num_prime=0;                          /*变量 num_prime 存放素数的个数*/
    int a[10];
    for(j=0;j<10;j++)
        scanf("%d",&a[j]);
    for(j=0;j<10;j++)
        if(isPrime(a[j]))                       /*数组元素 a[j]作为函数实参*/
        {   num_prime++;
            printf("%d ",a[j]);
        }
    printf("\nprime number=%d\n",num_prime);
}
int isPrime(int m)                  /*定义判断某数是否是素数的函数,形参为普通整型变量*/
{   int i;
    int s=sqrt(m);
    for(i=2;i<=s;i++)
        if(m%i==0) return 0;  /*如果 m 不是素数,函数返回 0,否则返回 1*/
    return 1;
}
```

程序运行结果为:

```
4 3 7 9 88 8 13 11 17 56↙
3 7 13 11 17
prime number=5
```

【案例 6.16】 查找某数组元素中值最大的元素。

分析:假设定义一个 largest 函数用于查找某数组元素中的最大值,那么必须把该数组中的所有元素都通过 largest 函数的形参传递到该函数内部,所以要把该数组作为 largest 函数的参数。另外,对于某个函数,要知道它的元素个数才能在 largest 函数中进行循环控制,所以数组元素个数也应该作为该函数的参数。在 largest 函数体内可以通过对数组各元素的遍历求最大值。数组名作函数的实参和形参。

```
#include<stdio.h>
#include<string.h>
```

```
int largest(int a[] ,int n);
void main()
{   int i,max,score[10];
    int len=10;
    for(i=0;i<10;i++)                 /* 通过 for 循环对数组 score 读入数据 */
        scanf("%d",&score[i]);
    max=largest(score,len);           /* 通过调用 largest 函数求 score 数组中的最大值 */
    printf("max=%d\n",max);
}
int largest(int a[],int n)            /* 定义函数,数组名作参数 */
{   int i,max=a[0];
    for(i=1;i<n;i++)                  /* 通过 for 循环遍历数组,求得最大值赋给 max 变量 */
        if(max<a[i]) max=a[i];
    return max;
}
```

程序运行结果为:

```
54 85 76 84 95 23 7 8 36 10↙
max=95
```

【案例 6.17】 编写一个程序,利用函数调用实现整数数组排序。

分析:选择法排序的算法在第 5 章的案例中有详细的介绍,在此着重强调的是通过一个独立的函数来实现数组的排序。所有的排序工作都放到该函数内部完成。数组通过函数参数传递到函数内部。函数本身不向主调函数返回任何值,所以该函数的返回值是 void 类型。

```
#include<stdio.h>
void sort(int arr[],int n);          /* sort 函数的原型声明 */
void main()
{   int a[10],i;
    printf("Enter the array:\n");
    for(i=0;i<10;i++)
        scanf("%d",&a[i]);
    sort(a,10);                      /* 调用 sort 函数进行排序,实参为数组 a 和整数值 10 */
    printf("The sorted array:\n");
    for(i=0;i<10;i++)
        printf("%d ",a[i]);
}
void sort(int arr[],int n)           /* sort 函数首部 */
{   int i,j,k,temp;
    for(i=0;i<n-1;i++)               /* 选择法排序 */
    {   k=i;
        for(j=i+1;j<n;j++)
            if(arr[j]<arr[k]) k=j;
        temp=arr[k];
```

```
        arr[k]=arr[i];
        arr[i]=temp;
    }
}
```

程序运行结果为：

```
Enter the array:
10 9 5 3 8 1 7 3 6 2↙
The sorted array:
1 2 3 3 5 6 7 8 9 10
```

相关知识点 2：一维数组名作函数参数

用一维数组名作函数实参，形式参数也应该用数组名或指针变量。实际上，数组名代表数组首元素的地址，即数组的首地址。数组名作函数参数，实参与形参之间传递的是数组的首地址。为了让定义的函数适合任意长度的数组，一般形参数组不指定大小，在定义数组时在数组名后面跟一个空的方括号。为了在被调用函数中处理指定个数组元素，可以另设一个参数，用于传递数组元素的个数。案例 6.16 和案例 6.17 中的函数参数均是这样处理的。

温馨提示：

① 形参数组和实参数组的类型必须一致，否则将引起错误。

② 形参数组和实参数组的长度可以不相同，因为在调用时，只传送首地址而不检查形参数组的长度。当形参数组的长度小于或等于实参数组长度时，表示处理全部或部分数组元素，程序正确。但当形参数组的长度大于实参数组长度时虽不至于出现语法错误(编译能通过)，但程序执行结果与要求不符。

③ 在函数形参表中，允许不给出数组的长度，或用一个变量来表示数组元素的个数。

例如，案例 6.17 中的 sort 函数中的形参数组 *arr* 没有给出长度，而由 *n* 值确定数组长度。*n* 值由主调函数的实参进行传送。

对比用数组名作函数参数与用数组元素作实参，二者也存在着许多不同之处。

温馨提示：

① 用数组名作函数参数时，要求形参数组和相对应的实参数组必须类型相同，当形参和实参二者不一致时，即会发生错误。

② 用数组名作函数参数时，主调函数和被调用函数必须分别定义数组。

③ 用数组名作函数参数时，并不是把实参数组中的各个元素的值都赋予对应的形参数组元素。因为，编译系统并不为形参数组分配内存空间，形参数组与实参数组共享内存空间。因此在数组名作函数参数时，所传送的是数组名代表的实参数组首地址。也可以说是把实参数组的首地址赋予形参数组名。形参数组名取得该首地址之后，也就等于有了实际的数组存储空间。实际上是形参数组和实参数组为同一数组，共同拥有一段内存空间。

案例 6.17 中，形参数组 *arr* 和实参数组 *a* 共享内存，如图 6.8 所示。

在图 6.8 中，*a* 为实参数组，类型为整型。设 *a* 占有以 1000 为首地址的一块内存区。*arr* 为形参数组名。当发生函数调用时，进行地址传送，把实参数组 *a* 的首地址传送给形参数组名 *arr*，于是 *arr* 也取得该地址 1000。于是 *a*、*arr* 两数组共同占有以 1000 为首地址的

起始地址 1000	a[0]	a[1]	a[2]	a[3]	a[4]	a[5]	a[6]	a[7]	a[8]	a[9]
	10	9	5	3	8	1	7	3	6	2
	arr[0]	arr[1]	arr[2]	arr[3]	arr[4]	arr[5]	arr[6]	arr[7]	arr[8]	arr[9]

图 6.8 形参、实参数组共享内存示意图

一段连续内存单元。

④ 在变量作函数参数时，所进行的值传送是单向的。即只能从实参传向形参，不能从形参传回实参。形参的初值和实参相同，而形参的值发生变化后，实参并不变化。但当用数组名作函数参数时，情况则不同。由于形参和实参占有相同的地址单元，因此当形参数组元素发生变化时，实参数组的值也随之变化，即形参变化影响实参。也就是说，当数组名作函数的形参和实参，调用函数之后实参数组的值将随形参数组值的变化而变化。

⑤ 在函数调用时，主调函数和被调用函数之间数据的传递都是实参传递给形参。具体的传递方式有两种：

- 传值方式。将实参单向传递给形参的一种方式，即使函数中修改了形参的值，也不会影响实参的值。
- 传址方式。将实参地址单向传递给形参的一种方式，即使函数中修改了形参的值（地址值），也不会影响实参的值（地址值）。但是传址方式不会影响实参的值，不等于不影响实参指向的数据（内容）。因为传递地址时，可能通过形式参数和实际参数所共同指向的内存空间间接影响实参数据内容。

【案例 6.18】 定义一个函数用于实现一个二维数组（3 * 3）转置，即行列互换。

分析： 定义一个函数要实现二维数组的行列互换，那么该函数形参应为一个二维数组。

```
#include<stdio.h>
#include<string.h>
void convert(int array[][3])                              /*二维数组转置函数*/
{   int i,j,t;
    for(i=0;i<3;i++)
        for(j=i+1;j<3;j++)                                /*对应位置数据交换*/
        {   t=array[i][j];
            array[i][j]=array[j][i];
            array[j][i]=t;
        }
}
void main()
{   int i,j;
    int array[3][3];
    for(i=0;i<3;i++)
        for(j=0;j<3;j++)
            scanf("%d",&array[i][j]);
    convert(array);
    printf("array T:\n");
    for(i=0;i<3;i++)
```

```
    {   for(j=0;j<3;j++)
            printf("%5d",array[i][j]);
            printf("\n");
    }
}
```

程序运行结果为：

```
1 2 3↙
4 5 6↙
7 8 9↙
array T:
    1    4    7
    2    5    8
    3    6    9
```

相关知识点 3：用多维数组名作函数参数

多维数组可以作为函数的参数，既可以作为函数的实参，也可以作为函数的形参。在函数定义时对形参数组可以指定每一维的长度，也可以省去第一维的长度。类似于案例 6.18 中 convert 函数定义时的形参 int array[][3]或者 int array[3][3]等写法都是合法的。不能将第二维以及其他高维的大小说明省略，例如，下面的语句是不合法的：

```
void convert(int array[][]);
```

这是因为从实参传递来的是数组起始地址，在内存中各元素是一行接一行地顺序存放的，而并不区分行和列，如果在形参中不说明列数，则系统无法决定应为多少行多少列。也不能只指定第一维而省略第二维、第三维或者第四维等。例如，下面的写法是错误的：

```
void conver(int a[10][]);
void conver(int a[10][2][]);
```

在 C 语言编译系统中不检查第一维的大小，但要注意使用数组时不能超出定义的界限。

6.6 局部变量和全局变量

在介绍函数的形参变量时曾经阐述过，形参变量只有在被调用期间才分配内存单元，调用结束立即释放。这表明形参变量只有在函数内才是有效的，离开函数就不能再使用了。这种变量的有效性范围称为变量的作用域。不仅对于形参变量，C 语言中所有的变量都有自己的作用域。变量定义的方式不同，其作用域也不同。C 语言中的变量，按作用域范围可分为两种，即局部变量和全局变量。

【案例 6.19】 局部变量应用。

```
void main()
{   int func(int a);
    int i,j;                              /* 局部变量 i、j 的作用域起点 */
```

```
    ...
}                                           /*局部变量 i、j 的作用域终点*/
int  func(int a)                            /*形参 a 的作用域起点*/
{   int b,c;                                /*局部变量 b,c 的作用域起点*/
    if(b>c)
    {    int x,y;                           /*局部变量 x、y 的作用域起点*/
         x=2;
         ...
    }                                       /*局部变量 x,y 的作用域终点*/
    ...
}                                           /*形参 a 以及局部变量 b,c 的作用域终点*/
```

相关知识点 1：局部作用域

变量在函数内部定义，则变量具有从定义位置开始到函数结束为止的局部作用域。若变量在某个复合语句块内定义，则变量具有从定义位置开始到复合语句结束位置为止的局部作用域。具有局部作用域的变量也称为局部变量或内部变量。

温馨提示：

① 主函数中定义的变量只能在主函数中使用，不能在其他函数中使用。同理主函数中也不能使用其他函数中定义的变量。因为主函数也是一个函数，它与其他函数是平行关系。

② 形参变量是属于被调用函数的局部变量，实参变量是属于主调函数的局部变量。

③ 允许在不同的函数中使用同名的变量，它们代表不同的对象，分配不同的单元，互不干扰，也不会发生混淆。

④ 在函数内部的复合语句中也可以定义变量，其作用域只在复合语句范围内。

【案例 6.20】 全局变量应用。

```
#include<stdio.h>
float result;                               /*定义全局变量 result*/
void plus(float x,float y)                  /*定义函数 plus,形参为实型变量 x,y*/
{
    result=x+y;
}
void main()
{   float x,y;                              /*定义局部变量 x、y*/
    printf("Enter x and y:");
    scanf("%f%f",&x,&y);
    plus(x,y);
    printf("x+y=%f\n",result);
}
```

程序运行结果为：

```
Enter x and y: 3.4 5.6↙
x+y=9.000000
```

相关知识点 2：全局作用域

变量在所有函数外部定义，则变量具有全局作用域，作用范围从变量的定义位置开始到变量所在源文件结尾位置结束。具有全局作用域的变量也称为全局变量或外部变量。

在案例 6.20 中，result 为全局变量，主函数和自定义函数 plus 均可以访问该变量。因此在 plus 中计算出结果，直接赋给 result，主函数就可直接输出 result 值。

【案例 6.21】 将一个数组的数组元素按由小到大的顺序排序并输出，利用全局数组传递数据。

```
#include<stdio.h>
int a[8]={5,6,7,111,3,45,2,89};                    /*定义全局数组*/
void out()                                          /*输出函数*/
{   int i;
    for(i=0;i<8;i++)
        printf("%5d",a[i]);
    printf("\n");
}
void sort(int n)                                    /*排序函数*/
{   int  i, j, min, t;
    for(i=0; i<n-1; i++)
    {   min=i;
        for(j=i+1; j<n; j++)
            if(a[j]<a[min]) min=j;
        t=a[i]; a[i]=a[min]; a[min]=t;
    }
}
void main()
{   out();                                          /*调用函数输出排序前的数组元素*/
    sort(8);                                        /*调用函数，排序*/
    out();                                          /*调用函数输出排序后的数组元素*/
}
```

程序运行结果为：

```
5    6    7  111    3   45    2   89
2    3    5    6    7   45   89  111
```

本程序中将数组 *a* 定义为全局数组，这样在 main 函数中就可以使用它，在其他函数中也可以直接使用它而不用再对数组进行声明，函数间也省去了参数的传递。

温馨提示：

① 使用全局变量可以增加各个函数之间的数据传输渠道，在一个函数中改变一个全局变量的值，在另外的函数中就可以利用。

② 全局变量使函数的通用性降低了，因为函数在执行时要依赖于其所在的外部变量。如果将一个函数移植到另外一个文件中，则还要将有关的外部变量及其值一起移植过去。但若该外部变量与其他文件的变量同名时，就会出现问题。全局变量降低了程序的可靠性

和通用性，使程序的模块化、结构化变差，所以要慎用、少用。

③ 全局变量的作用范围是从定义位置起直到程序结束止。如果想在定义全局变量之前直接使用全局变量是不可能的。但是可以在需要使用全局变量的函数内用关键字 extern 对即将使用的全局变量进行说明，告诉系统要使用的这个变量是全局变量，而它的定义在后面。其一般格式为：

```
extern  类型  变量名表;
```

只要在一个函数内引用全局变量就要有一条 extern 外部变量说明语句。而全局变量的定义语句只有一个。

④ 如果在同一个源文件中外部变量与局部变量同名，则在局部变量的作用范围内，外部变量被“屏蔽”，即它不起作用，这也被称为同名覆盖。

【案例 6.22】 用 extern 说明全局变量。

```
int max(int x, int y)
{   return(x>y?x: y);   }
void main()
{   extern  int a, b;              /* 不定义新的变量，只是告诉系统 a、b 是全局变量 */
    printf("%d", max(a, b));
}
int a=33,b=30;                     /* 定义两个全局变量 */
```

程序运行结果为：

```
33
```

【案例 6.23】 全局变量和局部变量重名。

```
int a=3,b=5;                       /* 定义两个全局变量 a、b */
int max(int a, int b)
{   return (a>b?a: b);  }          /* 局部变量 a、b 起作用 */
void main()
{   int a=8;                       /* 局部变量 a(a=8)起作用 */
    printf("%d",max(a,b));         /* 全局变量 b(b=5)起作用 */
}
```

程序运行结果为：

```
8
```

在 C 语言中，可以通过 4 种方式在函数间进行数据传输：

- 全局变量；
- 函数调用形参与实参结合；
- 函数返回值；
- 文件。

全局变量的方法简单、方便，但同时也增加了程序模块对全局变量的依赖性，降低了模块的独立性，对程序的调试、维护和移植都带来了一定的困难。因此要谨慎使用全局变量，尽可能地采用其他方式进行数据的传输。

6.7 变量的存储类别

6.6 节介绍了从变量的作用域来划分变量，可以把变量分为局部变量和全局变量。从另外一个角度，即从变量值在内存中的存储方式来看，可以把变量分为静态存储变量和动态存储变量。

【案例 6.24】 求 1!+2!+3!+…+n!。

分析：在案例 6.12 中定义了一个递归函数求 n!，在此采用一种新的方法定义求阶乘的函数。在调用函数求 n!时，若保留上次调用函数所产生的($n-1$)!，就无须再从 1 开始累乘，正好可以利用静态变量的"保值"功能。

```
#include<stdio.h>
int f(int n)                                /*定义求阶乘的函数*/
{   static int t=1;                         /*定义静态局部变量*/
    t=t*n;
    return t;
}
void main()
{   int i,n,sum=0;
    scanf("%d",&n);
    for(i=1;i<=n;i++)
        sum+=f(i);
    printf("%d\n",sum);
}
```

程序运行结果为：

```
5↙
153
```

相关知识点 1：静态存储变量与动态存储变量

在案例 6.24 中，用关键词 static 声明的变量就是静态存储变量，它在编译时分配内存空间，到程序执行完毕才释放。全局变量也是以静态方式存储的。动态存储的变量是在所定义函数被调用执行时，才给变量分配存储空间，并在函数调用完毕后释放空间，这时程序可能还没有执行完毕。动态存储的局部变量用 auto 关键字定义，静态存储变量用 static 关键字定义。定义格式为：

auto 类型名　变量名表；

或

static 类型名　变量名表；

那么以前定义局部变量时，并没有使用过这两个关键字，那些变量是属于哪类变量呢？

函数体内定义的变量和函数形参变量无声明存储方式时，均默认为动态存储方式，关键词 auto 可以缺省，这些变量只有当函数被调用时才建立，返回时立即释放。

用 static 关键字将函数内的局部变量定义为静态变量后，与动态变量运行过程有何区别呢？

【案例 6.25】 变量动态存储与静态存储的区别。

```
#include<stdio.h>
int f(int c)                          /*形参 c 为动态存储类整型变量*/
{   static int b=9;                   /*定义变量 b 为静态存储类整型变量*/
    b=b+c;
    return b;
}
void main()
{   int a=9;                          /*定义变量 a 为动态存储类整型变量*/
    printf("%d\n",f(a));
    printf("%d\n",f(a));
}
```

程序运行结果为：

```
18
27
```

从一般意义上理解，两次调用 f 函数的参数都是相同的，运行结果也应该相同。事实并非如此。由于静态存储变量是在程序编译时分配内存空间，且同时将初值存储在变量的内存中，所以只进行一次赋初值操作，因此这类变量在多次调用中具有“保值”功能。事实上，当每次调用 f 函数时，都不执行 static int b=9;语句，b 是局部的静态存储类整型变量，当 f 函数第一次被调用结束时 b 值为 18，第二次被调用时变量 b 中仍保留着上次运行的结果 18，再执行 $b=b+c$ 时，b 加上 9 最终返回主函数的自然就是 27 了。

温馨提示：

① 全局变量虽然在定义时没有用 static 声明，但也是静态存储的变量，存储属性与局部静态类变量相同，只是它们的作用域不同而已。另外，全局变量也可以用 static 声明。当一个源程序由多个文件构成时，全局变量在其中一个文件中定义，在其他的文件中用 extern 声明后也可以使用，但用 static 声明的全部变量不可以被其他文件所使用。

② 变量的时间属性不改变变量的空间属性。

```
#include<stdio.h>
int f(int c)
{   static int b;                     /*b 为局部的静态存储的整型变量*/
    b=c*c*c;
    return b;
}
void main()
{   int a=9;
```

```
    f(a);
    printf("%d",b);                    /*变量b在main函数中没定义*/
}
```

以上程序是无法通过编译的，因为主函数引用了未定义的变量 b。函数 $f()$ 中变量 b 的时间属性是静态存储方式“程序运行期间一直存在”，但其空间属性不变，仍为 f 函数的局部变量，主函数无权引用。

③ 在函数内部 int a,b;与 auto int a,b; 是完全等价的，因为关键词 auto 可以缺省。

④ 在对静态存储类变量定义时若不赋初值，编译时自动赋 0 值。

⑤ 由于含有静态变量的函数每一次相同的调用都有可能产生不同的结果，所以建议初学者尽量在充分了解静态局部变量特性后，谨慎应用。在某些特殊情况下，使用静态变量可以提高程序的运行效率。如当某变量初始化后，只引用而不被重新赋值时，将其定义为静态局部变量，就无须在每次调用时都进行赋初值操作了。有时为提高效率，确实需要保留上一次调用结果，这时就应该将变量定义为静态局部变量，以实现“保值”功能，例如，案例 6.24 中变量 t 设置为静态存储类型，就是为了“保值”，以便下次调用函数时继续使用该值。

相关知识点 2：动态变量的另一个存储属性——寄存器变量

C 语言提供了将局部变量存储在一个高速存储区——寄存器中的功能，即用 register 关键字将变量定义为寄存器变量。变量将可能被存储在寄存器中。为什么说可能呢？因为这要看在程序运行中，计算机系统是否有足够的寄存器空间。如果有足够的寄存器空间，才能真正实现将变量存储到寄存器中。

寄存器变量的操作与动态局部变量的操作完全相同，由于这类变量的存取效率非常高，所以一般将使用频率高的变量定义为寄存器变量，如循环变量等。

6.8 应用实例

【案例 6.26】 加法测验。给儿童出整数加法题目，要求他们从键盘上输入答案。如答对，计算机显示 good，接着计算机再出另一题；如答错，则显示 try again(再做一次)，并重新显示此题，直到答对为止。

分析：该案例关键问题有 3 个：

(1) 怎样产生两个数？利用 C 语言的库函数 rand()和 srand()配合产生随机数，time()做初始化种子，确保每次运行程序产生不同的题目。

(2) 利用循环 while(1){..if(…) break;}实现程序，可完成对使用者测试任意一道算术题的目标。

(3) 每道算术题的处理过程为产生数据，输出题目，等待键盘输入结果，若结果正确，提问是否做下一道算术题目；否则输出再试一遍，等待输入结果，直到正确。另外，为了更合理地完成测试，一道题目最多允许答题 3 次，若答错超过三次，将重新出题目。

```
#include<stdlib.h>
#include<stdio.h>
#include<time.h>
void test()
```

```
{   int a,b,c,i;
    srand(time(0));
    a=rand();
    b=rand();
    printf("\n %d+%d=?",a,b);
    scanf("%d",&c);
    i=1;
    while(c!=a+b&&i<=3)
    {   printf("try again!");
        scanf("%d",&c);
        i++;
    }
    if(i<=3)    printf("good!");
    else printf("error!");
}
void main()
{   char d;
    while(1)
    {   test();
        printf("continue?(y/n)");
        scanf("\n%c",&d);
        if(d=='N'||d=='n')break;
    }
}
```

程序运行结果为：

```
2274+29090=?31364↙
good!
continue?(y/n)y↙
250+12697=?12947↙
good!
continue?(y/n)y↙
4470+13221=?17961↙
try again!17691↙
good!
continue?(y/n)n↙
```

【案例 6.27】 利用随机数计算圆周率 π。

分析：计算圆周率的方法很多，这里是利用圆的面积来求圆周率的近似值。在一个单位边长的正方形中，以边长为半径，以一个顶点为圆心，在正方形上做四分之一圆。随机地向正方形内扔点，如果落入四分之一圆内就计数。重复向正方形内扔足够多的点，将落在四分之一圆内的计数除以总的点数，其值就是 π 值四分之一的近似值。重复向正方形内扔的点越多，计算结果越接近 π 值。

```
#include<stdlib.h>
```

```
#include<stdio.h>
void main()
{   int i;
    double x,y,total,inside;
    scanf("%lf",&total);                    /* 向正方形内扔的总点数 */
    inside=0;                               /* 变量 inside 用于记录扔入四分之一圆内的点数 */
    for(i=1;i<=total;i++)
    {   x=rand()/32767.0;                   /* 随机产生 x 坐标值 */
        y=rand()/32767.0;                   /* 随机产生 y 坐标值 */
        if(x*x+y*y<=1)inside=inside+1;      /* 判断该点是否落入四分之一圆内 */
    }
    printf("pi=%.6lf\n",4.0*inside/total);
}
```

程序运行结果为：

```
5000000↙
pi=3.141194
```

【案例 6.28】 编写程序完成因数分解。对键盘输入的任意一个非 0 整数，程序将它分解成质因数的乘积式子，直到输入 0 程序结束。

分析：首先定义一个函数进行质因数分解，然后在主函数中用 while 循环控制程序。对输入的数据 n，非 0 则调用质因数分解函数，否则就停止循环，结束程序运行。对于质因数的分解，可以用 for 循环逐一从 2-sqrt(n)去尝试查找其因子。考虑到一个因子在数据中可能会重复出现，所以尝试不是用 if 语句而应该用 while 语句。输出时，采用 2**3 方式表示 2*2*2。为了防止重复计算同一因子，在找出 n 的一个因子后一定要把它除掉。

```
#include<stdio.h>
#include<math.h>
void decompose(int n)
{   int s,i;
    printf("%d=",n);
    if(n<0)                                 /* 如果是负数,求其绝对值 */
    {   printf("-");
        n=abs(n);
    }
    for(i=2;i<=sqrt(n);i++)                 /* 因数分解 */
    {   s=0;                                /* s 记录重复出现的因子个数 */
        while(n%i==0)
        {   n=n/i;
            s=s+1;
        }
        if(s==1)    printf("(%d)",i);       /* 若 s=1,表示没有重复因子 */
        else if(s>1)
            printf("( %d* *%d )",i,s);
```

```
    }
    if(n!=1)    printf("(%d)",n);
}
void main()
{   int n;
    printf("Input a number:");
    scanf("%d",&n);
    while(n!=0)
    {   decompose(n);
        printf("\nnumber? ");
        scanf("%d",&n);
    }
}
```

程序运行结果为：

```
Input a number:9↙
9=(3**2)
number? 65↙
65=(5)(13)
number? 0↙
```

【案例 6.29】 小孩分糖果。幼儿园有 $n(<20)$ 个孩子围成一圈分糖果。老师先随机地发给每个孩子若干颗糖果，然后按以下规律调整：每个孩子同时将自己手中的糖果分一半给坐在他右边的小朋友。设有 8 个孩子，则第一个将原来的一半分给第二个，第二个将原来的一半分给第三个……第八个将原来的一半分给第 1 个，这样的平分动作同时进行；若平分前，某个孩子手中的糖果是奇数，则必须从老师那里要一颗，使他的糖果数变成偶数。小孩数和糖果数由键盘输入。编程计算经过多少次调整使每个孩子手中的糖果一样多，调整结束时每个孩子有多少颗糖果，在调整过程中老师又新增发了多少颗糖果。

分析：定义一个函数，判断每个小孩手中的糖果数是否相同。定义一个数组，每个数组元素存放小孩手中的糖果数。若小孩手中糖果数不同，开始调整。如糖果数为偶数，直接分出一半给右边的人，否则加 1 后分出一半给右边的人，在数组中表示为 $a[n+1]+=a[n]/2$，即下标为 n 的元素值分出一半添加给下标为 $n+1$ 的元素。

```
#include<stdio.h>
int judge(int t[]);
int j=0;
int judge(int t[],int n)                    /*判断每人手中糖果数是否相同*/
{  int i;
   for(i=1;i<n;i++)
      if(t[0]!=t[i]) return 1;              /*不相同返回 1*/
   return 0;
}
void main()
{   int i,n,add=0,lop=0;
```

```
    int sweet[20],t[20];
    printf("请输入小孩数:");
    scanf("%d",&n);
    printf("请输入每个小孩开始分配的糖果数:");
    for(i=0;i<n;i++)
        scanf("%d",&sweet[i]);
    while(judge(sweet,n))                          /*当每人手中糖果数不同时进行调整*/
    {   for(i=0;i<n;i++)                           /*将每个人手中的糖果数分一半*/
        {   if(sweet[i]%2==0)t[i]=sweet[i]=sweet[i]/2; /*若为偶数直接分一半*/
            else { t[i]=sweet[i]=(sweet[i]+1)/2; add++;}
                                                   /*若为奇数加1后分一半*/
            lop++;                                 /*调整次数加1*/
        }
        for(i=0;i<n;i++)sweet[i+1]=sweet[i+1]+t[i]; /*将分出的一半给后面一人*/
          sweet[0]+=t[n-1];
    }
    printf("共调整%d次,",lop);
    printf("调整过程中共增发糖果%d颗.\n",add);
    printf("最后每个孩子有%d颗糖果.\n",sweet[0]);
}
```

程序运行结果为:

```
请输入小孩数:6↙
请输入每个小孩开始分配的糖果数:3 7 9 5 8 4↙
共调整48次,调整过程中共增发糖果24颗.
最后每个孩子有10颗糖果.
```

6.9 本章小结

在C语言中,程序是由main函数以及0个或多个自定义函数构成的。无论main函数、自定义函数,还是标准库函数,都是命了名的程序段,用来完成某一个特定功能。函数主要包括函数首部和函数体。

函数首部主要包括函数名、函数类型、形参以及形参的类型说明。函数名要求是合法的标识符,根据题意命名。当return后表达式的类型与函数的类型不一致时,函数的类型决定返回值的类型,当它缺省时,默认为整型。当函数调用需要有参数传递时,形参的数据类型一般应该与实参一致,形参的顺序必须与实参的顺序相对应。

函数体是完成某种功能的语句的集合。函数允许嵌套调用,不允许嵌套定义。

函数的调用是将实参值传递给被调用的函数进行处理,是对函数的应用。函数只有被调用才能执行,才能完成程序员所赋予它的功能。

函数说明是对函数返回值类型以及参数的个数、类型的声明。当函数处于主调函数之前或在外部进行过说明(类似外部变量的定义)时可以不作说明。

数据在函数间传递分为传值方式、传址方式、全局变量传递和利用返回值传递。传值方式就是形参对实参的复制，它们各自占用独立的存储单元，形参的变化不影响实参。传址方式是将实参的地址传给了形参，它们占用同一组存储单元，形参的变化影响实参。不过能够接受地址的形参一定是数组名或指针变量。

递归调用函数就是直接或间接地调用自身。递归调用函数的数学表达式必须是可以用递归公式描述的，编程时一定要有一个已知条件，使得递归调用能够终止，递归调用分为递推和回归两个过程。递归调用函数源程序代码简单明了，但它占用较大的栈空间，用来存储依次压入的参数值，运行速度也不高。

有了函数的概念，就可以将一个个功能模块写成函数，而主函数就可像搭积木一样调用功能函数来设计应用软件和系统软件。

变量的存储属性从不同的角度可以归纳如下：

(1) 从变量的作用域角度划分，有局部变量和全局变量。

(2) 从变量的生存期角度划分，有静态存储和动态存储。

(3) 从变量的存储区域划分，有内存动态存储区（也称栈区）、内存静态存储区和 CPU 中的存储器。

把变量的存储类型以及生存期概括如下：

局部变量
- 自动变量，函数内定义，函数内有效，离开函数，值就消失，动态存储
- 局部静态变量，函数内定义，函数内有效，离开函数，值仍保留，静态存储
- 寄存器变量，函数内定义，函数内有效，离开函数，值就消失，寄存器存储
- 形参，函数被调用时定义，函数内有效，离开函数，值就消失，动态存储

全局变量
- 外部静态变量，函数外用 static 定义，从定义点到程序末尾都有效，程序运行结束值才消失，本文件内有效，静态存储
- 外部变量，即非静态的外部变量，函数外定义，从定义点到程序末尾都有效，程序运行结束值才消失，其他文件可以引用，静态存储

习　　题

1. 判断下面叙述的对与错

(1) 以下程序段是否正确：main(){void fun(){…}}。 (　　)

(2) 形参可以是常量、变量或表达式。 (　　)

(3) 定义函数时，形参的类型说明可放在函数体内。 (　　)

(4) 在有参函数的定义中，函数中指定的形参变量在整个程序开始执行时便分配内存单元。 (　　)

(5) 若调用 C 标准库函数，调用前必须重新定义。 (　　)

(6) return 语句后面的值可以为表达式。 (　　)

(7) 函数调用可以作为一个函数的形参。 (　　)

(8) 形参和实参的变量名称可以一样。 (　　)

(9) 在一个函数定义中只能包含一个 return 语句。 (　　)

(10) C 语言中允许函数的嵌套定义和嵌套调用。 (　　)

2. 选择题

(1) C 语言的基本单位是(　　)。

A. 程序　　B. 语句　　C. 字符　　D. 函数

(2) 以下叙述中正确的是(　　)。

A. C 语言程序中注释部分可以出现在程序中任何合适的地方

B. 括号"{"和"}"只能作为函数体的定界符

C. 组成 C 程序的基本单位是函数,所有函数名都可以由用户命名

D. 分号是 C 语句之间的分隔符,不是语句的一部分

(3) 一个 C 语言的程序总是从(　　)开始执行的。

A. main 函数　　B. 文件中的第一个函数

C. 文件中的第一个函数调用　　D. 文件中的第一条语句

(4) 有以下函数定义:

```
void func(int n,double x){…}
```

若以下选项中的变量都已正确定义并赋值,则对函数 func()的正确调用语句是(　　)。

A. func(int x,double n);　　B. M=func(10,12.5);

C. func(x,n);　　D. void func(n,x);

(5) 函数的实参不能是(　　)。

A. 变量　　B. 常量　　C. 语句　　D. 函数调用表达式

(6) 定义为 void 类型的函数,其含义是(　　)。

A. 调用函数后,被调用的函数没有返回值

B. 调用函数后,被调用的函数不返回

C. 调用函数后,被调用的函数的返回值为任意类型

D. 以上 3 种说法都是错误的

(7) 函数 f(double x){printf("%d\n",x);}的类型为(　　)。

A. double 类型　　B. void 类型　　C. int 类型　　D. A、B、C 均不正确

(8) 关于函数的调用,下列描述中,错误的是(　　)。

A. 出现在执行语句中　　B. 出现在一个表达式中

C. 作为一个函数的实参　　D. 作为一个函数的形参

(9) C 语言中,函数返回值的类型由(　　)决定。

A. 调用函数时临时决定　　B. Return 语句中的表达式类型

C. 调用该函数的主调函数类型　　D. 定义函数时,所指定的函数类型

(10) 在函数调用过程中,如果函数 A 调用了函数 B,函数 B 又调用了函数 A,则被称为(　　)。

A. 函数的直接递归调用　　B. 函数的间接递归调用

C. 函数的循环调用　　D. C 语言中不允许这样的递归调用

3. 分析以下程序的运行结果

(1)

```
#include<stdio.h>
```

```
int f(int x)
{    return x;   }
void main()
{   float a=3.1415926;
    a=f(a);
    printf("%.2f\n",a);
}
```

(2)

```
#include<stdio.h>
float func(int x,int y)
{   return x+y;   }
void main()
{   int a=2,b=5,c=8;
    printf("%3.0f\n",func((int)func(a+b,b),a-c));
}
```

(3)

```
#include<stdio.h>
int power(int x,int y);
void main()
{   float a=2.6,b=3.4;
    int p;
    p=power((int)a,(int)b);
    printf("%d\n",p);
}
int power(int x,int y)
{   int i,p=1;
    for(i=y;i>0;i--)
        p=p*x;
    return p;
}
```

(4)

```
#include<stdio.h>
char func(char x,char y)
{   if(x<y) return x;
    return y;
}
void main()
{   int a='9',b='8',c='7';
    printf("%c\n",func(func(a,b),func(b,c)));
}
```

(5)

```c
#include<stdio.h>
void change(int x,int y)
{  int t;
   t=x;x=y;y=t;
}
void main()
{  int x=2,y=3;
   change(x,y);
   printf("x=%d,y=%d\n",x,y);
}
```

(6)

```c
#include<stdio.h>
int f(int a)
{  int b=0;
   static int c=3;
   a=c++;
   b++;
   return a;
}
void main()
{  int a=2,i,k;
   for(i=0;i<2;i++)
       k=f(a++);
   printf("%d\n",k);
}
```

(7)

```c
#include<stdio.h>
int func(int a,int b)
{  static int m=0,i=2;
   i+=m+1;
   m=i+a+b;
   return m;
}
void main()
{  int k=4,m=1,p;
   p=func(k,m);
   printf("%d",p);
   p=func(k,m);
   printf("%d\n",p);
}
```

4. 编程题

(1) 设有一个 3 位数,将它的百、十、个位 3 个数字各自求立方,然后加起来,正好等于这个 3 位数。如 153=1+5 * 5 * 5+3 * 3 * 3。写一个函数,找出所有满足条件的数。

(2) 如果一个数正好是它的所有约数(除了它本身以外)的和,则此数称为完备数。如 6,它的约数有 1、2、3,并且 1+2+3=6。定义一个函数,求出 3000 以内所有的完备数,并显示输出。

(3) 如果有两个数,每一个数的所有约数(除了它本身以外)的和正好等于对方,则称为这两个数为互满数,求出 3000 以内所有的互满数,并显示输出,求一个数的所有约数(除了它本身)的和用函数实现。

(4) 有一个分数序列:2/1,3/2,5/3,8/5,13/8,21/13,…,运用变量的存储类别的相关知识编程求这个数列的前 20 项之和。

(5) 编写一个函数求累加和。在主函数中调用此函数分别求 1～40,1～80,1～100 的累加和。

(6) 编写一个函数,其功能是将一个正整数转换成字符串,要求各字符之间用一个空格分隔,在主函数中输入一个正整数,调用函数后输出其转换结果。例如,输入的正整数为 357,输出字符串为"3 5 7"。

(7) 编程通过函数调用完成验证 6～1000 中的所有偶数均能表示成两个素数之和。

(8) 编写两个函数,分别求两个整数的最大公约数和最小公倍数,在主函数中连续输入两个整数,调用这两个函数后输出计算结果,当输入负数时程序结束。

第7章 指 针

本章主要内容：

- 指针和指针变量的概念与定义；
- 指针变量作为函数参数；
- 指针运算；
- 指针与数组；
- 指针与字符串；
- 指针与函数；
- 动态分配内存。

指针是C语言的一个重要概念。在处理指针时的能力和有效性是C语言区别于其他程序设计语言的主要特点。指针可以用于有效地表示复杂的数据结构，改变作为参数传递到函数的值；能方便、灵活地使用数组和字符串；也可以动态地分配内存。正确而灵活地运用指针，可以编写出精练紧凑、功能强大而执行效率高的程序。

7.1 变量与地址

“地址”是C语言中的一个不容忽视的概念，是理解“指针”和“指针变量”等概念的基础，它涉及一定的计算机硬件知识。为了能更好地理解“指针”，在这里简要介绍一下相关知识。

1. 计算机的内存

内存储器是计算机硬件系统的五大部件之一。计算机要执行的程序、程序要处理的数据等都储存在内存中，数据处理的中间结果、最终结果也要储存在内存中，它是信息存储的主要场所。

不同的计算机系统，存储信息的能力也不相同。为了衡量计算机内存容量的大小，常使用“字节”这个信息单位。一个字节表示8位二进制数，用“Byte”来表示，简写作B。现代计算机的内存越来越大，为了使用方便，内存容量常用的单位还有KB、MB和GB等。

$$1KB = 1024B = 2^{10}B$$
$$1MB = 1024KB = 1024 \times 1024B = 2^{20}B$$
$$1GB = 1024MB = 1024 \times 1024KB = 1024 \times 1024 \times 1024B = 2^{30}B$$

内存是由许多字节构成的，每个字节也被称为一个单元（字节单元）。对应每个单元都有一个唯一的地址编号（类似于门牌号码），这些编号被称为内存单元的地址，它表明了每个内存单元在内存中的位置。可以把内存储器归纳为存储单元的顺序集合。

在计算机中，常用十六进制数表示内存单元地址。在IBM-PC/XT/AT机中，1MB的内存分别编以 00000H～FFFFFH(末尾的 H 表示十六进制数)号码来表示每个内存单元地址,其示意图如图 7.1 所示。每个地址所对应的内存单元可以存放一个字节的信息。

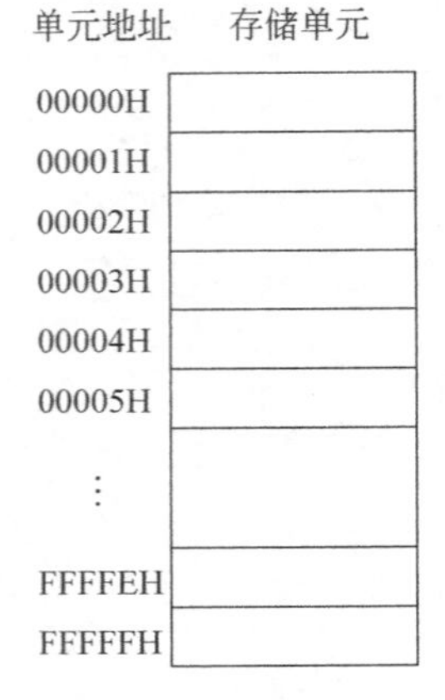

图 7.1　内存储器示意图

2. 变量与地址

C 语言中的变量除了基本类型(整型、实型和字符型)之外,还有构造类型变量、指针类型变量等,种类多种多样,在计算机中如何表示、如何存储这些变量的值呢?

1) 整型变量在内存中的存储情况

一个一般整型变量用关键字 int 来定义,在 Turbo C 编译系统中,整型变量在内存中占用的内存为 2 个字节单元,在 Visual C++ 6.0 编译系统中,一个整型变量占用 4 个字节单元,这 2 或 4 个内存单元前后紧密相连,第一个单元的地址就是该变量的地址。一个整型常数存放到一个整型变量中,将从第一个地址开始,依次存放在整型变量的地址单元中,占满 2 或 4 个字节单元。

2) 实型变量在内存中的存储情况

一个 float 型变量在内存中占用 4 个连续的存储单元,一个 double 型变量在内存中占用 8 个连续的存储单元,第一个内存单元的地址就是该变量的地址。一个实型常数默认为 double 型,从第一个字节开始,依次存放在实型变量的地址单元中,占满 8 个字节单元。

3) 字符型变量在内存中的存储情况

一个字符型变量在内存中占用一个字节的存储单元,该存储单元的地址就是该变量的地址。一个字符常数存放在字符型变量的地址单元中,占满一个字节单元。

例如:

```
int a=5;
double b=12.5;
char c='#';
```

变量 a 是整型变量,在 Visual C++ 6.0 编译系统中占用 4 个字节内存;变量 b 是双精度浮点型,占用 8 个字节内存;变量 c 是字符型,占用 1 个字节内存,它们在内存中的存储情况示意图如图 7.2 所示。字符常量'#'的 ASCII 码值是 35,字符型数据在内存中是以 ASCII 码形式存储的。实际上数据在内存中都是以二进制的形式存储的。图中为了方便查看,数据是十进制,并没有将其变成二进制形式,仅仅是数据存储示意图。

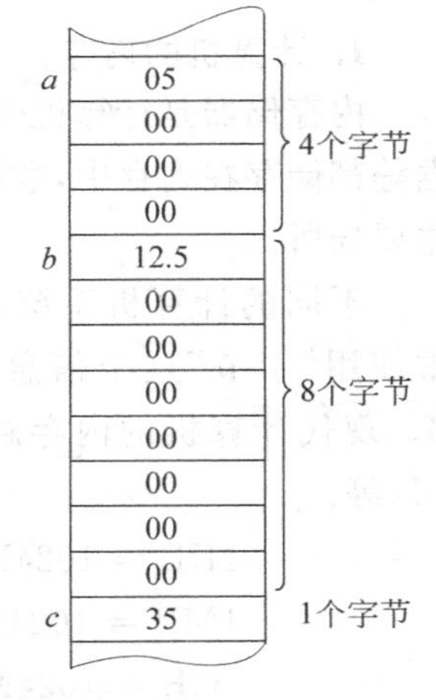

图 7.2　数据存储示意图

当定义一个变量时,系统将为该变量分配内存空间,那么变量名与地址之间就建立了对应关系。所以输入或输出时系统根据变量名就可以找到相应的地址单元,存入或输出所要求的数据。根据变量名存取数据的方式称为直接访问。

3. 用运算符 & 取得变量的地址

在C语言中,运算符“&”的一个作用是取变量的地址,此时也被称为取地址运算符,这在输入函数 scanf()中已经使用过。

【案例 7.1】 运算符“&”的应用。

```
#include<stdio.h>
void main()
{   int a;
    scanf("%d",&a);
    printf("%d\n",a);
    printf("%x\n",&a);
}
```

程序运行结果为:

```
123↙                /*输入 123 回车*/
123                 /*输出变量 a 的值*/
12ff7c              /*输出变量 a 的地址值,地址值以十六进制形式表示*/
```

案例 7.1 中,语句 scanf("%d",&a); 表示把从键盘输入的一个十进制整数存放到变量 *a* 在内存的地址单元内;语句 printf("%d\n",a); 表示输出变量 *a* 的值,即 123;语句 printf("%x\n",&a); 表示以十六进制形式输出变量 *a* 的地址值,即 12ff7c。变量名、变量值以及变量的地址之间的关系如图 7.3 所示。变量 *a* 的地址值在不同的计算机中显示输出的结果可能不同,这是因为 *a* 的地址值是编译系统分配给变量的内存单元地址,计算机不同,分配的地址完全可以不同。但是因为存放在这个地址单元的数据都是相同(例如 123)的,所以执行结果都一样。由此可知,变量在内存单元中分配的具体地址对于编程者来说并不重要,也不需了解,只要知道用运算符“&”来取变量的地址就可以正确应用了。

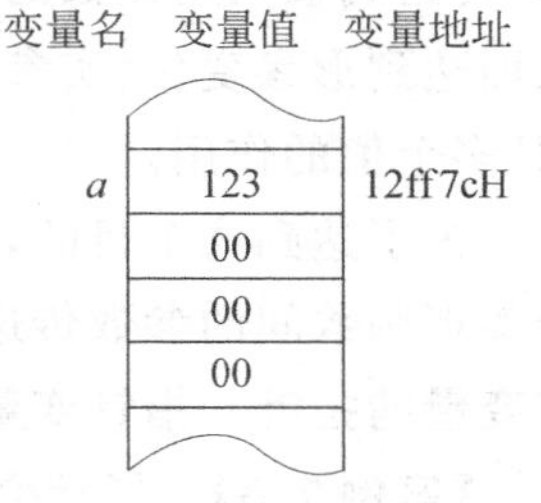

图 7.3 变量值与变量地址

编程者为了解某种类型的变量在某种编译系统中所占用存储空间的字节数,可以使用 sizeof 运算符来求解,以便更好、更准确地设置、使用变量的类型。

【案例 7.2】 运算符 sizeof 的应用。

```
#include<stdio.h>
void main()
{   int a=135;
    printf("size of int:%d\n", sizeof a);
    printf("size of float:%d\n", sizeof(float));
    printf("size of double:%d\n", sizeof(double));
    printf("size of char:%d\n", sizeof(char));
}
```

程序运行结果为:

```
size of int:4
size of float:4
size of double:8
size of char:1
```

该程序是在 Visual C++ 6.0 编译系统中运行的，由运行结果得知：int 型变量占据 4 个字节，float 型变量占据 4 个字节，double 型变量占据 8 个字节，char 型变量占据 1 个字节内存空间。

相关知识点：运算符 sizeof 的使用

运算符 sizeof 使用的一般格式为：

sizeof 变量名

sizeof (变量名或类型名)

例如，案例 7.2 中的 sizeof a 和 sizeof(float)，分别使用了第一种和第二种形式。

7.2 指针变量的定义与初始化

地址经常使用。在函数的调用中，通过将主调函数中变量的地址或数组的地址(即实参)传送到被调用函数的方式，在被调用函数中，可以改变该变量或数组元素(即形参)的值，从而达到形参变化、实参做同样变化的目的，借此实现从被调用函数中为主调函数“间接带回”多个值的作用。

为了达到这个目的，常常需要把地址存放于指针变量中，通过形参变量与实参变量的结合实现函数间的参数传递。**指针变量是专门用于存放地址的变量，一个变量的地址被称为该变量的指针。指针变量与其他类型的变量类似，也需要先定义后使用。**

【案例 7.3】 指针变量的定义。

```
#include<stdio.h>
void main()
{   int a=135;
    int *pa;                         /*定义指针变量 pa,类型为整型*/
    pa=&a;                           /*将变量 a 的地址赋给指针变量 pa*/
    printf("a=%d\n",a);              /*输出 a 的值*/
    printf("*pa=%d\n",*pa);          /*输出*pa 的值*/
}
```

程序运行结果为：

```
a=135
*pa=135
```

在案例 7.3 中，首先定义整型变量 *a*、指针变量 *pa*，取变量 *a* 的地址，赋给指针变量 *pa*，然后输出变量 *a* 的值和指针变量 *pa* 所指向变量的值。

相关知识点 1：指针变量的定义

指针变量定义的一般格式为：

类型说明符　＊指针变量名；

例如：

```
int * pa;
```

其中，int 是指针变量的类型，也称为基类型，它用来指定该指针变量可以指向的变量的类型；*pa* 是变量名；"＊"是定义指针变量的标志，表示它之后的变量名是指针变量。这里的指针变量 *pa* 只能存放整型变量的地址。指针变量的类型与它所指向的数据类型必须一致。

相关知识点 2：指针变量的赋值

指针变量只能存放地址。为指针变量赋值，就是把同类型变量的地址赋给指针变量。指针变量遵循先定义、后赋值、再使用的原则。指针变量赋值的一般格式为：

指针变量名=& 变量名

例如：

```
pa=&a;
```

在案例 7.3 中，变量 *a* 和指针变量 *pa* 都是 int 型，用运算符"&"取 *a* 的地址并赋给指针变量 *pa*，这也称为 *pa* 指向了 *a*。指针变量赋值也可以采用初始化的方式，一般格式为：

类型说明符＊指针变量名=& 变量名；

可以将案例 7.3 中指针变量定义和赋值语句改写为一个语句：int ＊pa＝&a;，还可以将一个指针变量的值赋给另一个指针变量。例如：

```
int a, * p1, * p2;
p1=&a;
p2=p1;                    /* 将指针变量 p1 的值赋给指针变量 p2 */
```

指针变量只有被赋值后才可以做其他操作，例如，指针加 1 或减 1 运算、输入/输出、作为参数进行函数传递等，没有赋值的指针变量常被称为悬空指针，不可以使用。

温馨提示：为指针变量赋值除地址值外只能是 NULL(NULL 是在 stdio. h 中定义的符号常量，其值为 0)，不可以是其他任意数值。

相关知识点 3：直接访问和间接访问

利用变量名对变量值进行的操作，例如输入/输出、运算等，称为直接访问。还有一种方式是间接访问。间接访问方式是将变量 *a* 的地址存放在变量 *pa* 中，通过变量 *pa* 找到变量 *a* 的地址，从而访问变量 *a* 的值。设变量 *a* 的地址为 2000H，*a* 的值为 123，间接访问方式示意图如图 7.4 所示。在案例 7.3 中，语句 printf("＊pa＝%d\n", ＊pa); 中的 ＊*pa* 就是通过间接访问方式输出指针变量 *pa* 指向

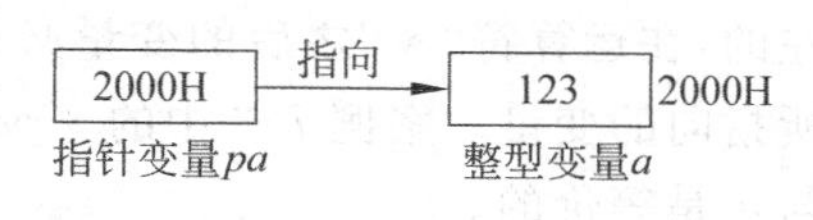

图 7.4　间接访问示意图

的变量 a 的值。

7.3 指针变量的运算

指针变量是特殊的变量，只能存放地址，它所能进行的运算与普通变量相比少得多，只能进行赋值运算、加上或减去一个整数运算、两个指针变量之间进行比较运算等。

【案例 7.4】 从键盘输入 3 个整数，输出其中的最大值和最小值。

分析：用指针变量来处理，先比较两个数 a 和 b：

(1) 若 $a>b$，将 a 的地址保存在 $pmax$ 中，将 b 的地址保存在 $pmin$ 中；否则将 b 的地址保存在 $pmax$ 中，将 a 的地址保存在 $pmin$ 中。

(2) 若 $*pmax<c$，取 c 的地址保存在 $pmax$ 中。

(3) 若 $*pmin>c$，取 c 的地址保存在 $pmin$ 中。

(4) 输出 $pmax$ 和 $pmin$ 所指向的变量的值就是所要求的最大值和最小值。

```
#include<stdio.h>
void main()
{   int a,b,c, *pa, *pb, *pc, *pmax, *pmin;
    scanf("%d%d%d",&a,&b,&c);
    pa=&a;pb=&b;pc=&c;                                  /*指针变量赋值*/
    if(a<b){pmax=pb; pmin=pa;}                          /*比较变量 a 与 b 的大小*/
    else {pmax=pa; pmin=pb;}
    if(*pmax<c)pmax=pc;                                 /*再与变量 c 比较大小*/
    if(*pmin>c)pmin=pc;
    printf("Max=%d,Min=%d\n", *pmax, *pmin);            /*输出最大、最小值*/
}
```

程序运行结果为：

```
-9  0  88↙
Max=88,Min=-9
```

相关知识点 1：指针运算符

1) 取地址运算符“&”

单目运算符“&”的功能是取变量的地址，该变量必须是已定义过的变量。“&”的操作对象只能是变量或数组元素，或者是结构变量等，不能是常量或者表达式。运算符“&”的结合性是自右至左的。

变量的地址是系统分配的，编程者并不知道，也无须知道具体的地址。

2) 取内容运算符“*”(间接访问运算符)

取内容运算符“*”用来表示指针变量所指向的变量，是单目运算符，其结合性是自右至左的，在运算符“*”之后的变量必须是指针变量。案例 7.4 中的 $*pmax$ 代表变量 $pmax$ 所指向的变量。案例 7.3 中的 $*pa$ 代表变量 a，因为指针变量 pa 指向了变量 a，所以 $*pa$ 与 a 是等价的。

【案例 7.5】 从键盘输入 3 个整数，将它们按照由大到小的顺序(即降序)输出。

分析：用指针变量来处理排序问题。首先使指针变量分别指向 3 个整型变量，由于排序结果要求是由大到小输出，输出时先输出最大值，然后是次大值，最后输出的是最小值。

方法一：变量两两比较，不满足降序要求，使指向它们的指针变量交换，完成 3 个数的排序。

```
#include<stdio.h>
void main()
{   int a,b,c,*p1,*p2,*p3,*p;
    scanf("%d%d%d",&a,&b,&c);
    p1=&a; p2=&b; p3=&c;                          /*指针变量赋值*/
    if(a<b){p=p1; p1=p2;p2=p;}                    /*若 a<b, 则交换对应指针变量的值*/
    if(*p1<c){p=p1; p1=p3;p3=p;}                  /*若 a<c, 则交换对应指针变量的值*/
    if(*p2<c){p=p2; p2=p3;p3=p;}                  /*若 b<c, 则交换对应指针变量的值*/
    printf("排序后: %d,%d,%d\n",*p1,*p2,*p3);      /*输出排序后的数*/
}
```

程序运行结果为：

```
55  -9  22↙
排序后: 55,22,-9
```

在案例 7.5 中，指针变量定义后分别赋值，语句 p1＝&a；将 a 的地址赋予 $p1$，语句 p2＝&b；将 b 的地址赋予 $p2$，语句 p3＝&c；将 c 的地址赋予 $p3$。利用 if 语句比较两个变量的大小，当 $a<b$ 时(不满足降序要求)，交换指针变量 $p1$、$p2$ 的值，改变它们的指向关系，原来 $p1$ 指向 a，$p2$ 指向 b，交换后 $p1$ 指向 b，$p2$ 指向 a，即使 $p1$ 指向大数。接着再将 $p1$ 指向的内容与 c 比较，若 $*p1<c$，交换 $p1$ 和 $p3$ 的值，使 $p1$ 指向大数。两个 if 语句过后，$p1$ 指向的是最大值。最后 $*p2$ 与 c 比较，使 $p2$ 指向次大数，$p3$ 指向最小值，排序结束。

方法二：利用指针交换所指向变量的值。

前面方法中通过交换指针变量的值，使 3 个指针变量分别指向大、中、小 3 个数，完成排序。下面仍然利用指针变量。但是在变量两两比较的过程中，当不满足降序要求时，交换变量的值，而指针变量值不变(即指针的指向关系不变)，最后使 a 的值为最大，b 的值为中，c 的值为最小，实现排序。

```
#include<stdio.h>
void main()
{   int a,b,c,*p1,*p2,*p3,temp;
    scanf("%d%d%d",&a,&b,&c);
    p1=&a;p2=&b; p3=&c;                                /*指针变量赋值*/
    if(a<b){temp=*p1; *p1=*p2; *p2=temp;}              /*若 a<b, 则交换变量的值*/
    if(a<c){temp=*p1; *p1=*p3; *p3=temp;}              /*若 a<c, 则交换变量的值*/
    if(b<c){temp=*p2; *p2=*p3; *p3=temp;}              /*若 b<c, 则交换变量的值*/
    printf("排序后: %d,%d,%d\n",a,b,c);                 /*输出排序后的数*/
}
```

程序运行结果为：

```
55  -9  22↙
排序后：55,22,-9
```

程序中语句 * p1＝ * p2；相当于 a＝b;，因为指针变量 $p1$ 指向了 a，* $p1$ 就相当于 a，指针变量 $p2$ 指向了 b，* $p2$ 就相当于 b。若 $a<b$，则语句 temp＝ * p1；* p1＝ * p2；* p2＝temp；执行后变量 a、b 的值就做了交换，否则，这三条语句就不执行。依次比较 3 次，a 与 b 比较后，a 中保存的是大数，a 再与 c 比较，之后 a 保存的是最大值，然后 b 与 c 比较，大数存入 b 中，小数存入 c 中，如图 7.5 所示。

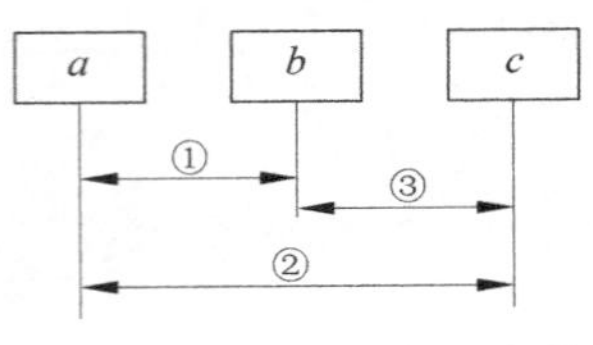

图 7.5　三个数排序示意图

方法三：通过函数调用利用指针变量完成排序。

在主函数中将 3 个变量的地址作为函数实参传递给 swap 函数的形参——同类型的指针变量 pa、pb、pc，在 swap()中利用指针变量排序。

```
#include<stdio.h>
void main()
{   int a,b,c;
    void swap(int * pa,int * pb,int * pc);            /* 函数声明 */
    scanf("%d%d%d",&a,&b,&c);
    swap(&a,&b,&c);                                   /* 调用函数 swap */
    printf("排序后：%d,%d,%d\n",a,b,c);                /* 输出排序后的数 */
}
void swap(int * pa,int * pb,int * pc)                 /* 函数定义 */
{   int * t;
    if(* pa< * pb){t= * pa; * pa= * pb; * pb=t;}      /* 若 a<b，则交换 a、b 的值 */
    if(* pa< * pc){t= * pa; * pa= * pc; * pc=t;}      /* 若 a<c，则交换 a、c 的值 */
    if(* pb< * pc){t= * pb; * pb= * pc; * pc=t;}      /* 若 b<c，则交换 b、c 的值 */
}
```

程序运行结果为：

```
-9  22  55↙
排序后：55,22,-9
```

主函数中语句 swap(&a,&b,&c);的作用是调用 swap()函数，实参有 3 个，分别是变量 a、b 和 c 的地址，当该语句执行时，系统会把这 3 个地址传递给 swap()函数的形参，因为实参是地址，所以形参对应的是指针变量。也就是说，通过参数传递，3 个指针变量分别指向了 3 个变量。

在 swap()函数中，首先定义了一个整型变量 t，作为变量交换时的中间变量。表达式 * pa< * pb 实际上就是 $a<b$，因为 * pa 相当于 a，* pb 相当于 b，前面已做过介绍。由3 个 if 语句实现排序，语句功能与方法二相同，不再赘述。

这里要着重指出的是，在 swap()函数完成排序后，在主函数中输出变量 a、b、c 的值就是排序后的值。原因在于，当把变量的地址作为实参传递给形参指针变量后，在 swap

函数中进行排序，表面上是指针变量在做比较、交换，虽然代码中也没有出现变量 a、b、c，但是，在函数调用时指针变量已经指向它们，运算符"*"的作用就是取指针所指向变量的值，实际上就是 a、b、c 在排序，所以在主函数中输出的就是排序后的结果。形参内容变化，实参内容做同样变化，这是"传址"调用所产生的效果，也是与"传值"调用的区别。如果 swap()函数中排序语句改用方法一中的 if 语句交换指针变量的值，而没有改变变量 a、b、c 的值，那么仅可以在 swap()函数中实现排序，但在主函数中 a、b、c 的值并没有变化。程序代码修改为：

```
#include<stdio.h>
void main()
{   int a,b,c;
    void swap(int * p1,int * p2,int * p3);          /* 函数声明 */
    scanf("%d%d%d",&a,&b,&c);
    swap(&a,&b,&c);                                 /* 调用函数 swap */
    printf("main 函数中: %d,%d,%d\n",a,b,c);        /* 输出函数调用后变量的值 */
}
void swap(int * p1,int * p2,int * p3)
{   int * t;                                        /* 定义指针变量 t */
    if(* p1< * p2){t=p1; p1=p2;p2=t;}              /* 若 a<b, 则交换对应指针变量的值 */
    if(* p1< * p3){t=p1; p1=p3;p3=t;}              /* 若 a<c, 则交换对应指针变量的值 */
    if(* p2< * p3){t=p2; p2=p3;p3=t;}              /* 若 b<c, 则交换对应指针变量的值 */
    printf("swap 排序后: %d,%d,%d\n", * p1, * p2, * p3);     /* 输出排序后的数 */
}
```

程序运行结果为：

```
-9  22  55↙
swap 排序后: 55,22,-9
main 函数中: -9,22,55
```

从输出结果可以看到，swap 函数已经完成了排序，但是主函数中 a、b、c 的值没变，形参变化，实参没变化。在 swap 函数中，排序时指针变量的值发生了变化，原来指向 a 的现在改为指向最大值 c 了(按照程序执行时给出的数据，c 是最大值)，原来指向 c 的现在指向最小值了，但是变量 a、b、c 的值始终没变，所以在主函数中输出时与输入时的值一样。

相关知识点 2：指向变量的指针作为函数的参数

当指针变量作为函数的参数(形参和实参均为指针)时，参数传递方式是地址传递，在函数调用时将实参的地址传递给形参，形参和实参的起始地址相同，那么对形参内容的修改就是对实参所指向地址单元内容的修改，即形参变化，实参做相同的变化。类似于实参形参都是数组名的情况。

温馨提示： 指针作为函数形参和实参时，形参变化，实参同样变化。但是这里指的是地址单元内容的变化，指针(即地址，也就是参数值)值不变。通过函数调用企图改变指针值的想法都是错误的。

7.4 指针与数组

数组由若干个同类型的数据构成，各个元素在内存中占据一个连续的空间，一个数组占据一片连续的空间。若要对数组进行存取与处理，首先要确定数组元素的引用方式，通常以下标方式来表示数组元素。定义指针变量，使之指向数组。利用指向数组的指针变量来处理数组，比用下标法对数组元素的处理更方便、更快捷。

【案例 7.6】 利用指针变量，实现数组元素的输入与输出，如图 7.6 所示。

```
#include<stdio.h>
void main()
{   int i,a[10],*p;
    p=a;                     /*使指针变量指向数组首地址*/
    printf("Input 10 numbers:\n");
    for(i=0;i<10;i++)
        scanf("%d",p++);     /*输入数组各元素值*/
    p=a;
    printf("Output 10 numbers:\n");
    for(i=0;i<10;i++)
        printf("%d ",*p++); /*输出数组各元素值*/
}
```

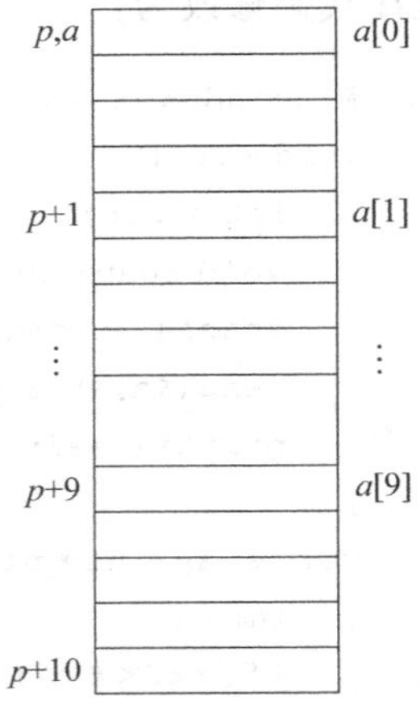

p,a　a[0]
p+1　a[1]
⋮　⋮
p+9　a[9]
p+10

图 7.6　指向数组指针变化示意图

程序运行结果为：

```
Input 10 numbers:
1 3 5 7 9 0 2 4 6 8↙
Output 10 numbers:
1 3 5 7 9 0 2 4 6 8
```

案例 7.6 中定义了指针变量 p，语句 p＝a；将数组的首地址赋给了它，指针变量 p 就指向了数组下标为 0 的元素。通过第 5 章的学习已经知道，**数组名代表数组首地址，也常把数组名称为常指针，它是常量，其值不能改变，只能代表数组首地址**。语句 scanf("%d"，p＋＋)；将键盘输入的一个整型数据保存在指针变量 p 所指向的地址单元中，也就是该数组首元素的地址单元中。然后，指针变量加 1 指向数组的下一个元素，即此时 p 的值为数组下标为 1 的元素的地址，为下次输入做好准备。循环 10 次，将 10 个数据依次保存在对应的地址单元中。输入结束时，指针变量 p 的值为 $p+10$，已经越过数组最后一个元素。为了输出数组元素值时再从首元素开始，程序中再次利用语句 p＝a;，使指针变量指向数组首地址。在第二个 for 循环中，语句 printf("%d "，＊p＋＋)；中的 ＊p＋＋先输出指针变量当前指向的元素值，之后指针变量加 1 指向下一个元素，循环 10 次，输出 10 个数据。

表达式 ＊p＋＋，在这里自增运算符是后置运算符，相当于(＊p)＋＋。

相关知识点 1：指针变量加 1/减 1 运算(＋＋/－－)

如果指针变量已指向了一个数组元素，指针变量的加 1/减 1 运算是地址运算，即指针变量加1(减1)的结果是指针指向下一个(或上一个)数组元素的内存地址。由于不同数据类型在内存中所占据的字节数不同,所以指针变量加1(减1)后,地址变化的字节数也不同。对于字符型指针变量,加1/减1改变一个字节;对于整型指针变量,加1/减1改变4个字节(在Visual C++ 6.0编译系统中);对于单精度型指针变量,加1/减1改变4个字节;对于双精度型指针变量,加1/减1改变8个字节。在案例7.6中指针变量 *p* 加1后,改变4个字节,指向下一个元素。总结各种数据类型,得出公式表达指针变量加1/减1指针变化的情况:

p++,相当于 p=p+1×k(k为一个数组元素所占字节数,不同数据类型k值不同)

相应地,指针变量减1运算也可以得出类似公式:

p--,相当于 p=p-1×k(k为一个数组元素所占字节数)

温馨提示:利用指针变量引用数组元素时,注意数组越界。

在案例7.6中,如果没有第二个语句p=a;使指针变量指向数组首地址,程序输出的数据将不是输入的数据,而是内存中的随机数。因为此时指针已指向数组之外,即数组越界。

相关知识点2:指针变量加 *n*/减 *n* 运算

当指针变量指向一个数组元素时,指针变量加整数 *n*/减整数 *n* 运算类似于加1/减1运算,即是使指针变量向下或向上移动 *n* 个元素的位置。

【案例7.7】 将数组中的若干个数逆序存放并输出。

分析:本题目的解题关键是数组元素逆序存放,方法是将第一个元素与最后一个元素交换,第二个元素与倒数第二个元素交换,依次进行,直至进行到中间元素为止。

方法一:定义一个指针 *p*1 使之指向数组首地址,定义一个指针 *p*2,使之指向数组末尾,从两端向中间进行元素交换,如图7.7所示。注意,交换的次数为数组元素个数除以2。假设数组元素个数为10,则交换的次数为5次。

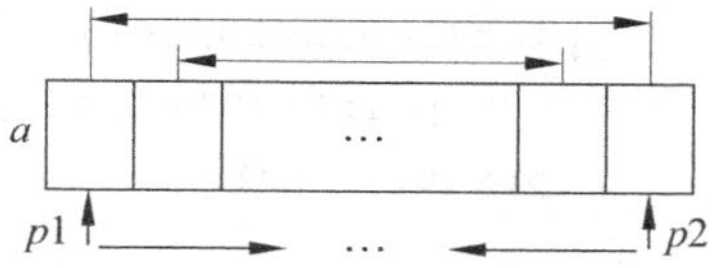

a … p1 … p2

图7.7 数组元素逆序示意图

```
#include<stdio.h>
void main()
{   int a[10], *p1, *p2;
    int i, temp;
    p1=a;               /*指针变量p1指向数组头*/
    p2=a+9;                                  /*指针变量p2指向数组尾*/
    printf("Input 10 numbers:\n");
    for(i=0;i<10;i++)                        /*输入10个数据*/
      scanf("%d",&a[i]);
    for(;p1<p2;p1++,p2--)                    /*数组元素逆序存放*/
    {  temp=*p1; *p1=*p2; *p2=temp;  }
    printf("数组元素逆序后:\n");
    for(i=0;i<10;i++)
        printf("%d ",a[i]);
    printf("\n");
}
```

程序运行结果为:

```
Input 10 numbers:
11 22 33 44 55 66 77 88 99 0↙
数组元素逆序后：
0 99 88 77 66 55 44 33 22 11
```

案例7.7中，使指针变量 $p1$ 指向数组首地址，$p2$ 指向末地址。在循环的过程中，交换 $p1$、$p2$ 所指向的数组元素值，指针变量 $p1$++指向下一个元素，$p2$-- 指向上一个元素，分别从数组的两头往中间移动，然后再进行下一次交换，直至指针变量 $p1 \geq p2$ 为止，完成了数组元素的逆序，最后输出结果。

相关知识点3：两个指针变量比较大小

对于指向同一个数组的两个指针变量，可以进行关系运算，比较指针的大小。指针变量值大的表明指向数组下标大的元素，指针变量值小的表示指向下标小的元素。

温馨提示：指针变量不能与非地址的一般数据进行关系运算。

方法二：利用函数调用完成数组元素逆序，最后在主函数中输出逆序后的结果。

```
#include<stdio.h>
void main()
{   int a[10];
    int i;
    void inverse (int *,int);                /*函数声明*/
    printf("Input 10 numbers:\n");
    for(i=0;i<10;i++)
       scanf("%d",&a[i]);
    inverse (a,10);                          /*函数调用,实参一个是数组名,一个是整型常量*/
    printf("数组元素逆序后: \n");
    for(i=0;i<10;i++)
         printf("%d ",a[i]);
    printf("\n");
}
void inverse (int *p, int n)                 /*函数定义,形参一个是指针变量,一个是整型变量*/
{   int temp, *pt=p, *pw=p+n;
    for(pw--;pt<pw;pt++,pw--)                /*逆序*/
    {  temp= *pt;
      *pt= *pw;
      *pw=temp;
    }
}
```

程序运行结果为：

```
Input 10 numbers:
11 22 33 44 55 66 77 88 99 0↙
数组元素逆序后：
0 99 88 77 66 55 44 33 22 11
```

在方法二中，主函数首先声明了 inverse 函数，定义了数组，输入了数组元素值，然后调用 inverse 函数，实参一个是数组名 a，一个是数组长度。在 inverse 函数的定义中，形参一个是整型指针变量 p，一个是整型变量 n。函数调用时将数组 a 的首地址传递给 p，指针变量 p 即指向数组 a，而整型变量 n 的值是 10。接下来进行的数组元素逆序方法同上。仍然是指针变量 pt、pw 分别指向数组的头和尾，从数组的两头开始进行交换，直至 $pt \geqslant pw$ 为止。只是在 for 语句中，表达式 1 是 $pw--$，原因在于 pw 的起始值是 $pw=p+n$，此时的 n 值是 10，已超出数组范围，所以要先减 1，之后再进行首尾数组元素的交换。

相关知识点 4：指向数组的指针做函数参数

在第 6 章中，曾经用数组名作为函数参数，将数组首地址传递给自定义函数的形参，在自定义函数中对数组元素进行排序，然后在主调函数中输出排序后的数组。由此得出的结论是：用数组名做函数参数，形参内容变化，实参内容做相同的变化，因为形参数组和实参数组的起始地址一样。当用指针变量指向数组时，用该指针变量做函数实参，将数组地址传递给形参(可以是指针变量或数组名)，所起到的作用与数组名做函数参数是相同的，形参变化，实参做相同的变化。

【案例 7.8】 用冒泡法将 10 个整数按照由小到大顺序排序。

分析：冒泡法排序前面案例已有应用。从下标为 0 的元素开始，数据两两比较，当不满足升序要求时，数据交换位置，当一次外循环完成时，首先将最小的数保存在下标为 0 的元素中，这个数据的位置在后面排序的过程中都不再变化。接着进行下一次外循环，从下标为 1 的元素开始两两比较，不满足升序要求数据交换位置，这一次外循环结束，次小值保存在下标为 1 的元素中。依此类推，所有外循环结束，排序完成。在该案例中用指向数组的指针作为函数的实参，形参仍为数组名。

```
#include<stdio.h>
void main()
{  int a[10];
   void sort (int a[],int);                    /*函数声明*/
   int i,*p=a;
   printf("Input 10 numbers:\n");
   for(i=0;i<10;i++)
     scanf("%d",&a[i]);
   sort (p,10);                                /*函数调用*/
   printf("数组排序后: \n");
   for(i=0;i<10;i++)
       printf("%d ",a[i]);
   printf("\n");
}
void sort(int a[], int n)                      /*函数定义*/
{  int i,j,temp;
   for(i=0;i<n-1;i++)                          /*冒泡法排序*/
   {  for(j=i+1;j<n;j++)
       if(a[i]>a[j])
       {  temp=a[i];
```

```
                a[i]=a[j];
                a[j]=temp;
            }
        }
}
```

程序运行结果为：

```
Input 10 numbers:
3 - 9 0 55 7 44 11 8 - 33 2↙
数组排序后：
-33 - 9 0 2 3 7 8 11 44 55
```

主函数中的实参是指向数组的指针变量 p，函数 sort 中形参是数组名 a，通过实参与形参的结合，将主函数中数组 a 的首地址传递给了形参数组 a，实参与形参共用一段存储单元，在函数 sort 中排序完成后，在主函数中输出即可。在这里，指针变量 p 成了主函数中数组与 sort 函数中数组的桥梁。

可以修改程序，实参用数组 a，形参用指针变量 p，函数调用时使形参指针变量指向主函数中数组 a，通过指针变量 p 对数组元素值进行排序。指针变量可以带下标，其中 $p[i]$与 $*(p+i)$等价，所以可将 sort 函数修改为如下形式，程序执行效果相同。

```
void sort(int * p, int n)                    /* 函数定义 */
{   int i,j,temp;
    for(i=0;i<n-1;i++)                       /* 冒泡法排序 */
    {   for(j=i+1;j<n;j++)
            if(* (p+i)> * (p+j))
            {   temp= * (p+i);
                * (p+i)= * (p+j);
                * (p+j)=temp;
            }
    }
}
```

请思考：若实参和形参都使用指针变量，程序应如何修改？

【案例 7.9】 通过调用函数，使一个 3×3 的矩阵转置。例如，有一矩阵如图 7.8(a)所示，转置后如图 7.8(b)所示。

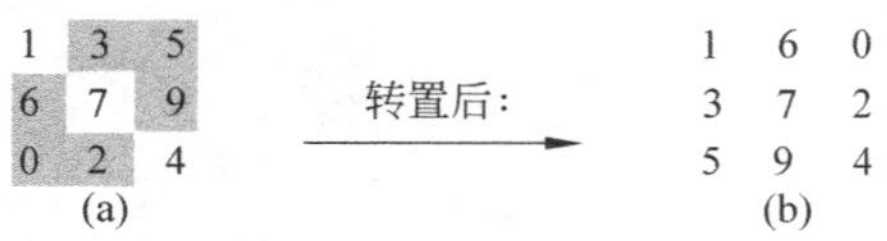

图 7.8 矩阵转置示意图

分析：转置即第一行转换为第一列，第二行转换为第二列，……，依此类推。从矩阵形式上看，转置就是以主对角线为轴，将主对角线两侧对称位置的数据交换，主对角线元素保持不变，即 6 与 3 交换，0 与 5 交换，2 与 9 交换，完成 3 对数据的交换即可。用 3×3 的二维数组存储矩阵，利用循环语句，执行 3 次循环，实现 3 对数据的交换，即可完成矩阵转置。

```
#include<stdio.h>
void main()
```

```
{   void move(int   *pointer);           /* 函数声明 */
    int a[3][3], *p,i;
    printf("Input matrix:\n");
    for(i=0;i<3;i++)
        scanf("%d%d%d",&a[i][0],&a[i][1],&a[i][2]);
    p=&a[0][0];
    move(p);                             /* 函数调用,实参 p 是指向数组 a 的指针变量 */
    printf("New matrix:\n");
    for(i=0;i<3;i++)
        printf("%d %d %d\n",a[i][0],a[i][1],a[i][2]);
}
void move(int *pointer)                  /* 函数定义 */
{   int i,j,t;
    for(i=0;i<2;i++)
        for(j=i+1;j<3;j++)               /* 数组元素交换 */
        {   t=*(pointer+3*i+j);
            *(pointer+3*i+j)=*(pointer+3*j+i);
            *(pointer+3*j+i)=t;
        }
}
```

程序运行结果为：

```
Input matrix:
11 22 33↙
44 55 66↙
77 88 99↙
New matrix:
11 44 77
22 55 88
33 66 99
```

在 move 函数中完成矩阵的转置。*pointer* 是指针变量，指向数组 *a* 的首元素，即 0 行 0 列的元素 *a*[0][0]，表达式 *(*pointer*+3*i+j)代表一个数组元素 *a*[i][j]。当 $i=0$，$j=0$ 时，代表 0 行 0 列的元素 *a*[0][0]，即第 0 号(3*i+j=0)元素，去掉表达式圆括号左边的"*"表示该元素的地址 &*a*[0][0]；当 $i=1$，$j=1$ 时，表达式代表 1 行 1 列的元素 a[1][1]，即第 4 号(3*i+j=4)元素，去掉表达式圆括号左边的"*"表示该元素的地址 &*a*[1][1]。相应地，表达式 *(*pointer*+3*j+i)代表一个数组元素 *a*[j][i]，去掉表达式圆括号左边的"*"表示该元素的地址 &*a*[j][i]。

利用嵌套的 for 循环体中的 3 个语句，完成数组元素交换。当 $i=0$，$j=1$ 时，语句：

```
t=*(pointer+3*i+j);  即为 t=a[0][1];
*(pointer+3*i+j)=*(pointer+3*j+i);  即为 a[0][1]=a[1][0];
*(pointer+3*j+i)=t;  即为 a[1][0]=t;
```

3 个语句执行完，即完成一次交换；接着，内循环变量 j 加 1，进行下次循环，此时，$i=0$，

$j=2$,循环体语句：

```
t=*(pointer+3*i+j); 即为 t=a[0][2];
*(pointer+3*i+j)=*(pointer+3*j+i); 即为 a[0][2]=a[2][0];
*(pointer+3*j+i)=t; 即为 a[2][0] =t;
```

3 个语句执行后，又完成了第二对数据的交换；内循环变量 j 再加 1，变为 3，不满足循环条件 $j<3$，内循环结束。外循环变量 i 加 1，变为 1，循环条件 $i<2$ 成立，进入内循环，此时，$i=1$，$j=2$，那么循环体语句：

```
t=*(pointer+3*i+j); 即为 t=a[1][2];
*(pointer+3*i+j)=*(pointer+3*j+i); 即为 a[1][2]=a[2][1];
*(pointer+3*j+i)=t; 即为 a[2][1] =t;
```

3 个语句执行完毕，第三对数据进行了交换。接着内循环变量 j 加 1，变为 3，不满足循环条件 $j<3$，内循环结束。外循环变量 i 加 1，变为 2，循环条件 $i<2$ 不成立，循环结束。至此，矩阵转置完毕。

7.5 指针与字符串

利用指向字符串的指针处理字符数据非常方便。如前所述，字符串是以双引号括起来的若干个字符，在内存中存储时系统自动在字符串末尾加上'\0'表示串结束。字符串在内存中的起始地址（即第一个字符所在的地址）称为字符串的首地址。可以定义一个字符指针变量，存放该字符串的起始地址，利用字符指针对字符串进行处理。

【案例 7.10】 利用指针变量遍历字符串，统计其长度。

分析：先定义一个字符数组，长度足够大（设为 80），定义字符指针变量指向字符数组，然后利用输入函数 scanf 或 gets 输入小于 80 个的字符，存放于字符数组中。利用循环计算字符的个数。

利用 scanf 函数输入字符串时，如遇到空格或回车，则默认为字符串结束，那么空格以及之后的字符就不能保存在数组中。利用 gets 函数输入时只有遇到回车时认为字符串结束。利用循环语句遍历、统计字符串的长度。

```
#include<stdio.h>
void main()
{   char s[80],*p;
    p=s;                                    /*使指针变量 p 指向字符数组首地址*/
    printf("Input a string(<80): ");
    scanf("%s",s);                          /*输入字符串*/
    while(*p!='\0')p++;                     /*遍历字符串,统计字符串长度*/
    printf("字符串长度为: %d\n",p-s);       /*输出字符串长度*/
}
```

程序运行结果为：

```
Input a string(<80): Bhjuiioopncftyuklkp'l.,mn↙
字符串长度为: 25
```

案例 7.10 中语句 while(* p!='\0')p++；将输入的字符串从头到尾遍历，当字符串中的字符 * p 不等于'\0'时，表示字符串未结束，则 p++指向下一个字符，继续判断该字符是否等于'\0'，若等于'\0'，则字符串结束，此时指针变量 p 的值就是最后一个字符的地址，那么 $p-s$ 的差值就是字符串的长度，即字符的个数。因为 s 是字符数组名，是首地址，p 是末地址，首、末地址值之差就是字符的个数，每个字符占据一个地址单元。

请思考：案例 7.10 改用下标法，而不使用指针，程序应如何改？

相关知识点 1：两个指针变量相减

对于指向同一个数组的两个指针变量，可以进行减法运算，其结果是两个指针之间数据的个数。

相关知识点 2：字符数组和字符指针变量的区别

(1) 字符数组由若干元素构成，每个元素存放一个字符，而字符指针变量中存放的是字符串的首地址，而不是字符串。指针变量中只能存放地址。

(2) 赋值方式不同。对字符数组除初始化能给字符数组整体赋值外，在程序中只能对各个元素分别赋值，不能用一个字符串给一个字符数组赋值。而字符指针可以用字符串的方式赋值，但是将字符串的首地址赋给字符指针。例如：

```
char s[20], * sp;
s="Hello";                    /* 错误 */
sp="Hello";                   /* 正确 */
```

(3) 数组名是一个地址常量，其值不可改变，而指针变量的值是可以改变的。

(4) 编译时对定义的数组分配内存，每个数组元素都有确定的地址。而对定义的指针变量虽然也分配内存，但是当未给指针变量赋值时，它并不指向一个具体的数据，存在着不确定性，此时的指针变量是不可以使用的。

【案例 7.11】 字符串反转。利用字符指针将一个字符串内容反转。

分析：一个字符串在内存中是连续存放的，并以'\0'结尾，利用指向该字符串的指针对字符串进行反转处理。字符串反转实际上就是字符串逆序。

方法一：定义两个字符指针，使一个指针指向该字符串的起始地址，另一个指向末地址，第一个字符和最后一个字符位置对调，两指针同时相向移动，第二个字符和倒数第二个字符位置对调，依次类推，直至两个指针相等或首指针大于末指针为止。算法类似于案例 7.7，只是案例 7.7 处理的是数值型数组，这里处理的是字符型数组。

```
#include<stdio.h>
int main()
{   char temp,string[80] ;
    char * str1, * str2;                        /* 定义字符指针 str1 和 str2 */
    printf("Please Input Character String:");
    gets(string);                               /* 输入一个字符串存入字符数组 */
    str2=str1=string;                           /* 使字符指针分别指向数组首地址 */
    while(* str2!='\0')str2++;                  /* 遍历字符串 */
    for(str2--;str1<str2;str1++,str2--)         /* 循环实现字符串反转 */
    {  temp=* str1; * str1=* str2; * str2=temp;  }
```

```
    printf("Output Reversed String:");
    puts(string);
    return 0;
}
```

程序运行结果为：

```
Please Input Character String: program↙
Output Reversed String: margorp
```

案例 7.11 程序中有两个循环，while 循环用来遍历字符串中的每个字符，使指针 str2 指向字符串末尾；for 循环用来交换字符串中的字符实现反转。因为此时指针 str2 指向'\0'，使其减 1 后指向字符串的最后一个字符，而指针 str1 指向的是字符串的第一个字符，在 for 中使首、尾指针指向的字符交换，相向移动指针，再交换字符，直至首指针值不小于尾指针值时结束。

方法二：利用函数调用实现字符串反转。

分析：在主函数中输入字符串、输出反转后的字符串，在 reverse()中实现字符串反转。实参是数组名，形参是字符指针，在函数调用时，将实参数组的首地址传递给形参的指针变量，则形参指针变量指向实参数组的起始地址。所以在被调用函数中将字符串翻转实际上处理的就是实参数组的内容。处理完毕，在主函数中输出即可。

```
#include<stdio.h>
int main()
{   void reverse(char * str);                       /* 声明函数 reverse() */
    char string[80];
    printf("Please Input Character String:");
    gets(string);
    reverse(string);                                /* 调用函数,参数为字符数组名 */
    printf("Output Reversed String:");
    puts(string);
    return 0;
}
void reverse(char * ps)                             /* 定义无返回值函数 */
{   char * p, * q,temp;
    p=ps; q=ps;
    while( * p!='\0')p++;                           /* 使字符指针 p 指向字符串末尾 */
    p--;
    while(q<p)                                      /* 循环实现字符串反转 */
    {  temp= * p; * p= * q; * q=temp;
       q++;
       p--;
    }
}
```

在方法二中定义一个无返回值的函数 reverse 实现字符串反转。算法同上。

方法三：利用返回指针的函数实现字符串反转。

```
#include<stdio.h>
int main()
{   char * reverse(char * str);                /* 声明函数 reverse() */
    char temp,string[80], * sp=string;
    printf("Please Input Character String:");
    gets(string);
    sp=reverse(string);                        /* 调用函数,函数返回值赋予字符指针 sp */
    printf("Output Reversed String:");
    puts(sp);                                  /* 从指针 sp 指向的地址开始输出字符串 */
}
char * reverse(char * ps)                      /* 定义返回值为字符指针的函数 */
{   char * p, * q,temp;
    p=ps; q=ps;
    while(* p!='\0')p++;                       /* 使字符指针 p 指向字符串末尾 */
    p--;
    while(q<p)                                 /* 循环实现字符串反转 */
    {  temp= * p; * p= * q; * q=temp;
       q++;
       p--;
    }
    return ps;                                 /* 返回字符指针值 */
}
```

在方法三中,定义 reverse()为返回字符指针值的函数。在 reverse()函数中使字符串反转后,将字符串首地址返回主函数,在主函数中从该地址开始输出字符串。

【案例 7.12】 判断字符串是否回文串。回文是指顺序读和逆序读内容均相同的字符串。例如串“121”、“ABCBA”等都是回文串。

分析：判断一个字符串是否是回文串,可以使两个指针分别指向字符串的首和尾,当两指针指向的字符相等时,使两个指针相向移动一个位置,并继续比较,直至两指针相遇,则说明该字符串是回文串。若在比较的过程中,两指针指向的字符不相等,则表明字符串不是回文串。

```
#include<stdio.h>
#include<string.h>
#define MAX 50
int cycle(char * s)                            /* 函数 cycle 用来判断字符串是否回文 */
{    char * h, * t;
     int length;
     length=strlen(s);
     for(h=s,t=s+length-1;h<t;h++,t--)
        if(* h!= * t)break;
     return t<=h;
}
```

```
int main()
{   char s[MAX];
    while(1)
    {   printf("Please Input the String:");
        scanf("%s",s);
        if(s[0]=='$ ')break;
        if(cycle(s))printf("%s 是回文。\n",s);
        else printf("%s 不是回文。\n",s);
    }
    return 0;
}
```

程序运行结果为：

```
Please Input the String: abcdbca↙
abcdbca 不是回文。
Please Input the String: bbb↙
bbb 是回文。
Please Input the String: $
```

案例 7.12 定义函数 cycle 判断字符串是否回文，在该函数中，首先用字符串处理函数 strlen 统计字符串中所包含的字符个数，接着使字符指针 *h* 和 *t* 分别指向字符串的首和尾，比较它们指向的字符是否相等，若相等，再使首指针 *h* 加 1、尾指针 *t* 减 1，相向移动，继续比较，直至两指针相遇，若它们指向的字符都相等，则说明该字符串是回文串，函数返回 1；否则不是回文串，函数返回 0。主函数中的 while 用来实现对连续输入的多个字符串进行回文判断，字符'$'作为输入结束的标志。

【案例 7.13】 输入一个 0～6 之间的数字，输出对应的星期日、星期一至星期六的英文单词。

分析：根据题意得知，数字 0 对应星期日，英文单词 Sunday，数字 1 对应星期一，英文单词 Monday，……，数字 6 对应星期六，英文单词 Saturday。

方法一：将这些英文单词存放在一个二维字符数组 *week* 中，第一维长度是 7，第二维长度按照单词中字符数最多的来确定，设定为 10，如图 7.9 所示。定义一个整型变量，当输入的整型数字为 0，就输出 *week*[0]为首地址的字符串，其他依此类推。

week[0]	Sunday
week[1]	Monday
week[2]	Tuesday
week[3]	Wednesday
week[4]	Thursday
week[5]	Friday
week[6]	Saturday

图 7.9　二维字符数组

```
#include<stdio.h>
int main()
{   char week[7][10]={"Sunday","Monday","Tuesday","Wednesday",
                      "Thursday","Friday","Saturday"};  /*定义二维字符数组*/
    int  number;
    char *p=&week[0][0];                                /*定义字符指针指向数组首地址*/
    printf("Please Input Number(0-6):");
    while(1)
```

```
    { scanf("%d",&number);                        /* 输入一个 0-6 之间的整数 */
      if(number>=0&&number<=6)break;
    }
    if(number==0)printf("星期天:%s\n", p+number);   /* 输出对应的英文单词 */
    else printf("星期%d:%s\n",number,p+number*10);
    return 0;
}
```

程序运行结果为:

```
Please Input Number(0-6): 3↙
星期 3: Wednesday
```

案例 7.13 中 if-else 语句用来处理当输入的数字为 0 时,输出星期日及其对应的英文单词。程序中将二维字符数组看做是长度为 70 的一维数组,首先使字符指针 *p* 指向数组首地址,当输入的数据在 0~6 之间时,表达式 *p*+*number* * 10 使指针指向相应字符串的首地址,即指针指向哪里取决于 *number* 的值,而 *p* 值不变。因为该数组中存放着 7 个等长的字符串,第一个字符串占据 0~9 的地址空间,第二个字符串占据 10~19 的地址空间,第三个字符串占据 20~29 的地址空间,……,第七个字符串占据 60~69 的地址空间。假设输入的数字是 3,对应的字符数组中正是字符串 Wednesday。

方法二:利用指向二维数组的指针改写程序。

```
#include<stdio.h>
int main()
{   char week[7][10]={"Sunday","Monday","Tuesday","Wednesday",
                "Thursday","Friday","Saturday"};     /* 定义二维字符数组 */
    int  number;
    char (*p)[10];                   /* 定义指向具有 10 个元素的一维字符数组的指针 */
    p=week;                                          /* 为指针变量赋初值 */
    printf("Please Input Number(0-6):");
    while(1)
    { scanf("%d",&number);                           /* 输入一个 0-6 之间的整数 */
      if(number>=0&&number<=6)break;
    }
    if(number==0)printf("星期天:%s\n",week[number]); /* 输出对应的英文单词 */
    else printf("星期%d:%s\n",number,p[number]);
    return 0;
}
```

案例 7.13 中 char (*p)[10]用来定义指针变量 *p* 指向具有 10 个元素的一维数组(即一个字符串或一维字符数组),数组元素为字符型,*p* 的值就是该一维数组的首地址。当执行语句 p=week;,指针 *p* 指向了数组的首行首元素,即第一个字符串的首地址,执行语句 *p*++;,则指针 *p* 指向第二个字符串的首地址。字符数组 *week* 是 7 行 10 列的二维数组,指针变量 *p* 可以指向它其中的某行的首元素,指针加 1 后,指向下一行的首元素,而不是简单意义的 *p*=*p*+1。

week[0]、*week*[1]、…、*week*[6]等都是行指针，也就是二维数组每行元素的首地址。二维数组也可以说是由多个一维数组构成的，每一行都被看成一个一维数组。既然每行都有一个行指针，那么把这些行指针（即每个字符串的首地址）存放在数组中，就构成了指针数组，所以也能用指针数组的方法处理该问题。

相关知识点 3：指向二维数组的指针

二维数组可以当做一维数组来处理，用一个指针变量指向它，使该指针变量加 1 的方式可以遍历每个元素，这种方法在前面已经使用过。例如：

```
int a[2][3];
int * pa =&a[0][0];
```

此时，把二维数组当做一维数组来处理，开始时指针变量 *pa* 指向数组 *a* 首元素的地址，*pa* 加 1 指向下一个元素，……，直至指向最后一个元素。原因在于数组中各元素在内存中是按照一定顺序排列并存放的，先存放首行的首元素 *a*[0][0]，再存放该行次元素 *a*[0][1]，*a*[0][2]紧随其后，接着存放下一行的首元素 *a*[1][0]、次元素 *a*[1][1]，最后存放 *a*[1][2]。

定义指向二维数组的指针，使该指针指向一个二维数组，当该指针加 1 时，指针变量指向下一行元素的首地址。定义指向二维数组的指针的一般形式为：

类型标识符 （* 指针变量名）[常量表达式]；

其中，“类型标识符”为所指向的数组的类型，“*”表示其后的变量为指针变量，“常量表达式”表示二维数组分解为多个一维数组时一维数组的长度，也就是二维数组的列数。例如：

```
int a[2][3];
int  (*p)[3];
p=a;
```

这里 *p* 是一个指针变量，它指向包含 3 个整型元素的一维数组。* *p* 两侧的括号不可少，如果写成 * *p*[3]，方括号运算级别高，因此 *p* 先与[3]结合，是数组，然后再与前面的“*”结合，* *p*[3]是指针数组。*a* 数组可以分解为两个一维数组 *a*[0]、*a*[1]，*p* 的值就是该一维数组 *a*[0]的首地址或元素 *a*[0][0]的地址，*p* 不能指向一维数组中的第 *n* 个元素。*p*++是一维数组 *a*[1]的首地址或元素 *a*[1][0]的地址，所以有时也把该指针称为“行指针”。因为指针变量 *p* 的目标是包含 3 个元素的一维数组，所以 *p* 加 1 指向二维数组的下一行，如图 7.10 所示。案例 7.13 方法二中 *week*[*n*]就是二维数组第 *n* 行的首地址。

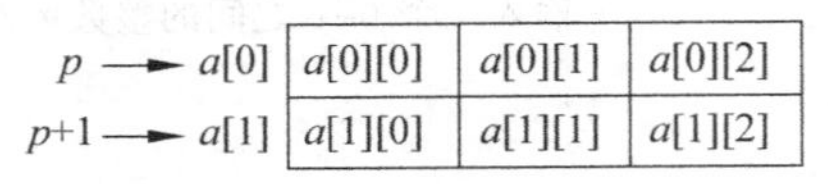

图 7.10　二维数组指针与数组关系示意图

方法三：利用指针数组改写案例 7.13。用指针数组存放各字符串的首地址，所以字符串的长度可以不同。在方法一中定义的是二维数组，每个串的长度都必须相同，如“Sunday”等字符串最短 6 个字符，最长 9 个字符，第二维的长度至少应为 10。

```
#include<stdio.h>
int main()
{   char *week[7]={"Sunday","Monday","Tuesday","Wednesday",
                   "Thursday","Friday","Saturday"};      /*定义字符指针数组*/
```

```
    int  number;
    printf("Please Input Number(0-6):");
    while(1)
    {  scanf("%d",&number);                              /* 输入一个 0-6 之间的整数 */
       if(number>=0&&number<=6)break;
    }
    if(number==0)printf("星期天:%s\n",week[number]);  /* 输出对应的英文单词 */
    else printf("星期%d:%s\n",number,week[number]);
    return 0;
}
```

程序运行结果同上。

案例 7.13 方法三中利用指针数组存放了 7 个字符串的首地址，分别是星期日、星期一至星期六的英文单词的首地址。

请思考：若输入 0～6 之间的一个数字，要求输出该数字对应的单词以及其后直至星期六所对应的英文单词。例如，输入数字 3 后，输出：

```
Please Input Number(0-6):3↙
星期 3: Wednesday
星期 4: Thursday
星期 5: Friday
星期 6: Saturday
```

上面的程序应如何修改？

相关知识点 4：指针数组

指针数组是指由指针构成的数组，即指针变量的集合，实质上是一个数组，其元素为指针。指针数组中的若干指针比较适合指向若干长度不同的字符串，使字符串的处理更为方便、灵活。

由于指针数组也是一个数组，它的初始化与普通数组的初始化基本一致，其一般格式为：

类型标识符　* 指针数组名[常量表达式]={串 1,串 2,…};

例如，char * a[6]；表明数组 a 有 6 个元素，分别是 $a[0]$、$a[1]$、$a[2]$、$a[3]$、$a[4]$和 $a[5]$，它们都是指向字符型变量的指针。通常可以用一个指针数组指向一个二维字符数组，指针数组中的每个元素都被赋予二维数组每一行(即字符串)的首地址。

【案例 7.14】 将若干字符串按照由小到大的顺序排序。

分析：字符串排序是将字符串两两进行比较，根据比较结果排序并输出。字符串比较方法有两种：一是直接调用字符串比较函数；二是利用循环将两个字符串从左到右逐个字符进行比较。设字符串排序前如图 7.11 (a)所示，排序后应如图 7.11(b)所示。

方法一：利用字符串比较函数实现排序。

分析：库函数 strcmp(字符串 1,字符串 2)用于比较两个字符串，若相等则函数返回值为 0；若字符串 1 大于字符串 2，则函数返回值为正值；若字符串 1 小于字符串 2，则函数返回值为负值。字符串比较的方法是：将两个字符串从左到右逐个字符按其 ASCII 码值的大小

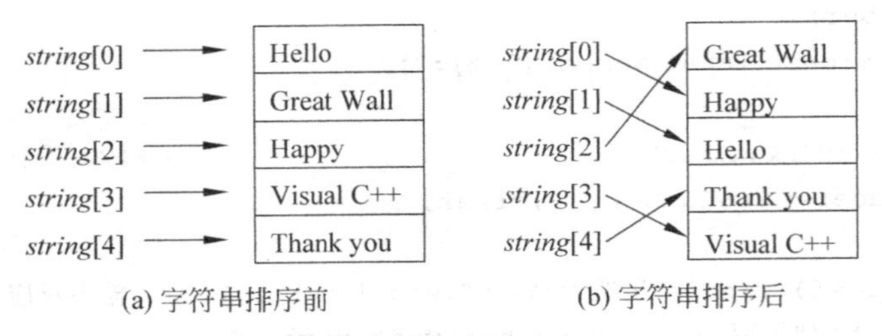

图 7.11　字符串排序前后

进行比较,直到出现不同字符或遇到串结束符'\0'为止。利用该函数的功能实现字符串的两两比较,按照冒泡法的规则进行排序。

```
#include<stdio.h>
#include<string.h>
void main()
{    void sort(char * [],int);
     char * string[]={"Hello","Great Wall","Happy","Visual C++","Thank you"};
     int i;
     sort(string,5);
     printf("Sorted:\n");
     for(i=0;i<5;i++)
         printf("%s\n", string[i]);
}
void sort(char * name[], int n)                 /* 指针数组名作函数形参 */
{    char * str;
     int i,j;
     for(i=0;i<n-1;i++)                         /* 字符串排序 */
         for(j=i+1;j<n;j++)
             if(strcmp(name[i],name[j])>0)      /* 字符串比较大小 */
             {   str=name[i];                   /* 字符串交换位置 */
                 name[i]=name[j];
                 name[j]=str;
             }
}
```

程序运行结果为:

```
Sorted:
Great Wall
Happy
Hello
Thank you
Visual C++
```

案例 7.14 在主函数中定义字符指针数组 *string*,其中存放有若干字符串的首地址。在调用排序函数 sort()时,将指针数组首地址传递给形参字符指针数组 *name*,那么 *name* 和 *string* 的地址相同,存储的内容也相同。

先取开始的第一、二两个字符串进行比较，当串 1 大于串 2 时(题目要求按照由小到大排序)，交换它们的地址值，即改变字符串在指针数组中的位置，继续进行第二、三个字符串的比较，若前者大于后者，交换它们的位置，两两比较，直至比较完毕，结束一次大循环(即外层 for 循环)，此时，最大字符串的地址已经放在指针数组的最后一个元素中。接着开始第二次大循环，取第一、二两个字符串进行比较，过程同第一次大循环，只是到指针数组的倒数第二个元素为止。如此重复，经过 $n-1$ 次大循环，排序完毕。

方法二：利用循环将两个字符串从左到右逐个字符进行比较，利用选择法实现排序。

分析：利用循环比较两个字符串的大小，就要对字符串中每个字符从左到右逐个比较判断，该循环要完成函数 strcmp()的功能。根据比较结果按照选择法排序。

```
#include<stdio.h>
void main()
{   void sort(char * [],int);
    char * name[]={"How do you do","Great Wall","Happy","Visual C++","Thank you"};
    int i;
    sort(name,5);
    printf("字符串排序后:\n");
    for(i=0;i<5;i++)
        printf("%s\n",name[i]);
}
void sort(char * name[],int n)                        /* 指针数组名作为函数形参 */
{   char * s1, * s2, * str;
    int i,j,k,m;
    for(i=0;i<n-1;i++)                                /* 字符串排序 */
    {   m=i;                                          /* 记录字符串的当前位置 */
        for(j=i+1;j<n;j++)
        {   s1=name[m];                               /* 取一个字符串地址送 s1 */
            s2=name[j];                               /* 取另一个字符串地址送 s2 */
            for(k=0;k<14&&s1[k]!='\0'&&s2[k]!='\0';k++)  /* 逐个字符进行比较 */
                if(s1[k]==s2[k])continue;             /* 若相等,再比较下一个字符 */
                else if(s1[k]>s2[k]){  m=j; break;  } /* 若大于,则串 1 大 */
                else {m=m; break;}                    /* 否则串 2 大 */
        }
        str=name[i];name[i]=name[m];name[m]=str;      /* 字符串交换位置 */
    }
}
```

程序运行结果为：

```
Great Wall
Happy
How do you do
Thank you
Visual C++
```

在 sort()函数中，采用的是选择法排序。首先将主函数传递过来的指针数组首地址赋值给指针变量 $s1$，即使 $s1$ 指向指针数组中的第一个字符串，使指针变量 $s2$ 指向第二个字符串，将这两个字符串逐个字符进行比较，小的序号放入变量 m 中保存，然后再使小的字符串与第三个字符串比较，小的序号放入 m 中，继续与下一个字符串比较，最后找出最小的串(位置记录在 m 中)与第一个串交换位置。至此，外循环完成一次，最小字符串的地址放在指针数组的起始位置上，继续进行下一次循环；从剩下的 4 个字符串中找出一个次小的，与第二个字符串交换位置，……，直至最后两个字符比较出大小，放在合适的位置，排序结束。

温馨提示：注意指针数组和指向二维数组的指针的区别。

指针数组和指向二维数组的指针变量虽然都可以表示和处理二维数组，但是指向二维数组的指针变量是单个的变量，其一般形式中“*指针变量名”两边的括号不可少，而指针数组表示的是多个指针，在一般形式中“*指针数组名”两边没有括号。例如：

```
int (*p)[3];
```

表示 p 是一个指向二维整型数组的指针变量，该二维数组的列为 3。

```
int *p[3];
```

表示 p 是一个指针数组，有 3 个元素都是指针变量，分别是 $p[0]$、$p[1]$、$p[2]$，都可以指向整型数据。

7.6 指针与函数

在 C 语言中，指针不仅可以指向整型(或实型或字符型)的变量、数组或字符串，还可以指向函数。利用指向函数的指针可以调用函数。一般情况下，程序中的每个函数经过编译连接后，产生的目标代码在内存中是连续存放的，该段代码的首地址就是函数执行时的入口地址。与数组名代表数组首地址类似的是**函数名也代表函数的入口地址**。那么，将函数的入口地址赋予指针变量，就称该指针指向了函数。

【案例 7.15】 利用函数调用查找数组中的最大值并输出，用指向函数的指针变量调用函数。

分析：查找数组中的最大值，先将数组中前两个元素进行比较，大者放在一个变量中，如 max，再用 max 与其后的元素逐个比较，大者保存在 max 中，函数结束时将 max 的值返回即可。

```
#include<stdio.h>
void main()
{   int search(int a[],int);                    /*函数声明*/
    int i,max,a[10];                            /*变量定义*/
    int (*p)(int[],int);                        /*定义指向函数的指针变量p*/
    for(i=0;i<10;i++)
        scanf("%d",&a[i]);
    p=search;                                   /*将函数的入口地址赋予指针变量p*/
    max=p(a,10);                                /*利用指针变量p调用函数*/
```

```c
    printf("max=%d\n",max);
}
int search(int a[],int n)                      /* search()函数定义 */
{   int  i,max=a[0];
    for(i=0; i<n; i++)                         /* 查找最大值 */
        if(max<a[i])max=a[i];
    return max;                                /* 将最大值返回 */
}
```

程序运行结果为：

```
3  5  99  -5  0  24  87  -7  123  16
max=123
```

案例7.15中函数search()用来查找数组中的最大值，与以前的函数相比没有什么区别。在主函数中定义指向函数的指针变量 p，它指向的函数有两个参数：一个是整型数组名；另一个是整型变量。语句p＝search；把函数的入口地址赋给指针 p，使它指向search()函数，语句max＝p(a,10)；表示利用指针变量 p 调用search()函数，函数的返回值赋给变量 max，这与以前的函数调用语句 max＝search(a,10)；功能相同。

请思考：将案例7.15用以前的函数调用方法改写，并认真比较它们之间的区别。

相关知识点1：指向函数的指针

指向函数的指针变量的一般定义形式为：

```
类型标识符  (*指针变量名)(函数参数表);
```

这里的类型标识符就是函数返回值的类型，指针变量名的命名规则与普通标识符相同，函数参数要求与被调用函数的参数相同，参数名称可以不同也可以缺省，但是参数类型和参数个数必须相同。

例如，案例7.15中的int (*p)(int[],int)；表明 p 是指针变量，可以指向一个返回值为整型的函数，其参数一个是数组名，一个是整型变量。在利用定义好的指针变量调用函数时，必须先将函数的入口地址赋给该指针变量。函数名代表函数的入口地址。

温馨提示：指向函数的指针变量不能做任何运算。例如，$p=p+1$ 等是没有意义的，因为由若干条语句构成的函数可以实现某种功能，它是一个整体，指针变量只能指向函数的入口地址。

【案例7.16】 已知数组中有10个4位数，利用函数 f()判断每个数是否符合下列条件，若某个数的千位数大于等于百位数，百位数大于等于十位数，十位数大于等于个位数，并且该数是奇数，则将该数放在另一个数组中，最后输出所有满足条件的数。

分析：判断一个数是否满足给定条件，首先要分解出该数每位的数字，然后进行判断。设 x 是一个4位数，a、b、c、d 分别代表千位、百位、十位和个位数字，则有：

```
a=x/1000
b=x/100%10  或  b=x%1000/100
c=x%100/10
d=x%10
```

有了每一位上的数字再判断它们是否满足给定条件就可以了。

```
#include<stdio.h>
void main()
{   int find(int a[],int b[]);                       /*函数声明*/
    int a[10]={1234,5431,1357,8765,4680,9087,3333,2468,9851,3695};
    int b[10],k,i;
    int (*p)(int[],int[]);                           /*定义指向函数的指针变量 p*/
    p=find;                                          /*将函数的入口地址赋予指针变量 p*/
    k=p(a,b);                                        /*调用函数,函数返回值赋给变量 k*/
    printf("满足条件的数是:");
    for(i=0;i<k;i++)
        printf("%d ",b[i]);
    printf("\n");
}
int find(int a[],int b[])                            /*函数定义*/
{   int i,c1,c2,c3,c4,s=0;                           /*s用于记录满足条件的数据的个数*/
    for(i=0;i<10;i++)                                /*找出各位数字*/
    {   c1=a[i]/1000;                                /*c1千位数*/
        c2=a[i]%1000/100;                            /*c2百位数*/
        c3=a[i]%100/10;                              /*c3十位数*/
        c4=a[i]%10;                                  /*c4个位数*/
        if(c1>=c2&&c2>=c3&&c3>=c4&&a[i]%2!=0)               /*判断是否满足条件*/
        {   b[s]=a[i];s++;   }                       /*满足条件,将数据存放在b数组中*/
    }
    return s;
}
```

程序运行结果为:

```
满足条件的数是:5431  8765  3333  9851
```

在案例 7.16 中的 find()函数,首先将数组元素分解为 4 位数,再根据已知条件判断数组中的每个数是否满足条件。满足条件的保存在 *b* 数组中,用变量 *s* 来记录满足条件的数的个数,判断完毕后,将 *s* 的值返回主函数。数组 *a*、*b* 都是作为函数参数传递过来的,数组名做实参传递的是数组首地址,实参和形参的起始地址相同,共用同一组存储单元,所以在 find()函数中保存到 *b* 数组中的数在主函数可以输出,由变量 *k* 控制输出的数据个数。

在主函数中,定义了指向函数的指针变量 *p*,并把函数 find()的入口地址赋给了 *p*,接着用指针变量 *p* 调用函数 find(),并将满足条件的数据个数作为返回值赋给变量 *k*,此时,*k* 的值也就是数组 *b* 中元素的个数。

请思考:若将案例 7.16 中 find()函数设置为无返回值的函数,程序应如何改?并请上机验证。

【案例 7.17】 输入 1~12 之间的整数,输出与之相对应的月份的英文单词。若输入的数小于 1 或者大于 12,则输出 Illegal Month。

分析：将1～12月份的英文单词按照顺序排列成一个指针数组，为了将数组的下标与人们平常的习惯保持一致，下标为0时，数组元素为字符串"Illegal Month"的首地址，其余的下标与元素可以对应，如图7.12所示。

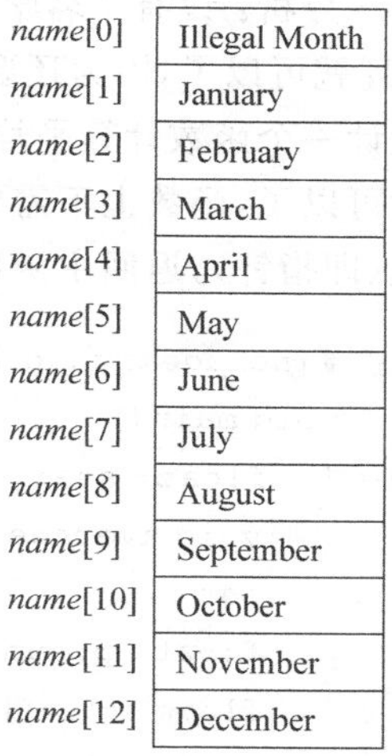

name[0]	Illegal Month
name[1]	January
name[2]	February
name[3]	March
name[4]	April
name[5]	May
name[6]	June
name[7]	July
name[8]	August
name[9]	September
name[10]	October
name[11]	November
name[12]	December

图7.12　指针数组存放示意图

```
#include<stdio.h>
void main()
{   int s;
    char * month_name(int n);      /* 函数声明 */
    scanf("%d",&s);
    printf("Month  No%d  %s\n",s, month_name(s));
}
char * month_name(int n)   /* 函数定义,函数返回值为字符指针 */
{   char * name[]={"Illegal Month","January","February",
                   "March","April","May","June","July",
                   "August","September",
                   "October","November","December"};
    return ((n<1||n>12)?name[0]:name[n]);
                       /* 当 n 在 1 到 12 之间时返回 name[n] */
}
```

程序运行结果为：

```
6↙
Month  No6  June
```

案例7.17程序比较简单，在主函数中输入一个整数，用该数作为实参调用函数month_name()。在month_name()函数中，首先定义一个指针数组*name*，它包含13个元素，分别是13个字符串的首地址。当实参*s*传递到形参*n*的值是小于1或大于12的值时，函数返回值为Illegal Month的首地址，否则返回值为与*n*对应的*name*[*n*]值。例如，*n*为6，则返回值为*name*[6]，即字符串June的首地址。接着在主函数中输出此时的*s*值(即6)及与其对应的字符串(即June)。

相关知识点2：返回指针值的函数

一个函数的返回值可以是一个整数、实数或字符，也可以返回一个指针(即地址)值。返回指针值函数的一般定义形式为：

```
函数类型  * 函数名(参数表)
{      函数体语句      }
```

其中，函数名前面的"*"表明这是一个指针型函数，即返回值是一个指针。函数类型表示返回的指针值所指向的数据类型。例如，案例7.17中的char * month_name(int n)表明month_name是一个函数名，其返回值是字符型指针变量，函数参数为整型。

【案例7.18】 有若干学生的成绩存放在数组中，每个学生有4门课程，要求计算出每个人的平均成绩，保存在4门课成绩之后，在输入学生序号后输出该生的全部成绩及平均分。

分析：设有4名学生，每个人有4门课的成绩，将这些数据存放在一个二维数组中，4行4列就可以了，因为还要存放平均分，而要增加1列，变为4行5列。为了让主函数简洁些，设计一个函数计算平均成绩，利用数组名作为函数参数，计算平均成绩后直接保存在数组中就可以了，函数也不需要返回值。设计另一个函数查找序号为 n 的学生成绩在数组中的位置（即指针），返回主函数，输出从该地址开始的5个数即可。

```
#include<stdio.h>
void main()
{   float *search(float (*p)[5],int n);          /*函数声明*/
    void average(float score[][5],int);          /*函数声明*/
    int i,n;
    float *p,sum=0;
    float score[][5]={{60,77,88,90},{98,80,67,75},{87,68,90,76},{88,99,90,80}};
    average(score,4);                            /*调用函数求每个人的平均成绩*/
    printf("Enter the number of student:");
    scanf("%d",&n);                              /*输入学生的序号*/
    p=search(score,n);                           /*调用函数查找该生在数组中的位置*/
    for(i=0;i<5;i++)                             /*输出该生4门课的成绩及平均分*/
        printf("%4.2f\t",*(p+i));
    printf("\n");
}
void average(float a[][5],int n)                 /*求平均分函数定义*/
{   int i,j;
    float sum;
    for(i=0;i<n;i++)
    {   sum=0;
        for(j=0;j<4;j++)                        /*求每人的平均分保存在最后一个元素中*/
            sum=sum+a[i][j];
        a[i][j]=sum/j;
    }
}
float *search(float (*p)[5],int n)               /*查找函数定义*/
{   float *ps;
    ps=*(p+n);                        /*将序号为n的学生成绩在数组中的首地址赋予ps*/
    return ps;
}
```

程序运行结果为：

```
Enter the number of student: 2↙
87.00    68.00    90.00    76.00    80.25
```

案例7.18在search()函数中利用指向二维数组的指针查找序号为 n 的学生成绩的首

地址。通过参数传递将数组 *score* 的首地址传给指针变量 p,p 是含有 5 个元素的一维数组的指针变量,此时它指向序号为 0 的学生成绩(即第 0 行元素)。当 $p+n$ 时,指针指向序号为 n 的学生成绩,$*(p+n)$表示第 n 行第 0 列元素的地址,将该地址返回主函数后,用 for 循环将 n 行 5 个数据输出。

温馨提示:注意指针函数与函数指针的区别

例如,int (* *p*)()和 int * *p*()是完全不同的。从表面上看,它们只差一个括号。但是前者的 p 是一个指针变量名,可以指向一个返回值为整型的函数,称 p 为函数指针;后者的 p 是一个函数名,函数返回值为整型指针变量,也称 p 为指针型函数。

7.7 指针与动态内存分配

在 C 语言程序设计中,数组的长度在定义时就已确定,所需内存的大小也随之固定,C 语言不允许定义动态数组。但在实际应用中,往往会发生这样的情况,所需的内存取决于实际输入的数据,而无法预先确定其大小。例如,字符串处理程序往往不能确定输入的字符个数,用数组处理的话,经常是尽可能大地定义数组的长度,使用的可能就只有前面一小部分内存单元,造成内存的浪费。

利用 C 语言提供的内存管理函数可以解决这类问题,有效地利用内存空间。malloc 函数可以根据需要动态分配内存单元的数量,使用结束用 free 函数释放动态分配的内存。calloc 函数的作用与 malloc 函数类似。指针为动态分配内存提供必要的支持。

前面已经介绍过全局变量和局部变量,全局变量(以及静态局部变量)分配在静态存储区,非静态的局部变量(包括形参)分配在内存中的动态存储区,这个区也称为栈区。除此以外,C 语言允许建立动态的内存分配区域,以存放一些临时的数据,这些数据不需要在程序的开头定义,在程序执行的过程中,可以根据需要向系统申请所需大小的内存空间,使用完毕就释放。动态分配的内存单元是临时存放数据的自由存储区,称为堆区。

【案例 7.19】 输入若干个字符,并逆序输出。字符个数 n 在程序执行时由键盘输入,利用动态分配的 n 个字符的内存空间存储 n 个字符。

```
#include<stdio.h>
#include<stdlib.h>                              /*调用函数 malloc 需包含该头文件*/
int main()
{   char*st;
    int i,n;
    printf("请输入字符个数:");
    scanf("%d",&n);
    st=(char*)malloc(n);                        /*调用函数 malloc 分配 n 个字符的内存空间*/
    if(!st)                                     /*检查指针,若指针值为 0 表示动态分配失败*/
    {  printf("内存分配失败"); exit(1);  }              /*若指针值为 0,终止程序执行*/
    for(i=0;i<n;i++)                                   /*输入 n 个字符*/
       scanf(" %c",&st[i]);
    for(i=n-1; i>=0; i--)putchar(st[i]);               /*反向输出*/
    printf("\n");
```

```
    free(st);                                    /*释放内存*/
    return 0;
}
```

程序运行结果为：

```
请输入字符个数：10↙
ABCDEFGHIJ↙
JIHGFEDCBA
```

案例7.19先从键盘输入字符个数n，利用malloc函数向系统申请n个字节连续的存储空间。若不成功，malloc函数的返回值为0，输出"内存分配失败"后，终止程序执行；如果成功，则返回值为指针，也就是该连续空间的首地址。接着用循环输入n个字符，并存储在该空间中，最后逆序输出n个字符。

exit()是系统提供的库函数，其功能为终止程序的执行。exit()的定义在头文件stdlib.h中。

相关知识点：动态分配内存函数

(1) 内存分配函数malloc()的原型为：

```
void*malloc(unsigned int (size));
```

函数的功能是：在动态存储区中分配一块长度(即一个数据在内存中占据的字节数)为"size"的连续区域，函数的返回值为无类型(即void)的指针，即该区域的首地址，若不成功，则返回0。实际使用时需要强制将"void"类型的指针转换为所需要的类型。例如，在案例7.19中"(char *)malloc(n)"便将"void"转换为"char"型。

(2) 函数free()的原型为：

```
void free(void*ptr);
```

函数的功能是：释放*ptr*所指向的一块内存空间。*ptr*是一个无类型的指针变量，它指向被释放区域的首地址。被释放的区域应该是由malloc或calloc函数所分配的。

(3) 内存分配函数calloc()的原型为：

```
void*calloc(unsigned n, unsigned size);
```

函数的功能是：分配n个数据项的连续内存空间，每个数据项的大小为*size*，并且分配后把存储区全部单元初始化为0。函数的返回值为该区域的首地址，若不成功，则返回0。

malloc()与calloc()的主要区别为1块与n块的区别：malloc()在内存的动态存储区中分配一块长度为*size*字节的连续区域，返回该区域的首地址；calloc()在内存的动态存储区中分配n块长度为*size*字节的连续区域，并将它们初始化为0，返回首地址。例如，double类型的一个数据占据8个字节内存，用malloc()分配1×8个字节的内存空间，而用calloc()则分配$n\times8$个字节的内存空间。

动态分配内存也许会失败，例如空间不够等，所以每次申请后，都要检测是否成功。若不成功，程序只能终止，不可能再继续下去。使用malloc、free和calloc函数需要包含头文件“stdlib.h”。

温馨提示：虽然用 malloc 或 calloc 函数可以动态分配内存，但是内存区的大小在分配后也是固定的，不能越界使用，否则可能会引起严重的后果。动态分配的内存空间只能用指针来引用，而不能使用变量名或数组名。

【案例 7.20】 求若干正整数的最小公倍数，正整数的个数由键盘输入。利用动态分配的 *n* 个连续的整型数据空间存储 *n* 个整数。

分析：正整数的个数由键盘输入，利用 malloc 函数申请 *n* 个整型数据的连续存储空间。若申请成功，输入 *n* 个正整数，根据求最小公倍数的规则进行计算。

```
#include<stdio.h>
#include<stdlib.h>
void main()
{   int *p,s,i,n;
    printf("请输入数据个数: ");
    scanf("%d",&n);
    p=(int *)malloc(n*sizeof(int));      /*动态分配 n 个整数的存储空间*/
    if(!p)                               /*检查指针,若指针值为 0 表示动态分配失败*/
    {  printf("内存分配失败"); exit(1);}
    printf("请输入%d个整数: ",n);
    for(i=0;i<n;i++)
         scanf("%d",&p[i]);              /*输入 n 个整数*/
    s=*p;                                /*把第一个数赋给 s*/
    while(1)                             /*求 n 个数的最小公倍数*/
     {     for(i=1;i<n;i++)
             if(s%p[i]!=0)break;         /*判断能否整除*/
          if(i==n)break;
          else s+=*p;
    }
     printf("最小公倍数是: %d\n",s);      /*输出最小公倍数*/
     free(p);                            /*释放内存*/
}
```

程序运行结果为：

```
请输入数据个数: 3↙
请输入 3 个整数:  7 3 5↙
最小公倍数是: 105
```

案例 7.20 中求最小公倍数的方法是先取出第一个数(语句为 s=*p;，因为指针变量 *p* 指向内存空间的首地址，取它指向的空间的内容就是第一个数，如 7)，用这个数除以第二个数(如 3)，若不能整除，加本身(即 7+7，语句为 s+=*p;)，直至能整除，再将此时的数除以第三个数，若不能整除，再加本身，然后再从第二个数开始验证，直至能整除。一直这样进行下去，直到最后一个数也能整除，这时 *s* 的值就是最小公倍数。以 7、3、5 这 3 个数为例简单叙述如下：

7 除以 3 不能整除，7+7=14，14 除以 3 不能整除，14+7=21，21 除以 3 能整除，用 21 除以 5，不能整除，21+7=28；28 再除以 3 不能整除，28+7=35，35 除以 3 还不能整除，35+7=42，……，直到 105 除以 3、5 都能整除，那么 105 就是它们的最小公倍数。

请思考：能将案例 7.20 中函数 malloc()改为用函数 calloc()动态申请内存吗？

【案例 7.21】 利用 calloc 函数为 *n* 个长度的一维数组在内存中开辟动态存储空间，从键盘上输入 *n* 个数，赋给每个数组元素。要求调用函数使数组元素逆序后输出，每行输出 5 个数。

分析：利用 calloc()函数向系统申请 *n* 个数据(数组)的连续内存空间，每个数据占据内存的大小由 sizeof 确定。用 calloc()函数申请的内存空间，自动初始化为 0，从键盘输入 *n* 个数为它们分别赋值。定义一个函数完成数组元素逆序。

```
#include<stdio.h>
#include<stdlib.h>
void invert(int a[],int n)                          /* 定义使数组 a 的元素逆序的函数 */
{   int i, w ;
    for(i=0;i<n/2;i++)                              /* 数组元素逆序 */
    {  w=a[i]; a[i]=a[n-1-i]; a[n-1-i]=w;  }
}
void main()
{   int i, *p;  unsigned n;
    while(1)
    {   printf("Input n:");
        scanf("%d",&n);
        if(n>1) break;
    }
    p=(int *)calloc(n,sizeof(int));                 /* 动态申请 n 个数据的内存空间 */
    if(!p){printf("allocation error aborting.\n"); exit(1);}
    printf("Input p[0] p[1] ...p[%d]:",n);
    for(i=0;i<n;i++)
      scanf("%d",&p[i]);
    invert(p,n);                                    /* 调用函数 */
    printf("The array has been inverted:\n");
    for(i=0; i<n; i++)                              /* 输出逆序后的结果 */
    {   if(i%5==0) printf("\n");                    /* 控制每行输出 5 个数 */
        printf("%5d",p[i]);
    }
    printf("\n");
}
```

程序运行结果为：

```
Input n: 10↙
Input p[0] p[1] ...p[10]: 22 6 7 9 0 - 5 44 - 1 8 13↙
The array has been inverted:
13  8  -1  44  -5
0   9   7   6  22
```

在案例 7.21 中主函数通过 calloc 函数为一维数组在内存开辟动态存储空间，长度为 n。calloc 函数的返回值是一个指向分配区域首地址的指针，但该指针不指向任何数据类型，而 p 是指向整型的，因此用强制类型转换的方法使指针指向整型，在 calloc()之前加上(int *);，如果分配不成功，返回值为 0。利用循环输入 n 个数据，调用函数 invert()使数组 a 中的元素逆序重新存放，最后按照每行 5 个数的要求输出。

7.8 应用实例

【案例 7.22】 用古典筛法求某数以内的所有素数。

分析：用古典的 Eratosthenes 的筛法求从 2 起到指定范围内的素数。例如，要找出 2 至 10 中的素数，开始时筛中有 2、3、……、10，首先取走筛中的最小数 2，宣布它是素数，并把该素数的倍数都取走。这样，第一步以后，筛子中还留下奇数 3、5、7、9；重复上述步骤，再取走最小数 3，宣布它为素数，并取走 3 的倍数，于是留下 5、7，反复重复上述步骤，直至筛中为空时，工作结束，求得 2 至 10 中的全部素数。

```
#include"stdio.h"
#include<stdlib.h>
int main()
{   int i,j,k,N;
    int *p;
    printf("请输入一个整数:");
    scanf("%d",&N);
    p=(int *)calloc(N+1,sizeof(int));
    if(!p){printf("内存分配失败!"); exit(0);}
    *p=0;                          /*先排前两个*/
    *(p+1)=0;
    for(i=2;i<=N;i++)              /*将其余数组元素赋值为1*/
        *(p+i)=1;
    for(i=2;i<=N;i++)              /*将其余元素值为1的第一个数设定为素数*/
      if(*(p+i)==1)
         for(j=2;j<N;j++)          /*将后面所有该数的倍数去掉,即将其元素值改为0*/
         {  k=j*i;
            if(k>N)break;
            *(p+k)=0;
         }
    printf("%d以内的所有素数: ",N);
    for(i=0;i<=N;i++)              /*将此时元素值为1的序号输出*/
        if(*(p+i)==1)printf("%d ",i);
    printf("\n");
    if(p)free(p);                  /*释放动态内存*/
    return 0;
}
```

程序运行结果为：

```
请输入一个整数：30↙
30以内的所有素数：2  3  5  7  11  13  17  19  23  29
```

在案例 7.22 中，利用 calloc 函数开辟长度为 $N+1$ 个整型数的内存空间，作为一维数组使用。将它们每个元素的值(除开始的前两个为 0 外)均设置为 1(程序第 12、13 行)。从序号为 2 的开始，先把 2 定为素数，然后把后面所有序号为 2 的倍数的元素值设置为 0，表示为非素数(程序第 14～20 行的双重循环)。把下一个元素值为 1 的定为素数，它的序号为 3，再把后面所有序号为 3 的倍数的元素值设置为 0。依此类推，直至找到所有素数。最后输出数组中所有元素值为 1 的序号即可(程序倒数第 4～5 行)。

【案例 7.23】 约瑟夫问题。这是 17 世纪法国数学家加斯帕在《数目的游戏问题》中讲的一个故事：15 个基督教徒和 15 个异教徒在海上遇险，必须将一半人投入海中，其余的人才能幸免于难，于是想了一个办法：30 人围成一个圈，从第一个人开始依次报数，每数到第 9 个人就把他投入大海，如此循环进行直至仅余 15 人为止。问怎样排法，才能使每次投入大海的都是异教徒。

分析：使用数组构成一个环形，每个数组元素初始化为 1、2、…、30 的非 0 值，代表 30 个人。设置3 个计数器：第一个计数器 k 用来报数，从第一个元素开始，数到第九个时将该数组元素置为 0，表示此人被扔下海，计数器 k 也清 0，再从第十个元素继续报数，数到第九个时将该数组元素置为 0。第二个计数器 i 用来遍历每个数组元素，当数到 30 时清 0，返回到数组头，形成一个环。数完一圈再数下一圈。第三个计数器 m 记录被扔下海的人数，扔下海一个人 m 加 1，当 m 等于 15 时循环结束。

```
#include "stdio.h"
#define N 30
void main()
{   int i,k,m,n,num[N],*p;
    printf("报 n 号的出局,输入 n=");
    scanf("%d",&n);
    p=num;
    for(i=0;i<N;i++)
      *(p+i)=i+1;                       /*为每个数组元素赋值:1,2,3,…,30*/
    i=0; k=0; m=0;                      /*计数器清 0*/
    while(m<N/2)                        /*扔下海的人数计到 15 则停止*/
    {   if(*(p+i)!=0)k++;               /*若标记不为 0,表示该人在船上,k 计数器加 1*/
        if(k==n)                        /*计数到 9*/
         {   *(p+i)=0;                  /*标记置为 0,表示该人被扔下海*/
             k=0;                       /*报数计数器清 0,准备再次计数*/
             m++;                       /*扔下海的人数加 1*/
         }
         i++;                           /*遍历每个数组元素:1,2,3,…,30*/
        if(i==N)i=0;                    /*到 30 后再从第一人开始以构成环*/
    }
    printf("按照下面的排法,扔下海的都是异教徒(+:异教徒,&:基督徒):\n");
    for(i=0;i<N;i++)
```

```
        printf("%c ",p[i]!=0?'&':'+');   /*标志为1,表示在船上,输出'&',否则扔下海输出'+'*/
    printf("\n");
}
```

程序运行结果为:

```
报n号的出局,输入n=9↙
按照下面的排法,扔下海的都是异教徒(+:异教徒,&:基督徒):
& & & & +++++& & +& & & +& ++& & +++& ++& & +
```

在案例7.23中利用for循环为定义的包含30个元素的整型数组元素顺序编号:1、2、3、…、30,代表30个人;使3个计数器清零,为报数做好准备。while()循环变量 k 完成从1到9的报数,将报到9的人对应数组元素值设置为0,变量 i 遍历数组中每个元素,变量 m 记录扔下海的人数,当 m 等于15时循环结束。最后利用for循环输出数组元素值,值为0是被扔下海的,输出时用"+"表示,值为非0是未被扔下海的,输出时用"&"表示。只要基督徒和异教徒按照输出时符号"&"和"+"的顺序排列,就能使每次投入大海的都是异教徒。

【案例7.24】 验证卡布列克常数。任意一个4位数,只要它们各位上的数字是不完全相同的,就有这样的规律:(1)将组成该4位数的4个数字由大到小排列,形成由这4个数字构成的最大4位数;(2)将组成该4位数的4个数字由小到大排列,形成由这4个数字构成的最小4位数;(3)求两个数的差,最后得到一个新的4位数(高位零保留)。重复以上的过程,最后得到的结果总是6174。这个数被称为卡布列克常数。请编程验证。

分析:①将从键盘上输入的任意一个4位数分解出每一位上的数字,将它们保存在数组中;②将数组中4个元素值按照由小到大(或由大到小)的顺序进行排序;③将它们按照顺序组成一个最小4位数,再逆序组成一个最大4位数;④将最大值减去最小值得到一个新数,判断该数是否等于6174;若不等于,重复上述①到④步,直至等于6174为止。

```
#include<stdio.h>
void main()
{   void parse_sort(int num,int *each);
    void max_min(int *each,int *max,int *min);
    int n,each[4],max,min,count=0;
    printf("Enter a number:");
    scanf("%d",&n);
    while(n!=6174&&n)
    {  parse_sort(n,each);
       max_min(each,&max,&min);
       n=max-min;
       printf(" (%d) %d-%d=%d\n",++count,max,min,n);
    }
}
void parse_sort(int num,int *each)
{     int i,*j,*k,temp;
      for(i=0;i<4;i++)                          /*分解4位数存入数组each中*/
    {   each[i]=num%10;
```

```
        num/=10;
    }
    for(i=0;i<3;i++)                              /*将4位数字按照由小到大的顺序排序*/
        for(j=each,k=each+1;j<each+3-i;j++,k++)
            if(*j>*k){  temp=*j; *j=*k; *k=temp;  }
}
void max_min(int *each,int *max,int *min)
{   int *i;
    *min=0;
    for(i=each;i<each+4;i++)                      /*把4位数字组合成一个4位的最小数*/
        *min=*min*10+*i;
    *max=0;
    for(i=each+3;i>=each;i--)                     /*把4位数字组合成一个4位的最大数*/
        *max=*max*10+*i;
}
```

程序运行的结果为：

```
Enter a number: 1432↙
(1) 4321-1234=3078
(2) 8730-378=8352
(3) 8532-2358=6174
```

案例7.24中用3个函数完成验证卡布列克运算。函数parse_sort()用来分解4位数每一位上的数字，并保存在数组*each*中，然后将数组元素按照由小到大的顺序排序。函数max_min()把数组元素按顺序和逆序组成最小、最大两个数。主函数main()将从键盘输入的数与6174比较，若不相等，先调用parse_sort()函数分解4位数，再调用max_min()函数组成最小、最大两个数后返回主函数，让最大数减去最小数得到的结果若不等于6174，再次调用parse_sort()和max_min()，直到等于6174为止。每次调用函数显示从键盘输入的数分解出的4位数字组成的最大值与最小值之差，输出调用过程和过程中产生的数据，可以看到一个数经过几次重复最终得到结果。

【案例7.25】 用二分法搜索字符串。

分析：二分法搜索要求数据必须是有序的，可以是升序，也可以是降序，否则无法进行。二分法搜索（也称折半查找）的基本思想是：以升序为例，先将全部数组元素一分为二，用中间的字符串与给定的字符串进行比较，如果相同，则搜索到；如果不相同，若给定的字符串小于中间的字符串，则应在前半部分进行搜索，再将前半部分数组元素一分为二，用中间的字符串与给定字符串进行比较，……，直至搜索到；或者搜索空间为0，即没搜索到。二分法搜索比顺序搜索速度快。

```
#include<stdio.h>
#include<string.h>
void main()
{   char *binary(char *[],char *,int);                /*函数声明*/
    void sort(char *[],int);                          /*函数声明*/
```

```
    char str[20],*p;
    char *pn[]={"Beijing","Shanghai","Hangzhou","Wuhan","Chongqing",
              "Guangzhou","Hong Kong","Xinjiang"};
    int i;
    sort(pn,8);                                  /*调用排序函数*/
    printf("字符串排序后:\n");
    for(i=0;i<8;i++)
        printf("%s\n",pn[i]);
    printf("请输入需要搜索的字符串:");
    gets(str);
    p=binary(pn,str,8);                          /*调用二分法搜索函数*/
    if(p)printf("搜索到\n");                     /*返回值为非0时表示查找到*/
    else printf("没搜索到\n");                   /*返回值为0时表示没查找到*/
}
void sort(char *s[],int n)                      /*字符串排序函数*/
{   char *str;
    int i,j;
    for(i=0;i<n-1;i++)
        for(j=i+1;j<n;j++)
            if(strcmp(s[i],s[j])>0){str=s[i];s[i]=s[j];s[j]=str;}
}
char *binary(char *sp[],char *s,int n)          /*二分法搜索函数*/
{   int low=0,h=n-1,m;
    while(low<=h)
    {   m=(low+h)/2;
        if(strcmp(s,sp[m])<0)h=m-1;
        else if(strcmp(s,sp[m])>0)low=m+1;
        else return(sp[m]);
    }
    return 0;
}
```

程序运行结果为:

```
字符串排序后:
Beijing
Chongqing
Guangzhou
Hangzhou
Hong Kong
Shanghai
Wuhan
Xinjiang
请输入需要搜索的字符串:Hong Kong↙
搜索到
```

案例 7.25 中函数 sort()完成字符串由小到大排序；函数 binary()完成二分法搜索，在排好序的字符数组中搜索指定的字符串，首先将数组所占据内存空间一分为二，用中间位置上的字符串与指定字符串比较。若相同，则找到；若不相同，则判断指定字符串是大于还是小于中间位置上的字符串。如果大于，那就到后半区间查找，否则到前半区间查找。然后再将该区间一分为二，继续查找，直至找到或区间大小为 0 仍没找到为止。主函数输入需查找的字符串后调用函数 sort()和 binary()，根据 binary()函数的返回值得出找到或没找到的结果。binary()返回 0 表示没找到，否则返回字符串首地址。

7.9 本章小结

本章主要介绍指针的概念，指针的运算符及运算规则，指针变量作为函数参数传递的方法，利用指针处理数组和字符串的方法以及用指针实现动态内存分配的方法。

指针变量是一种特殊的变量，只能存放地址，可以存放变量的地址或数组的地址或函数的入口地址等。指针有两大特点：一是指针变量的值，就是另外的数据的地址；二是指针变量的类型，在定义指针变量时要指明类型，指针变量的类型应与所指向的数据类型一致。指针变量与其他类型的普通变量一样，需要先定义，后赋值，再使用。一个指针变量定义后没赋值，即没有指向一个变量或数组等，是一个悬空指针，是不可以使用的。

可以将一个变量的地址或数组元素的地址或函数的入口地址等赋给一个指针变量，也可以将一个指针变量的值赋给另一个指针变量，但是不可以给指针变量赋予任意常量值。特例是可以给指针变量赋 0 值，表示指针变量指向 0 地址单元。

指针运算符有“&”和“*”。前者为取地址，后者为取内容。例如：

```
int a=2,b;
int * pa, * pb;
pa=&a;              /* 取变量 a 的地址赋给指针变量 pa */
b= * pa;            /* 取指针变量 pa 指向的变量 a 的值（简称取内容）赋给变量 b */
pb=pa;              /* 将指针变量 pa 的值赋给指针变量 pb */
```

指针变量可以进行的运算有算术运算和关系运算。算术运算包括指针变量可以加/减一个整数运算，两个指向同一类型的指针可以做减法运算，其差为两个指针之间的距离（即数据的个数）。关系运算反映两个指针变量之间的关系，可以进行 6 种（大于、小于、等于、不等于、大于或等于、小于或等于）比较运算，要求两个指针指向同一类型数据，例如同一数组。唯一的特例是指针变量还可以与 0（可以用 NULL 符号表示，NULL 为在“stdio.h”定义的符号常量，其值为 0）进行比较。例如，在动态分配内存时，若没有成功，malloc 函数的返回值为 0。

用指针处理数组极为方便。指针变量的值可以改变，即可以指向数组中第一个元素或第五个元素等。数组名代表数组的首地址，它是一个地址常量，其值不可以改变，也就是说，数组名只代表数组首地址。例如：

```
int a[10];
int * p;
p=a;                       /* 指针变量 p 指向数组首地址 */
```

```
p++;                    /* 指针变量 p 指向数组 a+1 元素的地址 */
p=p+4;                  /* 指针变量 p 指向数组 a+5 元素的地址,在上个语句的基础上加 4 */
```

指向字符串的指针变量类似于指向数组的指针变量,但是某些操作是不相同的。例如:

```
char name[20], string[20], *ps;         /* 定义字符数组、字符指针变量 */
ps=string;                              /* 正确 */
gets(name);                             /* 正确 */
ps="hello";                             /* 正确 */
strcpy(name,ps);                        /* 正确 */
```

对于字符数组 *name*,可以用 scanf()或 gets()函数从键盘输入小于 20 个字符为它赋值,也可以在定义数组的同时初始化,还可以用字符串拷贝函数 strcpy()将一个字符串赋给它。但是不可以直接用赋值的方式将一个字符串赋给它,即 name="hello";或者 name=ps;都是错误的。因为 *name* 是常量,其值是不可以改变的。而指针变量 *ps* 可以直接在定义时初始化,如:ps="hello";,直接用赋值的方式将一个字符串的首地址赋给它。若希望用 scanf()或 gets()函数从键盘输入若干字符(字符个数没有限制),将其首地址赋予它,则需要先将指针变量指向某个字符数组,例如 ps= string;,之后再利用 scanf()或 gets()函数输入字符串。

指向变量的指针变量、指向数组的指针变量等都可以作为函数参数传递到另一个函数中去完成某些运算或操作。

当一个函数调用另一个函数时,实参和形参之间传递数据、相互之间可能会产生影响。用变量、数组名或指针变量分别作为参数时,实参与形参的关系总结如表 7.1 所示。

表 7.1 函数调用时实参与形参的关系

实参类型	形参类型	形参对实参的影响
变量	变量	形参变化,实参不变
变量的地址	指针	形参变化,实参做相同变化
数组名	数组名	形参变化,实参做相同变化
数组元素	变量	形参变化,实参不变
数组名	指针	形参变化,实参做相同变化
指针	数组名	形参变化,实参做相同变化
指针	指针	形参变化,实参做相同变化

注:这里的变化指的是存储单元内容(即值)的改变。

指针数组的每个元素都是指针变量,每个指针变量都可以指向一个字符串,所以字符指针数组经常用来处理多个字符串。例如,char * name[13];,在这个数组中存放了 13 个元素,都是字符串的首地址,都指向一个字符串。利用指针数组进行字符串查找、排序等都很方便。

指向函数的指针变量可以代替函数名用来调用函数。在 C 语言中,函数名与数组名一样也代表函数的首地址。当一个函数编译后,在内存中占据一段内存空间,其首地址被称为函数的入口地址,函数名就代表函数的入口地址。定义一个指向函数的指针变量,将函数入口地址赋予该指针变量,然后就可以用该指针变量调用函数了,用法与用函数名调用函数一样。例如:

```
int max(int x,int y)
{  return x>y?x:y;  }
void main()
{   int max(int, int);
    int (*p)(int, int);
    p=max;
    printf("%d\n",p(3,8));
}
```

函数的返回值可以是一般数据类型，例如整型、实型或字符型数据，可以无返回值，即 void 型，也可以返回地址型数据，即指针型数据，例如变量的地址、数组的地址等，这样的函数被称为指针型函数。指针型函数的定义与一般函数的定义一样，只是返回值为指针类型。例如：

```
#include<stdio.h>
int *max(int *x,int *y)                 /*定义指针型函数 max*/
{   if(*x>*y)return x;                  /*若*x>*y,则返回 x*/
    return y;                           /*否则,返回 y*/
}
void main()
{   int *max(int *, int *);             /*声明函数 max*/
    int a,b, *p;
    scanf("%d%d",&a,&b);
    p=max(&a,&b);                       /*调用函数 max,将返回值赋予指针变量 p*/
    printf("%d\n", *p);                 /*输出指针变量所指向的内容*/
}
```

动态分配内存，是在程序运行时根据需要向编译系统申请内存空间，使用结束就释放内存。常用的动态分配内存函数有 malloc、free 和 calloc。

void * malloc(size)的功能是在动态存储中分配一个长度为 *size* 字节的连续存储区域，函数返回值为该区域的首地址。calloc 函数可以为一维数组开辟动态存储空间，*n* 为数组长度，每个元素占据内存的长度为 *size*，函数的形式为 void * calloc(n,size)。函数 free 释放由 malloc 或 calloc 动态分配的内存空间，使这部分内存能重新被其他变量使用。

习　题

1. 单选题

(1) 设 char s[10]; * p=s;，下列表达式中，不正确的是(　　)。

A. p=s+5;　　B. s=p+s;　　C. s[2]=p[4];　　D. * p=s[0];

(2) 已知：int * p,a;p=&a;，这里的运算符“&”的含义是(　　)。

A. 位与运算　　B. 逻辑与运算　　C. 取指针内容　　D. 取变量地址

(3) 已知：int a, * p = &a;，则下列函数调用中要求输入/输出 *a* 的值，错误的是(　　)。

A. scanf("%d",&a);　　　　　　B. scanf("%d",p);

C. printf("%d",a);　　　　　　D. printf("%d",p);

(4) 定义语句"int (*p)();"的含义是(　　)。

A. p是一个指向int型数组的指针变量

B. p是指针变量,指向一个整型数据

C. p是一个指向函数的指针变量,该函数的返回值是整型

D. 以上都不对

(5) 下列选项中,对指针变量p不正确的操作是(　　)。

A. int a[6], *p;p=&a[0];

B. int a[6], *p;p=a;

C. int a[6];int *p=a=1000;

D. int a[6]; int *p1, *p2=a; *p1= *p2;

(6) 已知:char *a[2]={"abcd", "ABCD"};,则下列说法正确的是(　　)。

A. a数组元素的值分别是"abcd"和"ABCD"

B. a是指针变量,它指向含有两个数组元素的字符型一维数组

C. a数组的两个元素分别存放的是含有4个字符的一维字符数组的首地址

D. a数组的两个元素中各自存放了字符'a'和'A'的地址

(7) 设char b[5], *p=b;,则正确的赋值语句是(　　)。

A. b="abcd";　　B. *b="abcd";　　C. p="abcd";　　D. *p="abcd";

(8) 设char str[ ]= "OK";,对指针变量p的说明和初始化语句是(　　)。

A. char p=str;　　B. char *p=str;　　C. char p=&str;　　D. char *p=&str;

(9) 已知函数定义如下:

```
void str(char *p1, *p2)
{while(*p2++=*p1++);}
```

函数str()的功能是(　　)。

A. 求字符串的长度　　　　　　B. 串复制

C. 串比较　　　　　　　　　　D. 字符串逆序存放

(10) 若int a[4][10], *p, *q[4];,且$0 \leqslant i < 4$,则下列选项中,错误的赋值是(　　)。

A. p=a　　B. q[i]=a[i]　　C. p=a[i]　　D. q[i]=&a[2][0]

2. 填空题

(1) 下列程序中,函数f将数组循环左移k个元素,输出结果为4 5 6 7 8 1 2 3。根据程序功能,完成程序填充。

```
#include<stdio.h>
void f(int (a, int n, int k)
{   int i,j,t;
    for(i=0;i<k;i++)
    {______①______;
       for(_______②_______) a[j-1]=a[j];
       a[n-1]=t;
```

```
    }
}
void main()
{   int b[ ]={1,2,3,4,5,6,7,8},i;
    f (b,8,3);
    for(i=0;i<8;i++)
      printf("%4d",b[i]);
    printf("\n");
}
```

(2) 下列程序中,调用 f 函数,求 a 数组中最大值和 b 数组中最小值之差。

```
#include<stdio.h>
float f(float * d, int n, int flag)
{   float y;  int i;
    ____①____
    for(i=1; i<n; i++)   if(flag * d[i]>flag * y) y=d[i];
    return y;
}
void main()
   {   float a[6]={3,5,9,4,2.5,1}, b[5]={3,-2,6,9,1};
       printf("%.2f\n",f(a,6,1)-____②____);
    }
```

(3) 下列程序是将八进制数字字符串转换为十进制整数。

```
#include<stdio.h>
void main()
{   char * p,s[6]; int n;
    p=s;
    gets(p);
    n=____①____;
    while(____②____!='\0') n=n * 8+(* p)-'0';
    printf("%d\n",n);
}
```

(4) 下列程序是从键盘输入一个字符串,然后按照由大到小的顺序进行排序,并删除重复的字符。

```
#include<stdio.h>
#include<string.h>
void main()
{   char str[100], * p, * q, * r, c;
    printf("Please input a string: ");
    gets(str);
    for(p=str; * p;p++)
    {   for(q=p,r=p; * q;q++)  if(____①____) r=q;
        if(____②____) {c= * r; * r= * p; * p=c;}
```

```
    }
    for(p=str; * p;p++)
    {   for(q=p; * p== * q; q++);
        strcpy(____③____, q);
    }
    printf("Result : %s\n",str);
}
```

(5) 下列程序的功能是通过调用函数 f 计算代数多项式当 $a=1.7$ 时的值。代数多项式为 $1.1+2.2*a+3.3*a*a+4.4*a*a*a+5.5*a*a*a*a$。

```
#include<stdio.h>
float f (float, float* , int);
void main()
{   float b[5]={1.1,2.2,3.3,4.4,5.5};
    printf("%f\n", f(1.7,b,5));
}
float f(____①____)
{   float y=a[0], t=1;
    int i;
    for(i=1;i<5;i++)
    {____②____ ; y=y+a[i] * t;     }
    ____③____;
}
```

(6) 用以下程序求出 a 数组中所有素数之和。函数 prime 用来判断由实参传递过来的数值是否是素数，若是素数返回 1，否则返回 0。

```
#include<stdio.h>
prime(int num)
{   int i;
        for(i=2;____①____ ;i++)
          if(num%i==0) return (0);
          return (1);
}
void main()
{   int i,a[10], * p=a,sum=0;
        printf("Input 10 number:");
        for(i=0;i<10;i++)
            scanf("%d",&a[i]);
         for(i=0;i<10;i++)
         if(prime( * p++)==1)
         {   printf("%d ",____②____);
             sum=sum+ * (a+i);
         }
      printf("\nSum is %d\n",sum);
}
```

3. 阅读下列程序,写出程序执行结果

(1)

```
#include<stdio.h>
void add(int * p,int n)
{   int i;
    for(i=0;i<n;i++)
{    * (p)++;
    p++;  }
}
void main()
{   int a[ ]={0,1,2,3,4,5,6,7,8,9}, i;
    for(i=0;i<10;i++)
      printf("%d  ",a[i]);
    printf("\n");
    add(a,10);
    for(i=0;i<10;i++)
      printf("%d  ",a[i]);
}
```

(2)

```
#include<stdio.h>
void  main()
{   int a[ ]={1,3,5,7,9}, * p=a;
    printf("%d\n",(* p++));
    printf("%d\n",(* ++p));
    printf("%d\n",(* ++p)++);
}
```

(3)

```
#include<stdio.h>
void  main()
{   int a[10], b[10], * pa, * pb, i;
    pa=a;  pb=b;
    for(i=0; i<3; i++,pa++,pb++)
    { * pa=i;
      * pb=2 * i;
      printf("%d\t%d\n", * pa, * pb);
    }
    printf("\n");
    pa=&a[0];  pb=&b[0];
    for(i=0;i<3;i++)
    {    * pa= * pa+i;
         * pb= * pb+i;
        printf("%d\t%d\n", * pa++, * pb++);
```

```
    }
}
```

(4)

```
#include<stdio.h>
void main()
{  char c[2][5]={"1357", "2468"}, *p[2];
   int i,j,s=0;
   for(i=0;i<2;i++)
      p[i]=c[i];
   for(i=0;i<2;i++)
      for(j=0;p[i][j]>'\0'&&p[i][j]<='9';j+=2)
         s=10*s+p[i][j]-'0';
   printf("%d\n",s);
}
```

(5)

```
#include<stdio.h>
void main()
{   char *p1, *p2, str[20]="xyz";
    p1="abcd";
    p2="ABCD";
    strcat(str,p2);
    strcpy(str +6,p1);
    printf("%s",str);
}
```

(6)

```
#include<stdio.h>
func(int n, int *s)
  {   int f1, f2;
      if(n==1||n==2) *s=1;
      else
      {   func(n-1,&f1);
          func(n-2,&f2);
          *s=f1+f2;
      }
  }
  void main()
  {   int x;
      func(8,&x);
      printf("%d\n",x);
  }
```

(7)

```
#include<stdio.h>
#include<string.h>
void func(char * a, int n)
  {   char t, * stb, * ste;
      stb=a;  ste =a+n-1;
      while(stb<ste)
      {  t= * stb++;
         * stb= * ste--;
         * ste=t;    }
  }
void main()
{   char * p[]="123456789";
    func(p, strlen(p));
    printf("%s\n",p);
}
```

本题中如果把 while 语句的循环体修改如下：

```
{  t= * stb; * stb++= * ste; * ste--=t;  }
```

程序的结果又如何？

(8)

```
#include<stdio.h>
void delch(char * a)
{   int i, j;    char * b;
    b=a;
    for(i=0, j=0; b[i]!='\0'; i++)
        if(b[i]>='0'&&b[i]<='9') {a[j]=b[i]; j++;}
    a[j]='\0';
}
void main()
{   char * p="a1b2c3d4e5f";
    delch(p);
    printf("\n%s\n",p);
}
```

(9)

```
#include<stdio.h>
void  a_d(int x, int y, int * pc, int * pd)
{  * pc=x+y;
    * pd=x-y;
}
void main()
```

```
{ int a,b,c,d;
    a=5;  b=8;
    a_d(a,b,&c,&d);
    printf("%d  %d\n",c,d);
}
```

(10)

```
#include<stdio.h>
void main()
{   int a[2][3]={{1,2,3},{10,11,12}};
    int i, j, *pa[2];
    pa[0]=a[0];
    pa[1]=a[1];
    for(i=0; i<2; i++)
    {  for(j=0; j<3; j++)
           printf("%4d", *pa[i]++);          /*方括号优先于星号*/
      printf("\n");
    }
}
```

4. 编程题

(1) 编程将0～20的整数转换为英文表示的形式。

(2) 编程将字符串“Language”赋予字符数组s,然后用指针变量来输出以下图形。

```
Language
nguage
uage
ge
```

(3) 输入10个整数,将其中的最小数与第一个数对换,最大数与最后一个数对换。要求编写3个函数:(1)输入10个数;(2)处理数据;(3)输出10个数。

(4) 将1到9这9个数字分成3个3位数,要求第一个数是第二个数的二分之一,是第三个数的三分之一。问应如何分。

(5) 将一个数的数字倒过来所得到的新数称为原数的反序数。如果一个数等于它的反序数,则这个数被称为对称数。求不超过1993的所有的对称数。

(6) 已知契比雪夫多项式的定义如下:

```
x                              (n=1)
2*x*x-1                        (n=2)
4*x*x*x-3*x                    (n=3)
8*x*x*x*x-8*x*x+1              (n=4)
```

编写程序,从键盘输入整数n和浮点数x,并计算多项式的值。

(7) 从键盘输入一个字符串(最多不超过40个字符),把此字符串中偶数位的字符变为‘*’。

(8) 猴子选大王。一群猴子都有编号，编号是 1，2，3，…，m，这群猴子共 m 个，按照 1～m 的顺序围坐一圈，从第 1 个开始数，每数到第 N 个，该猴子就要离开此圈，这样依次下来，直到圈中只剩下最后一只猴子，则该猴子为大王。

(9) 设计一个算法，该算法将给定的原字符串中的所有前导空白和尾部空白都删掉，但保留非空字符之间的空白。请用流程图详细描述该算法，并写出完整的 C 语言程序。

第8章　结构及其他

本章主要内容：

- 结构的概念与应用；
- 结构数组与结构指针；
- 链表；
- 联合的概念与应用；
- 枚举。

前面已经学习过数组，数组是由同种类型若干数据按照某种规则构造而成的，用于处理多个、同类型的数据。但是对于某些大量的不同类型的数据处理用数组就不方便了，例如，学生的信息，包括学号、姓名、年龄、性别、多门课程的成绩、平均值等，其中，学号、年龄、成绩等都可以是整型，姓名和性别可以分别是字符数组和字符类型，平均值是实型，并且，这些信息项都有内在的联系，都是属于某一个人的信息，对于这样的数据处理需要有另一种构造类型——结构。

结构是用户根据需要自己定义的一种类型，由基本数据类型“构造”而成，也因此被称为构造类型。结构具有与基本数据类型（如 int、float、double、char 等）同样的作用。

8.1　结构与结构变量的定义

【案例 8.1】　利用结构输入/输出学生的信息。

分析：学生的信息有若干项，如学号、姓名、性别、班级、系别、专业、家庭住址、每学期课程的考试成绩以及平均分等，为了说明问题简单起见，本例中学生的信息只包括学号、姓名和两门课程的成绩，定义的结构包括4个成员项，分别为学号（整型）、姓名（字符数组）、成绩（实型），一个结构变量只可以存储一名学生的信息，若需要输入若干位学生的信息，需要用循环处理，输入一个学生的信息后就输出，然后再输入下一个学生的信息，算法流程图如图8.1所示。

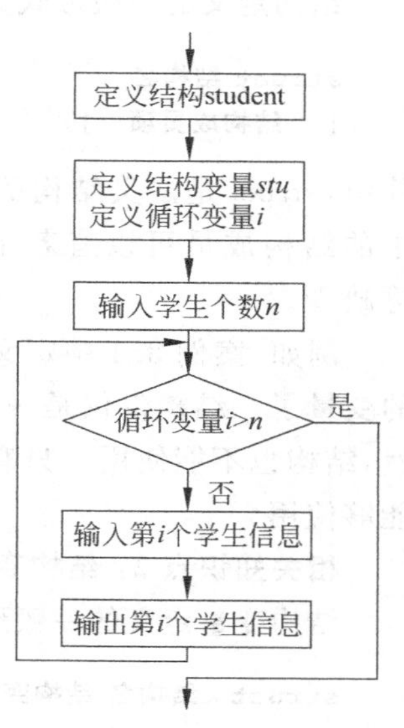

图 8.1　利用结构输入/输出学生信息

```
#include<stdio.h>
struct student                          /*定义关于学生的结构*/
{  int num;                             /*结构的成员项*/
   char name[20];
   float math, English;
};
void main()
{  int i,n;
```

```
    struct student stu;                /*定义结构变量*/
    printf("请输入学生人数:");
    scanf("%d",&n);
    for(i=1;i<=n;i++)                  /*循环输入n位学生的信息*/
    {   printf("请输入第%d名学生学号:", i);
        scanf("%d",&stu.num);
        printf("姓名:");
        scanf("%s",stu.name);
        printf("成绩:");
        scanf("%f%f",&stu.math,&stu.English);
        printf("%d %s %.0f %.0f\n",stu.num,stu.name,stu.math,stu.English);
    }
}
```

程序运行结果为：

```
请输入学生人数:2↙
请输入第1名学生学号:80123↙
姓名: wanghua↙
成绩: 89 98↙
80123 wanghua 89 98
请输入第2名学生学号:80135↙
姓名: lilin↙
成绩: 88 99↙
80135 lilin 88 99
```

相关知识点1：结构的定义

结构定义的一般形式为：

```
struct 结构名
{   结构成员项   };
```

其中，struct是定义结构的关键词；结构名类似于变量名，必须是合法的标识符；花括号中的结构成员可以有若干项，需要指明每个成员的类型和名称；花括号右边的分号不可缺少。

例如，案例8.1中定义的是关于学生的结构，结构定义好后，就可以定义该结构类型的变量了。结构仅仅是一个数据类型，其中并无具体数据，系统也不对结构分配内存，当然，结构也不能使用。只有在定义结构变量后才占用内存，可以在该变量中存储数据，才能够使用。

相关知识点2：结构变量的定义

结构变量定义的一般形式为：

```
struct  结构名 结构变量名;
```

例如，案例8.1中定义结构变量的语句是struct student stu;，这意味着变量*str*具有struct student的类型，包含4个成员项，分别是一个整型变量、一个字符型数组以及两个实型变量，结构变量在内存中占用的空间为这 4 个成员项所占用的空间之和。

结构变量的定义也可以采用另外一种形式：**在定义结构的同时定义结构变量**。例如，将案例 8.1 中的定义改写为：

```
struct student                    /* 定义关于学生的结构 */
{   int num;                      /* 结构的成员项 */
    char name[20];
    float math, English;
} stu ;                           /* 定义结构变量 */
```

结构以及结构变量的定义既可以在函数内也可以在函数外完成。

【案例 8.2】 设计一个日期结构，其中包含年、月、日 3 个成员项，它们都是整型数据，通过该结构输入、输出当前的日期。

```
#include<stdio.h>
struct date                                        /* 定义日期结构 date */
{  int year, month, day;  };
void main()
{   struct date d;                                 /* 定义日期结构变量 d */
    scanf("%d%d%d",&d.year,&d.month,&d.day);       /* 为结构变量每一成员项赋值 */
    printf("今天是%d 年%d 月%d 日.\n",d.year,d.month,d.day);      /* 数据输出 */
}
```

程序运行结果为：

```
2010 8 22↙
今天是 2010 年 8 月 22 日
```

相关知识点 3：结构变量的引用

结构变量的引用要通过结构变量成员项的引用来实现，不能引用结构变量整体。一般引用格式为：

结构变量名．结构成员名

其中，'.'称为成员运算符。例如，案例 8.2 程序中的 d. year、d. month 和 d. day，通过这样的方式可以引用结构变量，表明指定的是结构变量 *d* 的 year、month 或 day 成员，通过这种引用方式可为结构变量输入所需要的数据或输出指定的数据。

相关知识点 4：结构变量的输入与输出

结构变量输入数据时在引用表达式前面加取地址符即可，即 &d. year、&d. month、&d. day，其他与普通变量用法类似，例如：

```
scanf("%d%d%d",&d.year,&d.month,&d.day);
```

输出结构变量的数据时用法也类似于普通变量，例如：

```
printf("今天是%d 年%d 月%d 日.\n",d.year,d.month,d.day);
```

8.2 结构数组与结构指针

【案例 8.3】 候选人得票统计程序。设有 3 个候选人,10 个人参加投票,每次输入一个得票者的名字,最后将统计结果输出。

分析: 定义一个结构类型 person,存储候选人的相关信息:姓名、票数。在程序中定义结构数组并初始化,包括 3 个候选人的姓名和统计票数的变量初值为 0。在循环中每次输入一个候选人的姓名,在结构数组中找到该人后其得票数加 1。最后输出每个候选人的得票数。

```
#include<stdio.h>
#include<string.h>
struct person                                        /*定义结构*/
{   char name[20];                                   /*存放候选人姓名*/
    int count;                                       /*统计票数的变量*/
};
void main()
{   int i, j;
    struct person leader[3]={"Li",0,"Wang",0,"Hong",0};   /*定义结构数组并初始化*/
    char lead_name[20];                              /*存放选票姓名*/
    printf("请投票:");
    for(i=0;i<10;i++)
    {   scanf("%s", lead_name);                      /*输入选票*/
        for(j=0;j<3;j++)                             /*统计票数*/
            if(strcmp(lead_name,leader[j].name)==0)leader[j].count++;
    }
    printf("投票结果为:");
    for(i=0;i<3;i++)printf("%s:%d\t",leader[i].name,leader[i].count);
    printf("\n");
}
```

程序运行结果为:

```
请投票:Wang↙
Li↙
Wang↙
Hong↙
Wang↙
Wang↙
Li↙
Hong↙
Li↙
Hong↙
投票结果为:Li:3     Wang:4  Hong:3
```

程序中“strcmp(lead_name,leader[j].name)”,leader[j].name 指下标为 *j* 的数组元素中的 *name* 成员,也就是某候选人的姓名,lead_name 指的是选票上的姓名,将这两个姓名作比较,若相同,则该候选人得到一票,票数加 1,即 leader[j].count++;若不相同,再将 lead_name 与下一个候选人的姓名比较,通过 *j* 值的变化遍历每个数组元素。

相关知识点 1:字符串的比较与赋值

在结构变量中,字符串的比较要通过字符串比较函数来完成,这与在字符数组中进行字符串比较采用的方法是相同的。格式为:

```
strcmp(串 1, 串 2);
```

当两个字符串相等时,该函数的返回值为 0;当串 1>串 2,函数返回值为大于 0 的数;当串 1 小于串 2,函数返回值为小于 0 的数。

若需要将一个字符串赋予另一数组,或复制到另一内存空间,需要用字符串复制函数来实现。格式为:

```
strcpy(串 1, 串 2);
```

即将串 2 复制到串 1 所在的位置,前提是串 1 的内存空间足够大,能够容纳串 2 的所有字符。

【案例 8.4】 定义关于 5 名学生信息(包含姓名和成绩)的简单结构数组,在该结构数组中查找分数最高和最低的学生姓名和成绩,并输出查找到的信息。

分析:定义结构类型,将学生信息进行整合,构成相应的结构数组 *stud*,用 5 个人的姓名和成绩初始化结构数组。利用案例 8.3 的方法将他们的成绩两两比较,找出最高、最低分,不同的是案例 8.3 是字符串比较,而本例是整数比较。

```
#include<stdio.h>
void main()
{   int max,min,i;
    struct
    {   char name[20];
        int score;
    }stud[5]={"王红",90,"李林",98,"孙芳",82,"徐立",75,"华安",82};
    max=min=0;
    for(i=1;i<5;i++)
        if(stud[i].score>stud[max].score)max=i;
        else if(stud[i].score<stud[min].score)min=i;
    printf("最高分:%s,%d\n",stud[max].name,stud[max].score);
    printf("最低分:%s,%d\n",stud[min].name,stud[min].score);
}
```

程序运行结果为:

```
最高分:李林,98
最低分:徐立,75
```

相关知识点 2:结构数组的定义与使用

数组和结构最常见的组合之一就是具有结构元素的数组。这类数组可以用做简单的数据库。如案例 8.4 中的 *stud* 数组，该数组能够存储 5 个结构类型的数据。结构数组的定义方法和结构变量相似，只需要用已定义的结构类型定义数组即可。例如：

```
struct student
{   char cls[20];
    long num;
    char name[20];
    char sex;
    float score;
};
struct student s[3];
```

这里定义了一个数组 *s*，共有 3 个元素，每个元素均为 struct student 类型，这个数组在内存中占用一段连续的存储单元。在定义结构数组时，可以对数组的部分或全部元素赋初值。初始化的方法与对二维数组进行初始化的方法相似，将每个元素的数据分别用花括号括起来。例如：

```
struct student s[3]={{"Computer001",83423,"Zhao yun",'F',82},
                     {"Computer002",83421,"Wang yi",'M',89},
                     {"Computer003",83419,"Qian ju",'M',90}};
```

一个结构数组的元素相当于一个结构变量，因此前面介绍的关于引用结构变量的规则也适用于结构数组元素。例如，对于上面定义的结构数组 *s*，可用数组元素与成员运算符相结合的方式引用某数组元素中的成员。如 $s[i].num$ 表示引用下标为 i 的数组元素的 *num* 成员。由于该数组已初始化，当 $i=0$ 时，其值为 83423。

【案例 8.5】 建立包含若干人的简易电话号码簿，只包含姓名和电话号码，以字符‘#’结束，然后输入某人姓名，查找该人的电话号码，并输出查找信息。若查找到，输出该人的电话号码；若没查找到，就输出“没有找到”。

```
#include<stdio.h>
#include<string.h>
#define MAX 100
struct telephone
{    char name[20];
     char telno[12];
};
void main()
{    void search(struct telephone b[],char * c,int n);
     struct telephone s[MAX];
     int i=0;
     char n[20];
     printf("输入姓名:");
     gets(s[i].name);
     printf("输入电话号码:");
     gets(s[i].telno);
     while(strcmp(s[i].name,"#"))
```

```
    {   i++;
        printf("输入姓名:");
        gets(s[i].name);
        printf("输入电话号码:");
        gets(s[i].telno);
    }
    printf("输入要查找的姓名:");
    gets(n);
    search(s,n,i--);
}
void search(struct telephone b[],char * c,int m)
{   int i=0;
    while(strcmp(b[i].name,c)!=0&&i<m) i++;
    if(i<m)printf("电话号码是:%s\n",b[i].telno);
    else printf("没有找到!\n");
}
```

程序运行结果为：

```
输入姓名:Zhangyu↙
输入电话号码:13434656781↙
输入姓名 Wangqiang↙
输入电话号码:13454456454↙
输入姓名 Qianfeng↙
输入电话号码:13856734656↙
输入姓名:Linli↙
输入电话号码:13900657346↙
输入姓名:#↙
输入电话号码:13000000000↙
输入要查找的姓名:Qianfeng↙
电话号码是: 13856734656
```

【案例 8.6】 在结构数组中存有 3 个人的姓名和年龄，要求输出年长者的姓名和年龄。

分析：要求找出年长者的姓名和年龄，只需把 3 个人的年龄比较一遍即可。本次查找利用指针来处理。

```
#include<stdio.h>
struct man
{   char name[20];
    int age;
}person[]={"Lilin",20,"Linhong",19,"Fangping",18};      /* 定义结构数组并赋值 */
void main()
{   int old=person[0].age;                  /* 将结构数组中第一个人的年龄赋给 old */
    struct man * p, * q;                    /* 定义结构类型指针 */
    q=p=person;                             /* 将结构数组首地址赋给指针 p 和 q */
    for(p++; p<person+3; p++)               /* 查找年长者 */
```

```
        if(old<p->age){q=p; old=p->age;}
    printf("%s %d\n",(*q).name,q->age);
}
```

程序运行结果为：

```
Lilin 20
```

在程序中定义了结构类型指针 *p* 和 *q*，并使它们指向结构数组的首地址，将数组中第一个人的年龄赋给变量 *old*。在循环中用 *old* 的值与指针变量 *p* 当前指向数组的成员 *age* 值比较，若 *old* 值小，则将数组当前的位置赋给指针变量 *q*，并把其成员 *age* 值赋给 *old*。当三个人的年龄比较完毕，指针变量 *q* 指向的数组元素就是年长者的姓名和年龄。

相关知识点 3：指向结构的指针变量

指针变量可以指向变量、数组、字符串以及函数，也可以指向已经定义的结构变量或结构数组。定义指向结构变量的指针变量与指向数组的指针变量的格式是类似的，只是要指明具体的结构类型。一般形式为：

```
struct 结构类型名 指针变量名;
```

例如，案例 8.6 中语句 struct man *p, *q;表明定义 *p* 和 *q* 是 man 结构类型的指针变量。也可以在定义结构的同时定义结构指针变量。结构类型的指针变量定义后，即可以赋值使之指向结构变量或数组。例如，案例 8.6 中语句 q=p=person; 使指针变量指向结构数组 person 的首地址，通过指针变量 *p* 或 *q* 即可以访问数组 person 的成员。

利用指针变量引用成员的方式有两种：

```
指针变量名->成员名
(*指针变量名).成员名
```

两种方式作用相当。运算符“－＞”称为指向运算符，其优先级与圆括号、成员运算符‘.’一样，也是最高级。第二种方式中的圆括号必不可少，其中的内容表示指针指向的变量或数组元素。例如，案例 8.6 中(*q).*name* 和 *q*－＞*age* 表示 *q* 变量指向的元素的 *name* 成员和 *age* 成员。

【案例 8.7】 在结构数组中存储有若干学生的信息，包括学号、姓名和 3 门课的成绩。编写函数，求每个学生的平均成绩并存储在结构数组的另一个成员中。要求用结构指针变量作为函数形参。

分析：求每个学生 3 门课的平均分比较简单，通过一个函数来实现。每求一个学生的平均分就调用一次该函数，使一个指针变量指向一个数组元素的成员 *score* 即可。结构数组中用一个成员 *aver* 来存放平均分。在主函数中用指向结构数组的指针作为实参将学生的信息传递给形参，处理完毕输出学生的学号、姓名和平均分。

```
#include<stdio.h>
#define N 5
struct stu                                          /*定义结构类型*/
{   int num;
```

```
    char name[20];
    int score[3];
    float aver;
};
void average(struct stu * s)                    /* 指针作为函数参数 */
{   int i,sum=0;
    for(i=0;i<3;i++)                            /* 计算 3 门课成绩的平均分 */
    {   sum=sum+s->score[i];
        s->aver=sum/3.0;
    }
}
void main()
{   int i;
    struct stu st[N], * p;                      /* 定义结构类型数组和指针 */
    p=st;
    printf("请输入%d个学生的信息:\n",N);
    for(i=0;i<N; i++)
        scanf("%d%s%d%d%d",&st[i].num,st[i].name,&st[i].score[0],&st[i].score[1],
        &st[i].score[2]);
    for(i=0;i<N; i++)
    {   p=&st[i];
        average(p);                             /* 调用函数求每个学生的平均成绩 */
    }
    printf("输出学生的信息和平均成绩: \n");
    for(i=0;i<N; i++)
        printf("%d %s %f\n",st[i].num,st[i].name,st[i].aver);
}
```

程序运行结果为:

```
请输入 5 个学生的信息:
10012 lilin 90 98 80↙
10022 linlin 89 99 90↙
10034 qinhua 100 89 78↙
10066 lihui 89 98 95↙
10088 xiayu 99 88 100↙
输出学生的信息和平均成绩:
10012 lilin 89.333336
10022 linlin 92.666664
10034 qinhua 89.000000
10066 lihui 94.000000
10088 xiayu 95.666664
```

8.3 链　　表

所谓链表是指由若干个数据项(每个数据项被称为一个“结点”)按一定的原则连接起来。链表结点分为两部分：一部分用于存储数据元素的值，称为数据域；另一部分用于存放下一个数据元素的存储序号(即存储结点的地址)，称为指针域。依靠指针将所有的数据项连接成一个表即为链表。

在C语言中，实现链表的数据结构可定义为以下形式：

```
struct student
{   char name[20];
    char id[10];
    int score;
    struct student * next;
};
```

上述结构类型包含了一个指向其自身属性类型(即 struct student 类型)的指针成员 next，也就是说，必须用一个 struct student 类型数据所占据的存储空间的地址来为 next 成员赋值。

【案例 8.8】 建立一个关于学生信息的单向链表。

分析：建立学生信息的单向链表，每个学生的信息作为一个结点，其中包括姓名、学号、成绩和一个指向下一个结点的指针。首先调用函数 malloc 动态申请建立一个结点，使头指针指向它，将一个学生的姓名、学号和成绩保存在结点中，再申请建立下一个结点，使第一个结点的指针指向新建立的结点，将第二个学生的姓名、学号和成绩保存在结点中，……，依此类推，建立包含3名学生信息的链表，如图8.2所示。

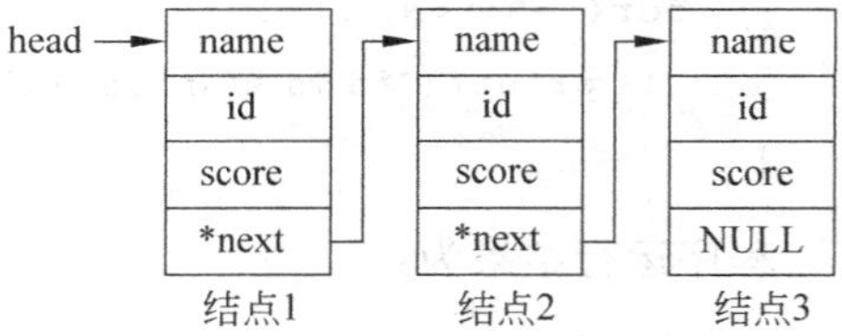

结点1	结点2	结点3
name	name	name
id	id	id
score	score	score
*next	*next	NULL

head → 结点1 → 结点2 → 结点3

图8.2　关于学生信息的单向链表

```
#include<stdlib.h>
#include<stdio.h>
#define NULL 0
struct student
{   char name[20];
    char id[10];
    int score;
    struct student * next;
}record;
struct student * head, * now, * last;
void main()
{   int i;
    head=NULL;
    last=NULL;
    for(i=0;i<3;i++)
    {   now=(struct student * )malloc(sizeof(record));
        if(now==NULL)
        {       printf("\n Not enough memory!\n");
```

```
            exit(1);
        }
        printf(" enter name:");
        scanf("%s",now->name);
        if(now->name[0]=='\0')     break;
        else{
            printf(" enter id:");
            scanf("%d",&now->id);
            printf(" enter score:");
            scanf("%d",&now->score);
            now->next=NULL;
            if(!head)    head=now;
            else last->next=now;
            last=now;
        }
    }
}
```

程序运行结果为：

```
enter name:zhang↙
enter id:1↙
enter score:88↙
enter name:Wang↙
enter id:2↙
enter score:85↙
enter name:Zhao↙
enter id:3↙
enter score:90↙
```

相关知识点 1：链表与数组的区别

链表与数组一样也是用来存储数据的。数组的元素个数是固定的，而组成链表的结点个数可按需要增减。数组元素的内存单元在数组定义时分配，链表结点的存储单元在程序执行时动态向系统申请。数组中的元素顺序关系由元素在数组中的位置确定，链表中的结点顺序关系由结点所包含的指针来体现。

对于不固定长度的链表，用尽可能大的数组来描述会浪费许多内存空间；另外，对于元素的插入、删除操作非常频繁时，用数组表示链表也不方便。若用链表实现，会使程序结构清晰，处理方法也较为简便。

相关知识点 2：链表的建立

利用 malloc 函数可以向系统申请动态分配内存，如果成功可以获得一片连续的存储区，连续申请可以获得多片这样的区域，但是这些内存之间并无联系。链表是使这些内存组织在一起的数据结构。

链表有一个头指针，通常以 head 表示，它存储一个地址，该地址指向第一个结点。链表中每个结点（通常定义为结构类型变量）包括两部分：一个是数据（即结点信息）；一个是指向下一个结点的指针。链表就是头指针指向第一个结点，第一个结点的指针指向第二个结点，……，直到指向最后一个结点，最后一个结点的指针值为 NULL(或 0)。这样，若干个结点的信息就像链子一样连在一起形成了链表。

所谓建立链表是指动态申请一个结构变量的内存空间，如果成功，malloc()会返回一个地址，将该地址赋给头指针，就是说头指针指向第一个结点，输入相关数据后，第一个结点即建立成功，再申请建立下一个结点，输入结点数据，并建立结点前后相联的关系，如图 8.3 所示。案例 8.8 建立了一个链表，用链表存放学生的数据。

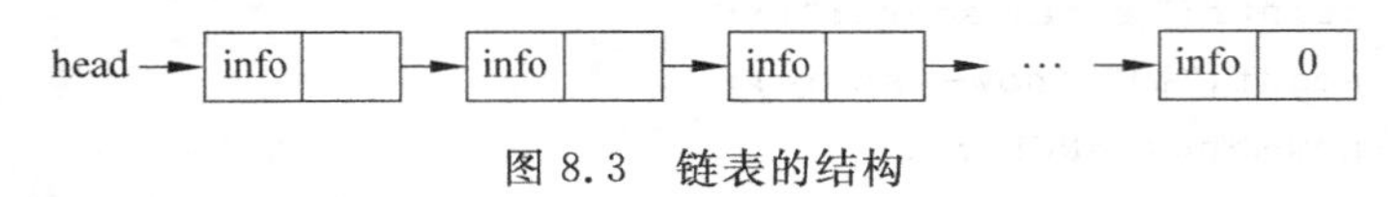

图 8.3 链表的结构

【案例 8.9】 定义一个函数，实现向案例 8.8 建立的链表插入一个学生的数据。

```
struct student * insert(struct student * head,struct student * stud)
{   struct student * p0, * p1, * p2;
    p1=head;
    p0=stud;
    if(head==NULL)
    {   head=p0;
        p0->next=NULL;
    }
    else
    {   while((p0->num>p1->num)&&(p1->next!=NULL))
        {    p2=p1;
            p1=p1->next;
        }
        if(p0->num==num)
            if(head==p1)     head=p0;
            else{  p2->next=p0;       p0->next=p1;  }
        else{
                p1->next=p0;
                p0->next=NULL;
            }
    }
    ++n;
    return head;
}
```

相关知识点 3：链表的插入操作

案例 8.9 就是进行链表的插入操作。将一个结点插入到一个已有的链表中，分两步：

(1) 找到插入位置。

(2) 插入结点。

如果插入的位置为第一结点之前，要修改头结点(head)指针。如果要插入到表尾之后，应将插入结点的指针域赋 NULL 值。

如果插入的位置既不在第一个结点之前，又不在表尾结点之后，则将相关指针域修改即可，如图 8.4 所示。

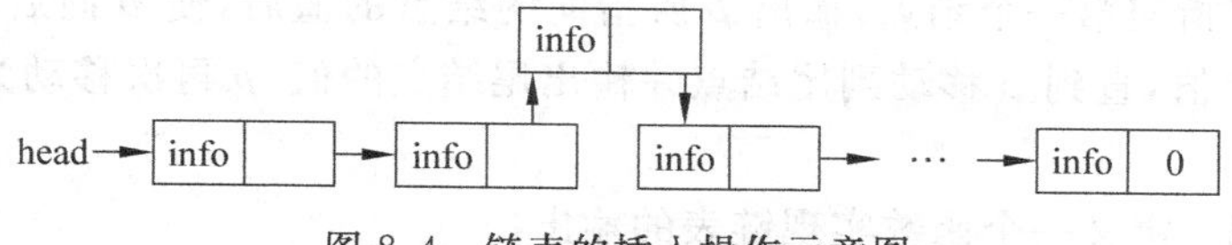

图 8.4 链表的插入操作示意图

相关知识点 4：链表的删除操作

要从链表中删除一个结点，不一定从内存中真正把它删除掉(当然也可使用 free 函数真正释放)，只要把它从链表中分离开来，即改变链表中的链接关系即可。

【案例 8.10】 写一个函数，从案例 8.8 建立的链表中删除学号为指定值 *num* 的结点。

分析：首先让 *p* 指向第一个结点，然后从 *p* 开始检查该结点中的 *num* 值是否等于指定值 *num*。如果相等，则删除该结点，即使该结点左边一个结点的指针指向它右边一个结点；如果不等，则 *p* 后移一个结点，再如此进行下去，直到遇到表尾为止，如图 8.5 所示。

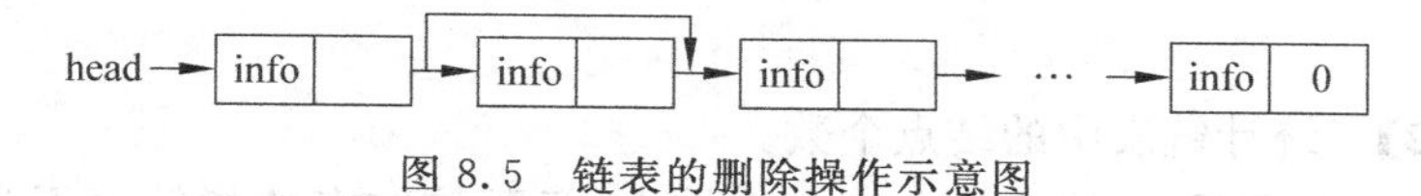

图 8.5 链表的删除操作示意图

进行删除操作需要注意以下几点：

(1) 首先要考虑链表是否为空。

(2) 要设置两个指针变量分别指向待比较的结点和前一结点。

(3) 如果找到要删除的结点，要区分是否为第一个结点。

```
struct student * del(struct student * head,long num)
{    struct student * p1, * p2;
    if(head==NULL)
    {  printf("\nlist null!\n");
        return head;
    }
    p1=head;
    while(num!=p1->num&&p1->next!=NULL)
    {  p2=p1;
       p1=p1->next;
    }
    if(num==p1->num)
    {  if(p1==head)    head=p1->next;
       else  p2->next=p1->next;
       printf("delete:%ld\n",num);
    }
    else
       printf("%ld not been found!\n",num);
    return head;
}
```

相关知识点 5：链表的输出操作

将链表中各结点的数据依次输出。首先要知道链表头元素的地址 head，然后设置一个指针变量 *p*，让它指向第一个结点，输出 *p* 所指向的结点的值后，使 *p* 向后移动一个结点的位置，再输出结点值，直到 *p* 移动到尾结点并输出尾结点的值，*p* 再次移动为空指针值，即可结束链表的输出。

【案例 8.11】 定义一个函数实现链表的输出。

```
void print(struct student * head)
{   struct student * p;
    printf("\nNow,These %d records are:\n",n);
    p=head;
    if(head!=NULL)
        do{
            printf("%ld %5.1f\n",p->num,p->score);
            p=p->next;
        }while(p!=NULL);
}
```

【案例 8.12】 统计链表中的结点个数。

分析：定义指针变量 *p*，使之指向第一个结点，只要该结点的指针值不为 NULL，即未到最后一个结点，计数器 *n* 加 1。然后遍历每一个结点，直至尾结点结束。

```
int count(struct student * head)
{     int n=0;
    struct linklist * p;
    p=head;
    while(p!=NULL)
    {   n++;
        p=p->next;
    }
    return n;
}
```

案例 8.9 到案例 8.12 为链表操作的函数，分别为插入函数、删除函数、输出函数等，它们都可以被案例 8.8 的主函数调用，以实现相应的操作。

8.4 联　　合

联合是与结构类似的构造类型，与结构不同的是使不同类型的数据共用一段内存空间。实际上，联合采用了覆盖技术，允许不同类型数据互相覆盖。不同类型、不同长度的数据都是从该共享内存的起始地址开始占用该空间，但是在不同的时间里。

【案例 8.13】 分析下列程序，写出程序运行结果。

```
#include<stdio.h>
void main()
```

```
{   union {int a[2]; long b; char c[4];}s;
    s.a[0]=0x39;                          /* 39 为十六进制数 */
    s.a[1]=0x38;
    printf("%x\n",s.b);
    printf("%c\n",s.c[0]);
}
```

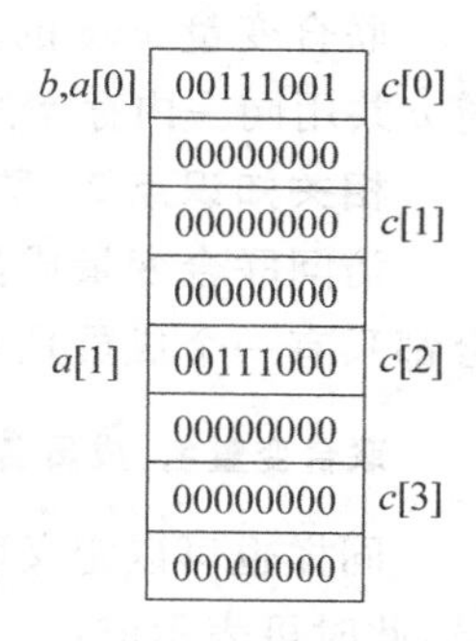

图 8.6　联合成员存储示意图

在 Visual C++ 6.0 编译环境中 int 型数据在内存中占据 4 个字节，长整型数据占据 4 个字节，字符型数据占据一个字节。把十六进制数 39 转换为 4 字节二进制数为 0000 0000 0000 0000 0000 0000 0011 1001，根据数据在内存中的存放规则，最右边 8 位（即最低字节）存放在最低地址单元，从右向左依次存放其余字节，然后继续用类似的方式存放十六进制数 38。联合中其他成员 *b* 和字符数组 *c* 也和数组 *a* 一样，从同一地址单元开始占用内存，其存储情况如图 8.6 所示。在输出函数中以十六进制形式输出联合类型变量 *s* 中成员 *b* 的值，实际上就是 *a*[0]的值，即 39，以字符形式输出联合类型变量 *s* 中成员 *c*[0]的值，从示意图可知该数据仍为 39，根据 ASCII 码表查知，39 恰好是字符'9'的 ASCII 码值，所以本案例输出结果为：

```
39
9
```

相关知识点 1：联合定义与联合变量定义

联合是一种构造类型，须先定义类型再定义相应类型的变量。

联合类型定义和联合变量定义与结构十分相似。可以在定义联合的同时定义联合变量，也可以先定义联合，然后再定义联合变量。其中一种形式为：

```
union 联合类型名
{
    类型标识符   成员名 1;
    类型标识符   成员名 2;
    …
}联合变量名;
```

联合类型定义中的几个成员是共用内存空间的，系统为联合变量开辟的空间是所有成员中所需的最大空间。例如，案例 8.13 中联合变量 s 所占内存空间即为成员中数组 a 所占内存空间。一个联合变量只能使用其中一个成员，或者说在某一时刻，只有一个成员（即新赋值的成员）驻留在内存中。

例如，定义一个联合类型 abc：

```
union abc
{
    int x;
    char c;
};
```

再用已定义的联合类型定义联合变量。例如,用上面的联合类型定义一个名为 xyz 的联合变量,可写为:

```
union abc xyz;
```

联合变量 xyz 的空间大小为 4 个字节(在 Visual C++ 6.0 编译环境中),整型量 x 和字符 c 共用同一内存空间,起始地址相同。

相关知识点 2:联合变量的引用

访问联合变量成员的方法与访问结构变量成员的方法基本相同,只是对于任意一个联合都只有一个成员是有意义的。一般引用方式为:

联合变量名.成员名

同样也可以定义联合数组或指针,当定义了联合指针后,也可用"->"符号访问联合成员,此时可表示成:

联合指针->成员名

例如:

```
union abc xyz, * p;
p=&xyz;
scanf("%c",&p->c);
```

更多地,联合的成员可以是结构,当然结构的成员也可以是联合。例如:

```
struct
{   int age;
    char * addr;
    union
    {   int i;
        char * ch;}x;
}y[10];
```

若要访问结构数组元素 $y[1]$ 中联合变量 x 的成员 i,可以写成:

```
y[1].x.i;
```

若要访问结构变量 $y[1]$ 中联合变量 x 的字符指针 ch 指向的第一个字符,可以写成:

```
* y[1].x.ch;
```

【案例 8.14】 利用联合的特点,实现长字拆分。

```
#include<stdio.h>
void main()
{   union un                          /* 定义联合类型 un */
    {   int a;
        char c[2];
    }x;                               /* 定义联合类型变量 x */
    x.a=16737;                        /* 为联合的成员 a 赋值 */
```

```
    printf("%c  %c\n", x.c[0],x.c[1]);
}
```

程序运行结果为：

```
a A
```

程序中语句 x.a=16737；为联合中的成员 *a* 赋值为 16737，将 16737 转换为十六进制数 4161，按照数据在内存中的存放规则，低字节 61 占据低地址，高字节 41 占据高地址。结合联合的性质考虑，成员内存地址共用，成员 *a* 的低、高两个地址与成员 *c* 的两个数组元素地址正好重叠，也就是说，成员 *a* 的低地址就是 *c*[0]的地址，成员 *a* 的高地址就是 *c*[1]的地址。所以，以字符形式输出 *c*[0]的值 61 就是'a'，输出 c[1]的值 41 就是'A'。

【案例 8.15】 结构与联合的嵌套应用举例。

```
#include<stdio.h>
void main()
{   union
    {   int i;
        struct
          {   char first;
              char second;
          }half;                                          /*联合的成员之一是一个结构变量*/
    }number;
    number.i=16961;                                       /*为联合的成员赋值*/
    printf("%c%c\n",number.half.first,number.half.second);
    number.half.first='A';                                /*为联合的成员赋值*/
    number.half.second='B';                               /*为联合的成员赋值*/
    printf("%d\n",number.i);
}
```

程序运行结果为：

```
AB
16961
```

从案例 8.15 的输出结果可以看出：当给成员 *i* 赋值后，其高 8 位和低 8 位就是 first 和 second 的值；当给 first 和 second 赋字符后，这两个字符的 ASCII 码也将作为 *i* 的高 8 位和低 8 位内容，是名副其实的"共用"。

相关知识点 3：结构与联合的嵌套

结构与联合可以互为其成员。结构变量可以作为联合的成员，联合变量也可以作为结构的成员。例如，案例 8.15 中联合的成员之一 *half* 就是一个结构变量。

温馨提示：结构与联合的区别。

(1) 结构和联合都是由多个不同数据类型的成员组成，但任一时刻，联合中只有一个成员存在，而结构的所有成员都存在。

(2) 对于联合的成员赋值，将会对其他成员重写，原来成员的值就被覆盖了，而对于结构的不同成员赋值是互不影响的。

(3) 结构变量可以初始化,而联合变量不可以初始化。

(4) 结构变量所占用内存的字节数为各个成员所占用的长度之和,而联合变量占有内存的长度由占空间最大的一个成员变量来决定。

8.5 枚　举

在实际应用中,有些变量的取值被限定在一个有限的范围内。例如,一个星期只有7天,一年只有12个月,一个班每周有6门课程等。如果把这些变量说明为整型、字符型或其他类型显然不妥当。因此C语言提供了一种称为“枚举”的类型。在“枚举”类型的定义中列举出所有可能的取值,被说明为该“枚举”类型的变量取值不能超过定义的范围。应该说明的是,枚举类型是一种基本数据类型,而不是一种构造类型,因为它不能再分解为任何基本类型。

【案例8.16】 分析下列程序,写出其运行结果,观察枚举类型及枚举类型变量的应用。

```
#include<stdio.h>
enum coin{penny,nikel,dime,quarter,half_dollar,dollar};    /*定义枚举类型*/
char *name[]={"penny","nikel","dime","quarter","half_dollar","dollar"};
void main()
{   enum coin money1,money2;                               /*定义枚举类型变量*/
    money1=dime;                                           /*为枚举类型变量赋值*/
    money2=dollar;
    printf("%d %d\n", money1,money2);                      /*输出枚举变量的值*/
    printf("%s %s\n", name[(int)money1],name[(int)money2]);
}
```

程序运行结果为:

```
2 5
dime dollar
```

程序中语句money1=dime;是用枚举常量为枚举变量赋值,name[(int)money1]是将枚举类型变量*money*1强制转换为int型,作为字符指针数组*name*的下标。

相关知识点1:枚举数据类型的定义

枚举是一个被命名的整型常数的集合,枚举在日常生活中很常见。枚举的说明、结构与联合相似,其一般形式为:

```
enum 枚举名
{
    标识符1[=整型常量],
    标识符2[=整型常量],
    ⋮
    标识符n[=整型常量]
}枚举变量;
```

其中，标识符是枚举元素名，整型常量是赋给枚举元素的初始值。如果枚举没有被初始化，即省略"=整型常量"时，则编译系统自动从第一个标识符开始，顺次赋给标识符 0、1、2…。但当枚举中的某个成员赋值后，其后的成员按依次加 1 的规则确定其值。

例如，下列枚举定义后，枚举元素 $x1$、$x2$、$x3$、$x4$ 的值分别是 0、1、2、3。

```
enum string{x1,x2,x3,x4}x;
```

当定义改为：

```
enum string
{   x1,
    x2=0,
    x3=50,
    x4
}x;
```

则 $x1=0$，$x2=0$，$x3=50$，$x4=51$。

相关知识点 2：枚举变量的定义与赋值

枚举变量可以按照一般格式在定义枚举类型时定义，例如枚举变量 x，也可以在枚举类型定义后再定义枚举变量。例如，案例 8.12 中：

```
enum coin money1,money2;                /*定义枚举类型变量 money1、money2*/
```

枚举变量定义后，可对其进行赋值。只能对枚举变量赋值，不能对枚举元素赋值，因为枚举元素是常量。一个整数不能直接赋给一个枚举变量，因为它们属于不同的类型，可以先将整型强制转换为枚举类型再进行赋值。

温馨提示：

① 枚举中每个元素(标识符)结束符是逗号而不是分号，最后一个成员可省略逗号。

② 初始化时元素值可以是负数，以后的元素值仍依次加 1。

③ 枚举变量只能用枚举元素赋值。

④ 枚举元素都是常量，不是变量。不能在程序中用赋值语句再对它赋值。例如，对枚举 string 的元素再进行赋值：x1=5；x2=2；就是错误的。

⑤ 枚举类型输出时，用"%d"输出枚举类型常量和变量，输出结果是其对应的数值。

【案例 8.17】 定义一个关于星期的枚举，已知今天是星期几，输出明天是星期几的英文单词。

分析：定义关于星期的枚举，包含 7 个枚举元素，分别为周一到周日的英文单词，为第一个枚举元素赋值为 1，其余自动为 2、3、4、5、6、7。当输入今天是星期几时，直接加 1 就是明天的星期数。用 switch 语句实现日期的比较、判断并输出。

```
#include<stdio.h>
void main()
{     enum weeks
    {  Monday=1,Tuesday,Wednesday,Thursday,Friday,Saturday,Sunday  }week;
    int today;
    printf("Enter the number:");
```

```
    scanf("%d",&today);
    if(today==7)today=0;
    week=(enum weeks)(today+1);                    /*将整型强制转换为 enum weeks 类型*/
    switch(week)
    {   case Monday:
             printf("Monday\n");
             break;
        case Tuesday:
             printf("Tuesday\n");
             break;
        case Wednesday:
             printf("Wednesday\n");
             break;
        case Thursday:
             printf("Thursday\n");
             break;
        case Friday:
             printf("Friday\n");
             break;
        case Saturday:
             printf("Saturday\n");
             break;
        case Sunday:
             printf("Sunday\n");
             break;
        }
}
```

程序运行结果为：

```
Enter the number:3↙
Thursday
```

程序中 if 语句用来处理当输入的数字是 7，则应该输出明天是星期一时，完成 *today* 从 7 到 0 的变化。语句 week=(enum weeks)(today+1)；实现将整型强制转换为枚举类型的功能，在 switch 中将 *week* 的值与 case 后面的枚举元素比较，实现输出。

8.6 应用实例

【案例 8.18】 定义一个结构变量(包括年、月、日)，然后编写一个函数 days 计算该天在这一年中是第几天，最后在主函数中调用该函数获得日期数，并输出。

```
#include<stdio.h>
struct dt
{    int year;
```

```
    int month;
    int day;
}date;
int days(struct dt date)
{   int daysum=0,i;
    int daytab[13]={0,31,28,31,30,31,30,31,31,30,31,30,31};
    for(i=1;i<date.month;i++)
        daysum+=daytab[i];
    daysum+=date.day;
    if((date.year%4==0&&date.year%100!=0||date.year%400==0)&&date.month>=3)
            daysum+=1;
    return daysum;
}
void main()
{   printf("Please input the year,month and day:\n");
    scanf("%d-%d-%d",&date.year,&date.month,&date.day);
    printf("days:%d\n",days(date));
}
```

程序运行结果为：

```
Please input the year,month and day:
2008-3-3↙
days:63
```

【案例 8.19】 某书店使用个人计算机来维护正在书店销售的图书库存。库存清单包括诸如作者、书名、定价、出版社、图书存量等详细信息。如果顾客需要某本书，店主就可以输入该书的书名和作者，系统就会告知该书是否在库存清单中。如果不在，显示出适当的消息。如果在，系统显示该书的详细信息并询问所需的册数。如果有所需的册数，则显示这些书的总价格；否则显示："Required copies not in stock"。

```
#include<stdio.h>
#include<string.h>
#include<stdlib.h>
struct record                              /*定义一个关于书相关信息的结构*/
{  char author[20];
   char title[30];
   float price;
   struct                                  /*定义一个书出版年月的结构*/
   {  char month[10];
      int year;
   }date;
   char publisher[10];
   int quantity;
};
int look_up(struct record table[],char s1[],char s2[],int m);
```

```
void get(char string[]);
void main()
{   char title[30],author[20];
    int index,no_of_records;
    char response[10],quantity[10];
    struct record book[]={
            {"Ritche","C Language",45.00,"May",1997,"PHI",10},
            {"Kochan","Programming in C",75.00,"July",1998,"Hayden",5},
            {"Jone","C",30.00,"July",1998,"TMH",0},
            {"Balagurusamy","Basic",50.00,"Dec",1998,"Hacmillan",25}

            };
    no_of_records=sizeof(book)/sizeof(struct record);
    do{   printf("Enter title and author name as per the list\n");
          printf("Title:  ");
          get(title);
          printf("Author:  ");
          get(author);
          index=look_up(book,title,author,no_of_records);
          if(index!=-1)
          {   printf("%s %s %.2f %s %d %s\n",book[index].author,book[index]. title,
                 book[index].price,book[index].date.month,
                 book[index].date.year,book[index].publisher);
              printf("Enter number of copies:");
              get(quantity);
              if(atoi(quantity)<book[index].quantity)
                  printf("Cost of %d copies =%.2f\n",atoi(quantity),
                        book[index].price * atoi(quantity));
              else printf("Required copies not in stock\n");
          }
          else printf("Book not in list\n");
          printf("\nDo you want any other book? (y/n):");
          get(response);
    }while(response[0]=='y'||response[1]=='Y');
    printf("Thank you.Good bye!\n");
}
void get(char string[])
{   char c;
    int i=0;
    do
    {     c=getchar();
          string[i++]=c;
    }while(c!='\n');
    string[i-1]='\0';
}
```

```
int look_up(struct record table[],char s1[],char s2[],int m)
{   int i;
    for(i=0;i<m;i++)
        if(strcmp(s1,table[i].title)==0&&strcmp(s2,table[i].author)==0) return (i);
  return -1;
}
```

程序运行结果为：

```
Enter title and author name as per the list
Title: Ritche↙
Author: fdsa↙
Book not in list

Do you want any other book? (y/n):y
Enter title and author name as per the list
Title: C Language↙
Author: Ritche↙
Ritche C Language 45.00 May 1997 PHI
Enter number of copies:2
Cost of 2 copies=90.00

Do you want any other book? (y/n):n
Thank you.Good bye!
```

【案例 8.20】 古代某法官处决犯人，将 N 个犯人排成一个圆圈，每人有一个各不相同的编号，选择一个人作为起点，然后顺时针从 1 到给定值 k(如 $k=5$)报数，数到 k 的被处决，被处决的人的编号就是新的 k 值，从下一个人开始继续报数，直到剩下最后一个人可赦免。

分析：该问题是约瑟夫问题的变异。用链表处理该问题，链表的每个结点代表一个犯人，其中，一个成员存储犯人编号，一个成员存储犯人的结点顺序号，一个成员是指针变量用来指向下一个结点，最后一个结点的指针指向头结点，构成循环链表，从结构上形成一个圆环。采用动态内存申请方式生成链表，需要几个结点申请几次。当数到 k 的结点被删除前，需要先将该结点左边一个结点的指针指向它右边一个结点，即将该结点跨过，表示该结点被删除，如图 8.7 所示。

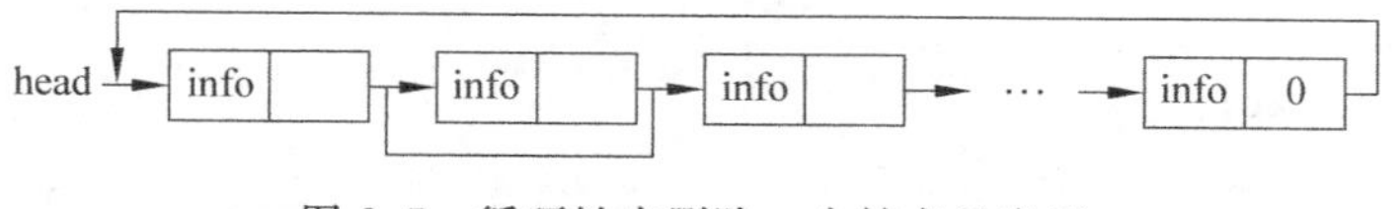

图 8.7　循环链表删除一个结点示意图

```
#include<stdio.h>
#include<stdlib.h>
#define N 9                              /* 链表的结点数为 9 个 */
struct Lnode                             /* 定义链表结构 */
{   int password;                        /* 犯人编号 */
    int order;                           /* 犯人顺序号,即结点编号 */
```

```
    struct Lnode * next;                    /* 用于形成链表的指针变量 */
};
int PassW[N]={3,1,7,2,4,8,5,6,9};           /* 定义存储犯人编号的数组 */
void Joseph(struct Lnode * p,int m,int x);
void main()
{   int i,k;
    struct Lnode * Lhead, * p, * q;
    Lhead=(struct Lnode * )malloc(sizeof(struct Lnode)); /* 申请头结点 */
    if(!Lhead)exit(1);
    Lhead->password=PassW[0];                       /* 为头结点的成员赋值 */
    Lhead->order=1;
    Lhead->next=NULL;
    p=Lhead;
    for(i=1;i<N;i++)                                /* 申请其余结点 */
    {   if(!(q=(struct Lnode * )malloc(sizeof(struct Lnode))))exit(1);
        q->password=PassW[i];                       /* 为结点的成员赋值 */
        q->order=i+1;                               /* 为结点编顺序号 */
        p->next=q;                      /* 前一个结点的指针指向后一个结点 */
        p=q;                            /* 将新建结点的指针赋给 p */
    }
    p->next=Lhead;                      /* 使新建结点的指针指向头结点 */
    printf("请输入第一次计数值 k:");
    scanf("%d",&k);
    printf("犯人被处决的顺序号:");
    Joseph(p,k,N);                      /* 调用函数 */
    printf("\n 最后一个人可赦免。\n");
}
void Joseph(struct Lnode * p,int k,int x)
{   struct Lnode * q;
    int i;
    if(x==0)return;                     /* 当 x 为 0 时说明结点没有了,函数返回 */
    q=p;
    k%=x;
    if(k==0)k=x;
    for(i=1;i<=k;i++)                   /* 报数,数到 k 的结点被记录到 q 中 */
    {  p=q;
       q=p->next;
    }
    p->next=q->next;                    /* 做删除结点的准备 */
    i=q->password;                      /* 把 q 结点中成员 password,即犯人编号,赋给 i */
    printf("%d ",q->order);             /* 输出将被删除结点的顺序号 */
    free(q);                            /* 数到 k 的结点被删除 */
    Joseph(p,i,x-1);                    /* 递归调用函数 */
}
```

程序运行结果为:

```
请输入第一次计数值 k:5↙
犯人被处决的顺序号:5 9 2 3 6 4 8 7 1
最后一个人可赦免。
```

8.7 本章小结

本章介绍了结构、联合、枚举等数据类型。这些内容在利用C语言编程解决实际问题时,是非常重要的。

结构类型和结构变量是两个不同的概念,不能混淆。结构类型名只表示一种结构形式,编译系统并不对它分配内存空间。

结构是由不同类型的数据构造而成,这些数据称为结构类型变量的成员。结构类型变量定义有多种形式,对结构变量不能整体引用,只能引用其中的某个成员。对成员的引用通过"."运算符实现,也可以利用"->"运算符来访问结构类型变量的成员。在C语言中,运算符"."和"->"具有最高的优先级。

在引用结构变量的成员时,如果成员本身又是一个结构,必须逐级找到最低一级的成员,只能对最低级的成员进行操作。

结构数组的定义、结构数组元素的引用类似于结构变量,只是把变量名变为数组名或数组元素。在实际应用中,结构数组用来表示具有相同数据结构的一个二维表。结构指针变量的使用与指向数组的指针变量是类似的。

链表是一种数据结构,应用于管理和动态分配存储空间,每个结点之间可以是不连续的,结点之间的联系可以用指针实现。链表的主要操作有链表的建立与输出、链表的插入与删除等。

联合是C语言特有的一种数据结构,联合的各成员共享同一段内存,各成员所占用内存的起始地址相同。联合变量的定义及其成员的引用与结构类似。

结构变量在内存中占据的空间为各成员所占字节数之和,而联合变量在内存中占据的空间等于成员中占用空间最长的字节数。联合变量的地址与其成员的地址相同,即同一段内存段中内可以存放几种不同类型的成员,但在某一时刻只能对其中的一个成员进行操作。

枚举类型的定义是列举出所有可能的取值,被说明为该枚举类型的变量取值不能超过定义的范围。每个可能的取值都是一个枚举元素,若定义时没有赋值,则默认第一个元素值为0,其余元素依次加1。枚举元素是常量,其值不可改变。枚举变量只能用枚举常量赋值。

习　题

1. 选择题

(1) 已知有如下结构类型定义:

```
struct {int x,y,z;}t;
```

则 sizeof(t)的值是(　　)。

A. 1　　B. 3　　C. 6　　D. 12

(2) 已知有如下联合类型定义：

```
union {int x; char c;}t;
```

则执行语句“t. x＝65;”后，printf(“%c”，t. c)；的输出结果是(　　)。

A. a　　B. A　　C. 65　　D. 0

(3) 已知有如下结构类型及变量定义：

```
struct sk
{    int a,b; }data, * p;
```

要求使指针变量 *p* 指向成员 *a*，正确的赋值语句是(　　)。

A. p＝&data. a　　B. ＊p＝data. a

C. p＝(stuct sk＊)&data. a　　D. p＝(stuct sk＊)data. a

(4) 已知有如下结构类型及变量定义：

```
struct student
{    char name[10];
    int age;
}stu, * p=stu;
```

则下列对结构变量 *stu* 中成员 *age* 的引用方式错误的是(　　)。

A. stu. age　　B. (＊p). age　　C. p－＞age　　D. ＊p. age

(5) 已知有如下结构类型及结构数组的定义：

```
struct
{   int  x, y;  }s[2]={{1,2},{3,4}}, * p=s;
```

则表达式＋＋$p->x$ 的值为(　　)。

A. 3　　B. 4　　C. 2　　D. 1

(6) 若有如下语句：

```
union data{  int i;char c;float f;  }a;
int n;
```

则下列语句正确的是(　　)。

A. a＝5　　B. a＝{2,‘a’,1.5}；

C. n＝a;　　D. printf(“%d”,a)；

(7) C 语言联合变量在程序运行期间(　　)。

A. 所有成员一直驻留在内存中　　B. 只有一个成员驻留在内存中

C. 部分成员驻留在内存中　　D. 没有成员驻留在内存中

(8) 下列程序的运行结果是(　　)。

```
#include<stdio.h>
union pw{int i;char ch[2];}a;
void main()
{   a.ch[0]=13;
    a.ch[1]=0;
```

```
    printf("%d\n", a.i);
}
```

A. 13　　B. 14　　C. 208　　D. 209

(9) 下列对枚举类型的定义中正确的是(　　)。

A. enum a={one,two,three};　　B. enum a{one=9,two=-1,three};

C. enum a={“one","two","three"};　　D. enum a{"one","two","three"};

2. 阅读程序,写出运行结果

(1)

```
#include<stdio.h>
void main()
{   struct date{int year, month, day;}taday;
    printf("%d\n",sizeof(struct date));
}
```

(2)

```
#include<stdio.h>
struct  stu{int x; int * y;} * p;
int dt[4]={10,20,30,40};
struct stu a[4]={50, &dt[0], 60, &dt[1], 70, &dt[2], 80, &dt[3]};
void main()
{   p=a;
    printf("%d,",++p->x);
    printf("%d,", (++p)->x);
    printf("%d\n", ++(* p->y));
}
```

(3)

```
#include<stdio.h>
struct  n{int x; char c;};
void main()
{ void func(struct n b);
    struct n a={10, 'x'};
    func(a);
    printf("%d,%c\n", a.x, a.c);
}
void func(struct n b)
{   b.x=20;  b.c='y';  }
```

(4)

```
#include<stdio.h>
struct  stu{char num[8]; float score[3];};
void main()
{   struct stu s[3]={{"2009001",86,98,80},{"2010056",99,100,87},{"2010009",89,90,
```

```
97}};
    struct stu *ps=s;
    int n;
    float sum=0;
    for(n=0;n<3;n++)
      sum=sum+ps->score[n];
    printf("%6.2f\n", sum);
}
```

(5)

```
#include<stdio.h>
union u{int n;double x;}num;
void main()
{   num.n=10;num.x=15.5;
    printf("%d\n", num.n);
    printf("%f\n", num.x);
}
```

(6)

```
#include<stdio.h>
struct w{char low,high;};
union u{struct w byte; int word;}uu;
void main()
{   uu.word=0x1234;
    printf("Word value:%04x\n", uu.word);
    printf("High value:%02x\n", uu.byte.high);
    printf("High value:%02x\n", uu.byte.low);
}
```

3. 编程题

(1) 定义一个结构变量,其成员包括职工号、姓名、性别、年龄、工龄、工资、地址。

(2) 对上述定义的变量,从键盘输入其所需的具体数据,然后用 printf 函数输出。

(3) 按上面的结构类型定义一个结构数组,从键盘输入每一个结构元素所需的数据,然后逐个输出这些元素的数据。

(4) 有 *n* 个学生,每个学生的数据包括学号(num)、姓名(name[20])、性别(sex)、年龄(age)、3 门课的成绩(score[3])。要求在 main 函数中输入这 *n* 个学生的数据,然后调用一个函数 count,在该函数中计算出每个学生的总分和平均分,然后输出所有各项数据(包括原有的和新求出的)。

(5) 有 4 名学生,每个学生包括学号、姓名、成绩,要求找出成绩最高者的姓名和成绩(用指针方法)。

(6) 口袋中有红、黄、蓝、白、黑 5 种颜色的球若干个,每次从口袋中取出 3 个球。求得到 3 种不同颜色球的可能取法并输出每种组合的 3 种颜色。(提示:用枚举类型。)

第9章 文　件

本章主要内容：

- 文本文件与二进制文件的概念；
- 文件打开与关闭；
- 文件的字符读写、字符串读写、格式读写、数据块读写；
- 文件的定位。

为了实现数据的永久保留，不受程序是否执行的影响，在目前的计算机系统中，外部信息存储都通过目录和文件方式组织并构成操作系统管理下的外存信息结构。目录可以看做是子目录和文件的集合，文件是封装在一起的、记录在介质上的数据的集合，以文件名作为访问文件的标识。介质一般是磁盘、磁带、光盘等。内存文件即在内存中开辟一段空间，以文件的方式存放数据。操作系统把与主机相关联的终端设备也当做文件处理。

9.1 概　　述

C语言把文件看做一个字节序列，即由一连串的字节组成，称为"流"，以字节为单位进行访问。按文件所依附的介质来分，有磁盘文件、磁带文件、内存文件、设备文件等。按文件的内容区分，有源程序文件、目标文件、数据文件等。按文件中的数据组织形式来分，数据文件可分为ASCII码文件和二进制文件。ASCII码文件又被称为"文本文件"，在磁盘中存放时每个字符对应一个字节，用于存放对应的ASCII码。二进制文件把数据按其在内存中的存储形式存放在磁盘上，一个字节并不一定对应一个字符。例如，十进制数5678的存储形式为：

ASCII码文件：00110101 00110110 00110111 00111000(4个字节)

二进制文件：00010110 00101110(两个字节，在Turbo C环境中)

ASCII码文件可以直接用记事本方式打开，查看文件中的内容；二进制文件虽然也可以用记事本方式打开在屏幕上显示，但其内容无法读懂。典型的ASCII码文件通常以.txt(文本文件)、.c(C语言源程序)、.cpp(C++语言源程序)等作为文件扩展名。二进制文件常以.dat(数据文件)、.exe(可执行文件)、.dll(动态连接库文件)、.bmp(图像文件)等作为文件的扩展名。

在C语言中对文件的读取有两种方式：顺序读取和随机读取。顺序读取的特点是每次对文件的读写都是从文件头开始，按先后顺序读/写，每读写一个数据，文件位置指针自动向后移动一个位置，**数据读写完毕，文件位置指针在最后一个数据之后**；而随机读/写则是从指定位置开始读/写，根据需要可以将文件位置指针移到文件头、文件尾或指定位置，可以向前移动，也可以向后移动。C系统在处理这些文件时，并不区分类型，都看成是字符流，按字节进行处理。输入输出字符流的开始和结束只由程序控制而不受物理符号(如回车符)的控制，因此也把这种文件称做"流式文件"。

按照操作系统对磁盘文件的读写方式，文件可以分为“缓冲文件系统”和“非缓冲文件系统”。缓冲文件系统操作时在内存中为每一个正在使用的文件开辟一个读写缓冲区；非缓冲文件系统不开辟读写缓冲区。ANSI C 支持缓冲文件系统处理数据文件，本章介绍的函数都是在缓冲文件系统中对文件进行操作的函数。

C 语言程序运行时，系统自动打开标准输入文件、标准输出文件和标准出错文件等，这些文件都与硬件设备相关联，所以被称为设备文件。例如，把键盘指定为标准输入文件，从键盘输入数据就意味着从标准输入文件上读取数据，scanf()、getchar()、printf()等函数就属于这一类。对外部设备输入输出的处理，就是读写设备文件的过程。C 语言提供了 5 种标准设备文件，文件与硬件设备的对应关系如表 9.1 所示。

表 9.1　标准输入输出设备文件

文件名称	描　述	硬件设备	文件名称	描　述	硬件设备
stdin	标准输入	键盘	stdprn	标准打印机	并行口
stdout	标准输出	显示器	stdaux	标准串行设备	串行口
stderr	标准出错	显示器			

在 C 语言中对数据文件进行的操作都要通过文件处理函数来完成。文件操作函数主要分为以下几类：

- 文件的打开与关闭；
- 文件的读写(字符读写、格式读写、数据块读写)；
- 文件的定位；
- 文件检测。

9.2　文件的打开与关闭

在对文件进行任何操作前，必须将指定文件打开。文件一旦打开，里面的信息就可以在程序和文件之间进行交换。操作完成后要关闭文件。

【案例 9.1】　文件的打开与关闭。

```
#include<stdio.h>
#include<stdlib.h>                          /*由于使用 exit(0)函数，需要包含该头文件*/
void main()
{   FILE  *fp;                              /*定义 FILE 类型的指针变量 fp*/
    fp=fopen("file1.txt","w");              /*文件打开*/
    if(!fp){printf("文件打开失败!\n"); exit(0);}
    printf("文件打开成功!\n");
    fclose(fp);                             /*文件关闭*/
}
```

程序运行结果为：

```
文件打开成功!
```

案例9.1利用函数fopen()用“w”(即只写)的方式打开一个名为“file1.txt”的文件，如果打开成功，输出“文件打开成功!”，否则输出“文件打开失败!”，然后关闭文件。用“只写”的方式打开一个文件，实际上是建立一个新文件。在这个案例中，只是测试文件能否正常打开，没有对文件进行其他操作。函数exit()是stdlib.h中定义的库函数，可以立即终止程序执行返回系统，如果它括号中的值为0表明程序正常结束；如果为非0，表明出现了错误。

相关知识点1：文件打开函数fopen()

文件打开函数fopen()的一般调用形式为：

```
FILE * fopen(字符指针, 打开文件方式);
```

其中，“字符指针”可以是一个将被打开的文件名，“打开文件方式”是指文件打开的方式以及文件的类型。若文件成功打开，则函数返回一个指针值，即文件的首地址，否则函数返回值为0。

例如，在案例9.1中：

```
FILE  *fp;
fp=fopen("file1.txt","w");
```

其含义是以“只写”的方式打开当前目录下一个名为“file1.txt”的文本文件，若打开成功，将文件的首地址赋给指针变量 *fp*，否则给 *fp* 赋0值。

由此可看出，在打开一个文件时，通知编译系统3个信息：①需要打开的文件名；②使用文件的方式(是“读(r)”、“写(w)”还是“追加(a)”等)以及文件的类型(是文本文件还是二进制文件)；③使哪一个指针变量指向被打开的文件。

打开文件的方式有“只读”、“只写”和“追加”等，使用的符号及其含义如表9.2所示。

表9.2　文件打开方式符号及含义

使用方式符号	含　　义
“r”(只读)	打开一个已有的文本文件，只读
“w”(只写)	打开或建立一个文本文件，只写
“a”(追加)	打开一个文本文件，在文件末尾添加数据
“rb”(只读)	打开一个已有的二进制文件，只读
“wb”(只写)	打开或建立一个二进制文件，只写
“ab”(追加)	打开一个二进制文件，在文件末尾添加数据
“r+”(读写)	打开一个已有的文本文件，读和写
“w+”(读写)	打开或建立一个文本文件，读和写
“a+”(读写)	打开一个文本文件，允许读，或在文件末尾添加数据
“rb+”(读写)	打开一个已有的二进制文件，读和写
“wb+”(读写)	打开或建立一个二进制文件，读和写
“ab+”(追加)	打开一个二进制文件，允许读，或在文件末尾添加数据

说明：

①“r”：只读，只能打开已有文件。若指定文件不存在，则打开文件失败。

②“w”：只写，当打开的是一个已有文件，则将文件内容删除，重新写数据。

③“a”：追加，当指定文件不存在时，则建立该文件，再进行写数据。当指定文件存在时，先将文件位置指针移到文件尾，再进行写数据。

注意：在Visual C++ 6.0版本中在“追加”时可以建立新文件，但是在TC 2.0版本中若指定文件不存在，即打开文件失败，不能建立新文件。

④ 凡是带字母"b"的都是二进制文件,与文本文件的读/写操作相同。

⑤ "+"表示既可以读也可以写。用"r+"方式打开文件时,文件已存在,可以进行读和写;用"w+"方式打开文件时,建立一个新文件,先向该文件写数据,然后也可以读数据;用"a+"方式打开文件时,原来的文件不被删除,将文件指针移到文件尾,可以添加,也可以读。

⑥ "r+"和"w+"的区别。如果文件不存在,"w+"会建立一个新文件,而"r+"则不会。如果文件已经存在,用"w+"方式打开会删除它的原有内容,用"r+"方式打开则不会。

⑦ 文件既可以用文本方式打开,也可以用二进制方式打开,其操作速度有差别。把数据以文本方式写入文件时,要把二进制代码转换成 ASCII 码,从文本文件中读取数据时要把 ASCII 码转换成二进制代码,因此文本文件的读/写花费时间较多。而二进制文件的读/写不需要这种转换。用文本方式输入时回车/换行转换为换行符;在输出时则相反,换行符转换为回车/换行对。在二进制方式中不发生这种转换。

⑧ 在打开一个文件时,如果出错,fopen 函数返回一个 0 值,在程序中可以用这个信息来判断文件是否成功打开,并做相应处理,输出相关信息。

相关知识点 2:文件类型指针

在对文件进行操作时,一个必不可少的元素是指针变量。每个被使用的文件都在内存中开辟一块内存区域,用来存放文件的有关信息,如文件名、文件状态、文件的当前位置等,这些信息是保存在一个结构变量中的。该结构类型是由 C 编译系统定义的,取名为 FILE,在头文件"stdio. h"中有它的定义。用 FILE 定义文件类型指针变量,该指针变量用于指向一个文件,实际上是存放该文件缓冲区的首地址。定义文件类型指针变量的一般形式为:

```
FILE * fp;
```

表示 *fp* 是一个文件类型的指针变量。之后,可以用 *fp* 指向用 fopen 函数打开的文件,即把指定文件的首地址赋给 *fp*,建立指针 *fp* 与文件之间的一种关联关系。也就是说,通过文件指针变量可以找到与它关联的文件,然后就可以对文件进行读/写操作了。

相关知识点 3:文件关闭函数 fclose()

对文件进行操作后,要使用 fclose()函数关闭文件。在向文件写入数据时,是先将数据输出到缓冲区,待缓冲区充满后再写到文件中。如果缓冲区未充满而程序结束运行,缓冲区中尚未来得及写入文件的数据可能会丢失。关闭文件可以先将缓冲区的数据写入文件中,然后再释放文件指针,关闭文件,可确保数据不丢失。文件关闭函数调用的一般形式为:

```
fclose(文件指针);
```

这里的文件指针是打开文件时指向文件首地址的指针变量。文件关闭后,不能再对文件进行操作,因为指针变量已经不再指向该文件。例如,案例 9.1 中的语句 fclose(fp); 执行后文件关闭。

fclose 函数执行后若顺利关闭了文件,则返回值为 0,否则返回值为 EOF(EOF 是文件结束标志,其值为-1,在 stdio. h 中定义,适用于文本文件),可以用 ferror 函数来检测文件是否关闭。

当文件使用完毕,应尽早关闭。这是因为:①被打开的文件会耗费一定的系统资源,操作系统允许同时打开的文件数和缓冲区数是有一定限制的,关闭程序不再使用的文件可以节省程序继续运行所占用的资源。②从安全角度考虑,为了防止误用或信息丢失,保证文件数据的完整性。

9.3 文件读/写函数

文件打开后，可以对其进行一系列的读/写操作。常用的读/写函数列举如下。

- 字符读/写函数：fgetc()/fputc()。
- 字符串读/写函数：fgets()/fputs()。
- 格式读/写函数：fscanf()/fprintf()。
- 数据块读/写函数：fread()/fwrite()。

【案例 9.2】 将 26 个英文字母写入文件 file2.txt 中。

分析：将 26 个英文字母写入文本文件中，可以在循环中调用写字符的函数，将字母从'a'到'z'逐个写入以"只写"方式打开的文件中。

```
#include<stdio.h>
#include<stdlib.h>
void main()
{   char ch='a';                                   /*准备好第一个字母*/
    int n;
    FILE *fc;                                      /*定义文件类型指针 fc*/
    if((fc=fopen("file2.txt","w"))==NULL)          /*打开文件,检测是否成功*/
    {  printf("Cannot Open File"); exit(0);}       /*若不成功,终止程序的执行*/
    for(n=0;n<=25;n++)                             /*若成功打开文件,循环 26 次*/
    {   fputc(ch,fc);                              /*写英文字母*/
        ch++;                                      /*准备下一个字母*/
    }
    fclose(fc);                                    /*关闭文件*/
}
```

案例 9.2 只是将字母写入文件中，而没有输出到显示器上，所以程序运行后屏幕上并没有显示写入文件的内容。但是可以在当前目录下直接打开名为"file2.txt"的文本文件，看到程序执行的结果，如图 9-1 所示。

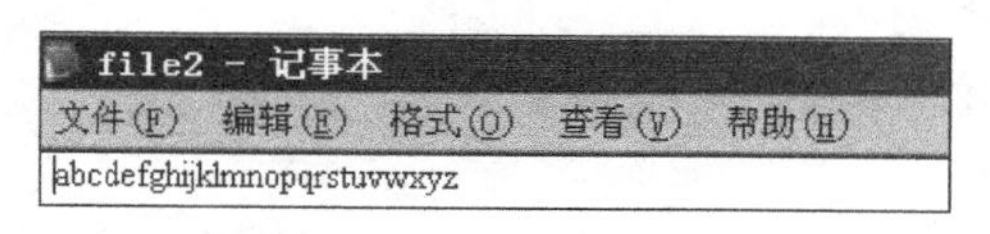

图 9.1 案例 9.2 程序执行后文本文件中的内容

案例 9.2 程序中首先利用 fopen()以"只写"的方式打开"file2.txt"文件，若打开未成功，则输出字符串"Cannot Open File"，并终止程序运行；若打开成功，利用循环完成将字母写入文件的工作，每次循环都调用函数 fputc()，将变量 *ch* 中的字母写入指针变量 *fc* 所指向的文件中，然后 *ch* 自增 1。开始时 *ch* 的值是字符常量"a"，ASCII 码值为 97，*ch* 加 1 后变为 98，即字符"b"的 ASCII 码值，为写入下一个字母做好准备。变量 *n* 从 0 变到 25，每次加 1，循环 26 次，正好把 26 个字母写入文件中。最后关闭文件。

相关知识点 1：字符写入函数 fputc()

把一个字符写入指定的磁盘文件上，该函数的一般调用形式为：

fputc(字符型变量,文件指针);

函数的功能是：把字符变量的值(也可以是一个字符常量)写入文件类型指针指向的文件中，写入一个字符后，文件位置指针自动向后移动一个字节。例如：

```
char ch='A';
FILE * fp;
fputc(ch, fp);
```

表示把字符变量 *ch* 的值写入文件类型指针 *fp* 指向的文件中。可以连续调用 fputc 函数将多个字符写入文件。

fputc 函数有一个返回值。若写入字符成功，函数返回值为该写入的字符，否则返回 EOF。

温馨提示：

① 打开方式"w"、"w+"、"a"的区别。

被写入的文件可以用"只写"、"读写"或"追加"的方式打开。用"只写"或"读写"打开一个已有文件时，将清除原有内容，从文件首开始写入字符。若想保留原有内容，新写入的字符从末尾开始，那么应该用"追加"方式打开文件。

② 文件指针和文件内部的位置指针的区别。

文件指针是在程序中定义为 FILE 类型的指针变量，在打开文件时将文件的首地址赋给该指针变量，只要没有重新定义，文件指针的值是不变的，总是指向文件的第一个字节。文件内部的位置指针用来指示文件内部当前的读/写位置。当文件打开时，文件位置指针总是指向文件的第一个字节，每一次读/写，该指针都自动向后移一个字节，从而确保遍历整个文件。文件位置指针不需要在程序中定义，而是由系统自动设置的。

【案例 9.3】 将案例 9.2 写入文件 file2.txt 中的字母读出来，显示在屏幕上。

分析：利用案例 9.2 建立的文本文件，调用读字符的函数，将该文件中的字符一个一个地读出并在显示器上显示。

```
#include<stdio.h>
#include<stdlib.h>
void main()
{   char ch;
    int n;
    FILE * fc;                                   /* 定义文件类型指针 fc */
    if((fc=fopen("file2.txt","r"))==NULL)        /* 打开文件,检测是否成功 */
    {  printf("Cannot Open File"); exit(0);}     /* 若不成功,终止程序的执行 */
    for(n=0;n<=25;n++)                           /* 若成功打开文件,循环 26 次 */
    {   ch=fgetc(fc);                            /* 从文件中读取英文字母 */
        printf("%c",ch);                         /* 在显示屏上输出英文字母 */
    }
    printf("\n");
    fclose(fc);                                  /* 关闭文件 */
}
```

程序运行结果为：

```
abcdefghijklmnopqrstuvwxyz
```

案例 9.3 中以“只读”的方式打开指定文件，调用 fgetc()函数从文件中读取字符，调用一次可以从文件中读取一个字符，将读取的字符赋给字符变量 *ch*，并将其输出到屏幕上。循环多次，完成多个字符的读取与显示。

相关知识点 2：字符读出函数 fgetc()

从指定文件中读出一个字符，该函数的一般调用形式为：

```
fgetc(文件指针);
```

函数的功能是：从文件指针指向的文件中读取一个字符，文件位置指针自动向后移动一个字节。

例如：

```
char ch;
FILE * fc;
ch=fgetc(fc);
```

表示从打开的文件中读出一个字符，并把它赋给字符变量 *ch*。

【案例 9.4】 从键盘输入若干个字符，并逐个写入文件中，直至输入“#”号结束。再将字符从文件中读出并显示到屏幕上。

```
#include<stdio.h>
#include<stdlib.h>
void main()
{   FILE * fp;
    char ch, fn[10];
    printf("请输入文件名:");
    scanf("%s",fn);
    if((fp=fopen(fn,"w"))==0){printf("文件不能打开!");exit(0);}
    printf("请输入字符(遇到'#'结束):");
    scanf("%c",&ch);                  /* 从键盘输入一个字符 */
    while(ch!='#')                    /* 如果不是'#'则执行循环体 */
    {   fputc(ch,fp);                 /* 将字符写入指定文件 */
        ch=getchar();                 /* 从键盘输入一个字符 */
    }
    fclose(fp);                       /* 遇到'#'关闭文件 */
    fp=fopen(fn,"r");                 /* 再次打开文件,准备从文件中读取字符 */
    ch=fgetc(fp);                     /* 先读取一个字符 */
    while(ch!=EOF)                    /* 若不是 EOF,表示未到文件末尾,执行循环体 */
    {  putchar(ch);                   /* 读取的字符在屏幕上显示输出 */
      ch=fgetc(fp);                   /* 读取字符 */
    }
    putchar('\n');
```

```
    fclose(fp);                          /*字符读取完毕,关闭文件*/
}
```

程序运行结果为:

```
请输入文件名: text↙
请输入字符(遇到'#'结束): How are you!#↙
How are you!
```

案例 9.4 完成两件事情:先写文件,再读文件并将读出的内容送屏幕显示。写文件结束时,文件位置指针指向文件末尾,如果不关闭文件而继续读,将读取不到任何字符。文件关闭后再打开,使文件位置指针指向文件开始,所以文件打开两次,关闭两次。文件名不是在程序中给定,而是在程序执行时从键盘输入的,相比之下,这种方式更为灵活,使用更方便。

温馨提示:文件的读写顺序。

对于一个文件,必定是先建立文件,向文件中写入数据,然后才有可能从文件中读出数据。没有写入自然也不可能读出。

【案例 9.5】 将一个从键盘输入的字符串写入文件 file3.txt 中,再从文件读出后送显示器输出。

```
#include<stdio.h>
#include<stdlib.h>
void main()
{   char str[80];
    FILE *fs;                            /*定义文件类型指针 fs*/
    gets(str);                           /*从键盘输入一个字符串*/
    if((fs=fopen("file3.txt","w"))==NULL) /*打开文件,检测是否成功*/
    {  printf("Cannot Open File"); exit(0);}
    fputs(str,fs);                       /*将字符串写入文件*/
    fclose(fs);                          /*关闭文件*/
    fs=fopen("file3.txt","r");           /*再次打开文件,准备从文件中读取字符串*/
    fgets(str,15,fs);
    puts(str);
    fclose(fs);                          /*文件操作完毕,关闭*/
}
```

程序运行结果为:

```
I am fine.↙
I am fine.
```

案例 9.5 将从键盘输入的字符串存放在字符数组 *str* 中,然后调用函数 fputs()将字符串写入已打开的文本文件"file3.txt"中,关闭文件;再次以"只读"的方式打开文件,调用函数 fgets()从文件指针 *fs* 指向的文本文件中读取一个字符串送入字符数组 *str* 中,最后利用 puts()将字符数组的内容显示到屏幕上。

相关知识点 3：字符串写函数 fputs()

当需要将多个字符写入或读出文件时，利用字符串读/写函数方便、快捷。字符串写入函数的一般调用格式为：

```
fputs(字符指针,文件指针);
```

函数的功能是：将字符指针指向的字符串写入文件指针指向的文件。“字符指针”也可以是字符串常量或者字符数组名。如果写入成功，函数返回值为 0，否则返回非 0 值。例如，在案例 9.5 中，语句 fputs(str, fs)；把字符数组 *str* 的内容写入 *fs* 指向的文件中。

相关知识点 4：字符串读函数 fgets()

字符串读取函数的一般调用格式为：

```
fgets(字符指针,字符个数,文件指针);
```

函数的功能是：从文件指针指向的文件中读取字符个数减 1 个字符存放到字符指针指向的内存中，在读取最后一个字符后自动添加字符串结束标志'\0'。如果在读入字符个数减 1 个字符结束前遇到换行符或者 EOF，则读取结束。例如，案例 9.5 中，语句 fgets(str, 15,fs)；从指针变量 *fs* 指向的文件中读取 14 个字符，保存到数组 *str* 中。若读取到第八个字符时遇到换行符或文件结束符，则读取结束。

【案例 9.6】 编程将一个文件的内容读出追加到另一个文件中，并显示输出。

```
#include<stdio.h>
#include<stdlib.h>
void main()
{   char str[80];
    FILE *fs, *fc;                            /*定义文件类型指针 fs、fc*/
    if((fs=fopen("file3.txt","r"))==NULL)     /*以"只读"方式打开文件*/
    {  printf("Cannot Open File"); exit(0);}
    fgets(str,35,fs);                      /*读取文件 file3 的内容,保存在数组 str 中*/
    puts(str);                                /*显示输出文件 file3 的内容*/
    fclose(fs);                               /*文件操作完毕,关闭*/
    if((fc=fopen("text","a+"))==NULL)         /*以"追加"方式打开文件*/
    {  printf("Cannot Open File"); exit(0);}
    fputs(str,fc);                            /*将数组 str 内容追加写入 text 文件*/
    rewind(fc);                               /*将文件位置指针移到文件开始*/
    fgets(str,55,fc);                         /*读取文件 text 追加后的内容*/
    puts(str);                                /*输出文件 text 追加后的内容*/
    fclose(fc);                               /*关闭文件*/
}
```

程序运行结果为：

```
I am fine.(显示输出的是文件 file3 的内容)
Hou are you!I am fine.(显示输出的是文件 text 追加后的内容)
```

案例 9.6 首先以“只读”方式打开文件 file3，读取文件内容并保存在数组 *str* 中，送入屏幕显示，关闭文件 file3；以“追加”方式打开文件 text，将数组 *str* 中的内容追加写入 text 文件的末尾，再将文件位置指针移动到文件开始位置，将全部内容读出，并在屏幕上显示。运行结果的第一行显示的是 file3 的内容，第二行显示的是 text 文件追加新内容后的内容。函数 rewind()可以将文件位置指针移动到文件头，函数功能稍后介绍。

【案例 9.7】 将 1～1000 之间满足下列给定条件的整数写入文件中，并显示输出。给定的条件是：除以 3 余 1，除以 5 余 3，除以 7 余 5，除以 9 余 7。

分析：设文件名为 file4. dat，设某数为 *n*，根据题意分析可以得到表达式：n%3==1&&n%5==3&&n%7==5&&n%9==7，将满足该条件的数写入文件中。

```
#include<stdio.h>
#include<stdlib.h>
void main()
{   int n,i,s=0;
    FILE * fd;                                    /* 定义文件类型指针 fd */
    if((fd=fopen("file4.dat","w+"))==NULL)        /* 以"读写"方式打开文件,检测是否成功 */
    {printf("Cannot Open File"); exit(0);}        /* 若不成功,终止程序的执行 */
    for(i=1;i<1000;i++)
      if(i%3==1&&i%5==3&&i%7==5&&i%9==7)
      {   fprintf(fd,"%d ",i);                    /* 将满足条件的数据写入文件 */
          s++;                                    /* 写入数据计数 */
      }
    rewind(fd);                                   /* 将文件位置指针移到文件开始 */
    do
    { fscanf(fd,"%d",&n);                         /* 从文件中读出数据放到 n 中 */
      printf("%d ",n);                            /* 输出数据 */
    }  while(--s);
    printf("\n");
    fclose(fd);                                   /* 关闭文件 */
}
```

程序运行结果为：

```
313 628 943
```

案例 9.7 中写入数据调用函数 fprintf()，读取数据调用函数 fscanf()，完成了格式数据的写和读。用变量 *s* 记录符合条件并写入文件的数据个数，以便控制从文件读出数据的个数。当数据写入文件后，文件位置指针指向文件末尾，为了不关闭文件就能从文件读出数据，利用 rewind()函数将文件位置指针移到文件头，这也是用“读写”方式打开文件的原因，既可以写，也可以读。

相关知识点 5：格式写函数 fprintf()

当需要读/写的若干个数据，不仅仅有字符型，还有整型或实型数据时，前面介绍的字符读/写和字符串读/写函数不再适用。多种类型数据要加以区分，此时需要格式读/写函数。格式写函数的一般调用格式为：

fprintf(文件指针,格式控制字符串,输出表列);

函数的功能是：输出表列中的数据按照格式控制字符串指定的格式写入文件指针指向的文件中。写入成功,函数返回值为实际写入文件的数据个数,否则返回值为 EOF。例如,在案例 9.7 中,语句 fprintf(fd,"%d ",i);的含义是将变量 i 的值按照“%d”的格式写入文件指针 fd 指向的文件中,并加一个空格。

相关知识点 6：格式读函数 fscanf()

fscanf(文件指针,格式控制字符串,输入地址表列);

函数的功能是：按照指定格式从文件指针指向的文件中读取数据,并把数据保存到输入地址表列中指定变量的内存中。若读取成功,函数的返回值为读取数据的个数,否则返回值为 EOF。例如,在案例 9.7 中,语句 fscanf(fd,"%d",&n); 表示按照“%d”的格式从 fd 指向的文件中读取一个整型数据,并存储到变量 n 的地址单元中。

温馨提示：函数 fprintf()、fscanf()与函数 printf()、scanf()的区别。

它们功能相似,都是格式化读写函数,但是它们的操作对象不同。fprintf()和 fscanf()的读写对象不是键盘和显示器,而是磁盘文件。

另外,在用 fprintf()函数连续写入多个数据而非字符时,格式控制符中要添加空格,以标识一个数据的结束,类似于键盘输入整数或实数时用空格做间隔符。

【案例 9.8】 有一个含 10 个元素的实型数组,求其平均值,找出与平均值差值最小的元素,并将平均值和最小差值用“%.5f”的格式写入文件中。

分析：设数组名为 x,定义数组后给定 10 个实数,利用循环求其累加和,计算出平均值后与第一个元素的差值赋给一个变量,再用这个差值与后面每个元素与平均值之差的绝对值比较,找出差值最小的即可。然后将平均值与最小差值用“%.5f” 的格式写入文件中。

```
#include<stdio.h>
#include<stdlib.h>
#include<math.h>
void main()
{   int i,k=0;
    FILE * fp;                                    /* 定义文件类型指针 fp */
    double d,v=0,x[10]={7.23,-1.5,5.2,2.1,-12.4,6.3,-5.3,3.2,-0.7,9.81};
    if((fp=fopen("file5.dat","w"))==NULL)         /* 以"只写"的方式打开文件 */
    {  printf("Cannot Open File"); exit(0);}      /* 若不成功,终止程序的执行 */
    for(i=0;i<10;i++)                             /* 求数组各元素值之和 */
        v+=x[i];
    v=v/10;                                       /* 求平均值 */
    d=fabs(x[0]-v);                               /* 求平均值与第一个元素之差 */
    for(i=1;i<10;i++)
      if(fabs(x[i]-v)<d)                          /* 查找元素与平均值之差最小的数 */
      {  d=fabs(x[i]-v);
         k=i;                                     /* 记录与平均值之差最小的数所在位置 */
      }
    fprintf(fp,"%.5f %.5f",v,x[k]);               /* 将平均值与最小的差值数写入文件 */
```

```
    fclose(fp);                              /*关闭文件*/
}
```

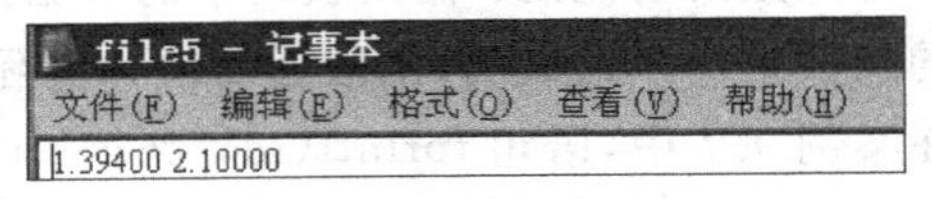

图 9.2 向文件 file5.dat 中写入的内容

案例 9.8 中只把结果写入指定文件中，而没有显示输出，要查看程序运行结果只能打开文件 file5.dat。文件打开后内容如图 9.2 所示。平均值是 1.394，最小差值是 2.1。程序中，函数 fabs($x[i]-v$)是用来求某一元素值与平均值之差的绝对值。

温馨提示：使用格式化读写函数时，用什么格式将数据写入文件，就一定要用同样的格式从文件中读取数据，否则会造成数据出错。

【案例 9.9】 找出 500～800 之间的全部素数写入文件，并把素数的个数也写入文件，然后再读出，并显示输出。

分析：可以分四步处理：①找出 500～800 之间的全部素数保存到数组 a 中，并统计素数的个数 k；②打开文件，将全部数组元素写入文件，把素数的个数 k 也写入；③将文件位置指针移动到文件头，从文件中读出 k 个数据存放到另一个数组 b 中，最后一个数据读出放到 k 中；④将数组 b 中的数据和 k 值输出。

```
#include<stdio.h>
#include<math.h>
#include<stdlib.h>
void main()
{   int i,j,s,k=0,a[50],b[50];
    FILE *fp;
    for(i=500;i<=800;i++)                /*找出其中全部素数*/
    {   s=(int)sqrt(i);
        for(j=2;j<=s;j++)
            if(i%j==0)break;
        if(j>s){a[k]=i; k++;}            /*将找出的素数保存到数组 a,k 记录素数个数*/
    }
    if((fp=fopen("prime.dat","wb+"))==NULL){printf("Connot open file"); exit(0);}
    fwrite(a,4,k,fp);                    /*将全部数组元素值写入文件*/
    fprintf(fp,"%d",k);                  /*将素数个数写入文件*/
    rewind(fp);                          /*将文件位置指针移动到文件开始处*/
    fread(b,4,k,fp);                     /*读取文件数据,并存放到数组 b 中*/
    fscanf(fp,"%d",&k);                  /*读取文件中最后一个数据,存放到 k 中*/
    fclose(fp);                          /*文件关闭*/
    for(i=0;i<k;i++)                     /*将数组 b 中的数据显示输出*/
        printf("%d ",b[i]);
    printf("\n素数的个数为: %d\n",k);          /*将素数个数显示输出*/
}
```

程序运行结果为：

```
503 509 521 523 541 547 557 563 569 571 577 587 593 599 601 607 613 617 619 631
641 643 647 653 659 661 673 677 683 691 701 709 719 727 733 739 743 751 757 761
769 773 787 797
素数的个数为：44
```

案例 9.9 中调用数据块写函数 fwrite()将全部数组元素写入文件，调用数据块读函数 fread()从文件读取一批数据，用格式写函数 fprintf()写入一个数据，用格式读 fscanf()函数读取一个数据。

相关知识点 7：数据块写函数 fwrite()

在编写程序时，常常需要一次写入或读出一组数据(例如，一个数组或者一个结构变量)，用前面介绍的函数 fprintf()和 fscanf()就不方便了。C 语言提供了 fwrite()函数，可以实现一组数据的写入操作。fwrite()函数的一般调用格式为：

```
fwrite(数据区首地址,每个数据项的字节数,数据个数,文件指针);
```

函数的功能是：将从数据存储区首地址开始的若干个数据写入文件指针指向的文件中。数据区首地址可以是数组名、结构变量名或指向它们的指针。每个数据项的字节数指的是：若为整型数组，每个元素占据内存的字节数(TC 中为两个，Visual C++ 6.0 中为 4 个)；若为结构变量，所占据的内存为所有成员占据内存之和。为了准确起见，可以用表达式 sizeof(int)来代替具体数值，系统可以得出确切的数据。数据的个数是准备一次写入文件中的数据个数。

例如，在案例 9.9 中，语句 fwrite(a,4,k,fp)；是指将 *a* 数组中 *k* 个数据写入 fp 指定的文件中，每个数据为 4 个字节。

相关知识点 8：数据块读函数 fread()

C 语言提供了 fread ()函数，可以实现对一批数据的读取操作。fread()函数的一般调用格式为：

```
fread(数据区首地址,数据项的字节数,数据个数,文件指针);
```

函数的功能是：从指针指向的文件中读取一批数据存放到数据区首地址开始的区域中。各个参数的解释同于 fwrite()函数。

例如，在案例 9.9 中，语句 fread(b,4,k,fp)；是指从 fp 指定的文件中读取 *k* 个数据保存到 *b* 数组中，每个数据为 4 个字节。

温馨提示：fwrite()和 fread()的特点。

只要文件以二进制方式打开，fwrite()和 fread()便可以读/写任何类型的信息。尤其是自定义的数据类型，特别是数组、结构类型数据。

【案例 9.10】 从键盘输入若干个学生的信息，包括学号、姓名和成绩，把它们写入文件中，然后再从文件中读出，送入屏幕显示输出。

```
#include<stdio.h>
#include<stdlib.h>
void main()
{   struct student                          /*定义结构,包含 3 个成员项*/
```

```
{  char name[10];
   int num;
   float score;
}stud[4],s1;                                            /*定义结构数组,包含 4 个元素*/
int i;
FILE*fp;
printf("请输入学生的信息:\n");
for(i=0;i<4;i++)                                        /*从键盘输入学生信息*/
   scanf("%s%d%f",stud[i].name,&stud[i].num,&stud[i]. score);
if((fp=fopen("stu.dat","wb+"))==NULL)                   /*以"读写"方式打开文件*/
{  printf("Cannot Open File"); exit(0);}
for(i=0;i<4;i++)                                        /*将每个学生的信息写入文件*/
   fwrite(&stud[i],sizeof(stud),1,fp);
rewind(fp);                                             /*将文件位置指针移动到文件头*/
printf("从文件中读出的信息:\n");
for(i=0;i<4;i++)
{  fread(&s1,sizeof(stud),1,fp);                        /*从文件中读取学生的信息*/
   printf("%s %d %.0f\n",s1.name,s1.num,s1.score);              /*显示输出*/
}
fclose(fp);
}
```

程序运行结果为:

```
请输入学生的信息:
lifang 2009001 100↙
liuhua 2009002 99↙
qinfen 2009003 89↙
wangli 2009004 96↙
从文件中读出的信息:
lifang 2009001 100
liuhua 2009002 99
qinfen 2009003 89
wangli 2009004 96
```

案例 9.10 首先从键盘上输入 4 名学生的信息,存放在结构数组 *stud* 中。以"读写"的方式打开文件,调用 fwrite()函数每次将一个学生的信息写入文件,循环 4 次,写入完成后,用 rewind()函数将文件位置指针移到文件头,调用 fread()函数再从文件中依次读出学生信息保存在另一个结构变量 *s1* 中,显示输出。

9.4 文件定位函数

对于文件的读/写,一般情况下是从文件头开始依次读/写到文件末尾,即顺序读/写。但是,有时需要修改文件中的某个数据或查找某个数据,希望可以将文件位置指针直接指向要修改的位置,即移动文件位置指针到指定的地方,再进行读/写,即进行随机读/写。尤其是当文件中存储的数据量很大时，随机读/写的效率要比顺序读/写高得多。要实现文件的随机读/写，就需要对文件位置指针进行设置，即文件的定位。

C语言提供的文件定位函数主要有3个：rewind()、fseek()和ftell()。

【案例9.11】 求数列2/1,3/2,5/3,8/5,…前20项的和，以"%.6f"的格式写入文件中，再从文件中读出后显示输出。

分析：求数列前20项之和，需要先确定每一项分子、分母的值，再求该项分数值。根据题意分析可找到规律：后一项的分子是前一项分子与分母之和，后一项的分母是前一项的分子。注意：一个整数除以另一个整数，结果(商)仍为整数，所以分数项的分子和分母至少有一个应为实型，否则除第一项外，其余分数项都等于1。

```
#include<stdio.h>
#include<stdlib.h>
void main()
{   int i;
    FILE *fp;
    float f=1.0,t=2.0,s=0,k;
    for(i=1;i<=20;i++)                          /*计算数列前20项之和*/
    { s=s+t/f;
      k=t;
      t=t+f;
      f=k;
    }
    if((fp=fopen("sum.dat","wb+"))==NULL)       /*以"读写"方式打开文件*/
    {  printf("Cannot Open File"); exit(0);}
    fprintf(fp,"%.6f",s);                       /*将前20项之和写入文件*/
    rewind(fp);                                 /*将文件位置指针移到文件头*/
    fscanf(fp,"%.6f",&k);                       /*从文件中读取数据,放到变量k中*/
    printf("前20项之和为：%.6f\n",k);           /*显示输出*/
    fclose(fp);
}
```

程序运行结果为：

```
前20项之和为：32.660259
```

案例9.11在计算出数列前20项之和后，以"读写"方式打开文件，将计算结果写入文件中。此时，文件位置指针指向文件末尾，为了不关闭文件就能从文件中读出数据，所以利用rewind()函数将文件位置指针移到文件头，然后再从文件中读取数据并显示输出。

相关知识点1：复位函数rewind()

为了提高文件的访问效率，实现文件的随机读/写，文件的位置指针可以根据需要移动到任何位置。文件复位函数rewind()的一般调用格式为：

rewind(文件指针);

函数的功能是：把文件位置指针移动到文件开始的位置，函数没有返回值。

【案例 9.12】 从案例 9.10 中建立的文件中查找某个学生，该生姓名从键盘输入，若查找到，将他的信息输出。

分析：以“二进制只读”方式打开指定文件，读取一个学生的数据，将其姓名与指定的姓名比较。若不相同，继续读取下一个学生的信息；若相同，则找到，记录其在文件中的位置，结束文件读取。将文件位置指针移到指定位置，读取指定学生的信息并输出。

```
#include<stdio.h>
#include<string.h>
#include<stdlib.h>
struct student                                    /*定义结构,包含3个成员项*/
{   char name[10];
    int num;
    float score;
}stud[4],sd;
void main()
{   int i,k;
    char name[20];
    FILE *fp;
    printf("请输入要查找学生的姓名: \n");
    scanf("%s",name);
    if((fp=fopen("stu.dat","rb"))==NULL)          /*以"只读"方式打开二进制文件*/
    {  printf("Cannot Open File"); exit(0);}
    for(i=0;i<4;i++)
    {  fread(&stud[i],sizeof(stud),1,fp);         /*从文件中读取学生的信息*/
       if(strcmp(name,stud[i].name)==0)           /*比较读取学生姓名与指定学生姓名*/
          {  printf("找到。");  k=i; break;}      /*若相同,记录该学生的位置*/
    }
    fseek(fp,sizeof(stud)*k,0);                   /*将文件位置指针移动到指定位置*/
    printf("从文件中读出的信息: \n");
    fread(&sd,sizeof(stud),1,fp);                 /*从文件中读取学生的信息*/
    printf("%s %d %.0f\n",sd.name,sd.num,sd.score);   /*显示输出*/
    fclose(fp);
}
```

程序运行结果为：

```
请输入要查找学生的姓名:
qinfen↙
找到。从文件中读出的信息:
qinfen 2009003 89
```

案例 9.12 因为利用在案例 9.10 中所建立的文件，所以不需要再向文件写数据。首先输入要查找学生的姓名保存在数组 *name* 中，然后以“二进制只读”方式打开文件读取一个学生的信息放在结构数组 *stud* 中，并将他的姓名与要查找学生的姓名进行比较。如果不相同，继续读取下一个学生的信息，再次比较姓名；如果相同，表示找到了，结束读取文件，记录该学生在文件中的位置。将文件位置指针移到该位置，再读取数据并显示。程序中，语句 fseek(fp,sizeof(stud) * k,0)；是将文件位置指针移到距离当前文件头 sizeof(*stud*) * *k* 字节的位置。sizeof(*stud*)是指结构数组 *stud* 占据内存的字节数，*k* 是学生信息在文件中的序号。例如，"qinfen"在文件"stu.dat"中是第三个人，因序号从 0 开始，所以 *k* =2，每个结构数组元素占据内存 18 个字节(10+4+4，在 Visual C++ 6.0 环境下)，语句完整的意思就是将文件位置指针移到距文件头 18×2=36 字节的位置，准备读该位置(即第三个学生)的数据。

请思考：在查找到指定学生后，可以不移动指针直接读取数据吗？为什么？

相关知识点 2：随机移动函数 fseek()

rewind()函数只能将位置指针移到文件头，若需要将文件位置指针移到指定位置时，需要使用 fseek()函数。fseek()函数的一般调用形式为：

```
fseek(文件指针,位移量,起始点);
```

函数的功能是：将文件指针所指向文件的位置指针移到距离文件起始点若干个字节(即位移量)的位置处。"位移量"是以起始点为基准，向文件尾或文件头移动的字节数，该参数要求为长整型。如果是正数，表示向文件尾移动；如果是负数，则表示向文件头移动。"起始点"用数字 0、1 或 2 分别表示"文件开始位置"、"文件当前位置"和"文件末尾"，或用符号表示，具体表述如表 9.3 所示。

表 9.3　fseek()中"起始点"的表示方法

起始点	符号表示	数字表示	起始点	符号表示	数字表示
文件开始	SEEK_SET	0	文件末尾	SEEK_END	2
当前位置	SEEK_CUR	1			

函数若执行成功，返回值为 0，否则返回值为非 0。例如：

```
fseek(fp,36L,0);           /*表示将文件位置指针移到距文件头 36 个字节的位置*/
fseek(fp,10L,1);           /*表示将文件位置指针移到距当前位置 10 个字节的位置*/
fseek(fp,-20L,2);          /*表示将文件位置指针移到距文件尾 20 个字节的位置*/
```

函数 fseek()一般用于在二进制文件中移动位置指针，因为在文本文件中要进行字符转换，往往计算的位置会出现错误。

【案例 9.13】　测定指定二进制文件的长度。

分析：先输入一个文件名，可以利用前面例题中建立的文件；将指定文件以"只读"方式打开，将文件位置指针移到文件末尾，利用函数测定文件的长度。

```
#include<stdio.h>
#include<stdlib.h>
void main()
{   FILE *fp;
    char filename[20];
    printf("请输入一个文件名：");
    gets(filename);                              /*输入文件名*/
    if((fp=fopen(filename,"rb"))==NULL)          /*以"只读"方式打开二进制文件*/
```

```
    { printf("Cannot Open File"); exit(0);}
    fseek(fp,0,2);                              /*将文件位置指针移到文件尾*/
    printf("文件长度为: %d字节\n",ftell(fp));     /*利用ftell()测定文件的长度*/
}
```

程序运行结果为：

```
请输入一个文件名：prime.dat↙
文件长度为：176字节
```

文件 prime.dat 是在案例 9.9 中建立的二进制文件，其中存放着 44 个素数(整数)，每个数在内存中占据 4 个字节(在 Visual C++ 6.0 环境下)，44 个数据长度正好是 176 个字节。程序中利用函数 fseek 将文件位置指针移到文件尾，用函数 ftell 测定文件的长度，ftell()的返回值为文件头距离当前文件位置指针(本案例中为文件尾)的字节数。

相关知识点 3：取当前位置函数 ftell()

函数 rewind 可以将文件位置指针移到文件头，函数 fseek 可以将文件位置移到指定位置。但是若想知道位置指针的当前位置，可以由函数 ftell 来实现。函数 ftell()的一般调用形式为：

ftell(文件指针);

函数的功能是：返回文件位置指针距离文件开始处的字节数，若出错，返回－1L。

这 3 个文件定位函数与读/写函数配合使用，即可以实现文件的随机读写，大大方便了文件操作。

9.5 文件检测函数

在对文件进行读写时，常常需要了解文件是否已经到达文件末尾。在调用读/写函数时，可能因为某种原因导致错误，此时除了返回值有所反应外，也可以用函数来检测。当错误处理完毕，应清除错误标志。

【案例 9.14】 将一个文件的内容复制到另一个新文件中，并显示输出新文件的内容。

分析：利用案例 9.9 中建立的 prime.dat 文件，以“只读”方式打开这个旧文件，以“读写”方式建立一个新文件 copy.dat。从旧文件中读取数据，写入新文件中。在循环中，每读取一个数据，检测是否到达文件末尾。若未到达文件尾，则将数据写入新文件，继续循环；若到达文件结尾，循环结束，不再读取数据。

新文件写入结束后，将文件位置指针移到文件头，读取新文件的数据，并显示输出。

```
#include<stdio.h>
#include<stdlib.h>
void main()
{   int i,a[50],b[50];
    FILE *fp, *fk;
    if((fp=fopen("prime.dat","rb"))==NULL)      /*以"只读"方式打开二进制文件*/
    { printf("Cannot Open File"); exit(0);}
```

```
    if((fk=fopen("copy.dat","wb+"))==NULL)          /*以"读写"方式建立新二进制文件*/
    {  printf("Cannot Open File"); exit(0);}
    for(i=0;;i++)
    {   fscanf(fp,"%d ",&a[i]);                     /*从文件中读取一个数据*/
        fprintf(fk,"%d ",a[i]);                     /*将数据写入新文件*/
        if(ferror(fp))break;                        /*若数据读取出现错误,循环结束*/
        if(feof(fp)) break;                        /*文件位置指针到达文件尾,循环结束*/
    }
    fclose(fp);                                     /*关闭旧文件*/
    rewind(fk);                                     /*将新文件位置指针移到文件头*/
    for(i=0;!feof(fk);i++)                          /*读取新文件的数据*/
        fscanf(fk,"%d ",&b[i]);
    fclose(fk);                                     /*关闭新文件*/
    for(i=0;i<44;i++)                               /*显示输出新文件的内容*/
      printf("%d ",b[i]);
    printf("\n");
}
```

程序运行结果与案例 9.9 相同,在旧文件读取结束后,先关闭旧文件。用语句 rewind(fk);将新文件位置指针移到文件头,读取数据并保存在另一个数组 b 中,显示输出。读取结束关闭新文件。用函数 feof(fp)检测文件位置指针是否到达文件末尾,用函数 ferror(fp)检测数据读取是否有错。

相关知识点 1:文件检测函数 feof()

文件结束标志 EOF 只适用于文本文件,不适用于二进制文件。因为 EOF 在头文件 stdio.h 中定义时,其值为－1,文本文件中都是字符,可以用－1 来判断文件是否结束。但是二进制文件中都是二进制数,－1 也可以表示为一个合法的二进制数,所以－1 不能作为二进制文件的结束标志,只能用文件结束函数 feof()来判断文件是否结束。其一般调用格式为:

```
feof(文件指针);
```

函数的功能是:判断文件指针所指向的文件是否结束,若文件结束,函数返回值为非 0,否则返回值为 0。

相关知识点 2:文件操作错误函数 ferror()

对文件进行读/写操作时,可能会出现错误。函数 ferror()可以测试文件的某个读/写操作是否有错。其一般调用格式为:

```
ferror(文件指针);
```

当读/写操作出现错误时,函数的返回值为非 0,否则返回值为 0。通常紧跟在所要判断是否出错的文件操作之后。

相关知识点 3:错误标志清除函数 clearerr()

一旦文件读/写出现错误,系统内部的一个错误标志就被设为非 0 值,调用函数 ferror()可以得到该错误标志的值。错误标志会一直保持,直到调用清除函数 clearerr(),或再次调用读/写函数时,才能改变该标志的值。该函数的调用格式为:

clearerr(文件指针);

当错误处理完后,应及时清除相关的错误标志,以免进行重复的错误处理。

9.6 应用实例

【案例 9.15】 小型学生信息查询系统。设计并实现一个简单的学生信息查询系统,它具有按姓名、学号查询的功能,程序能连续运行,直到要求退出为止。

分析: 题目要求系统只是具备查询功能,所以学生信息中数据可以先利用数据块读/写函数写入文件,然后再进行查询。有按照姓名查找和按学号查找两种方式,当输入数字 1 时调用函数 na_inquire()按姓名查找,输入数字 2 时调用函数 No_inquire()按学号查找。将需要查找的人的姓名输入,与从文件中读取后保存到结构数组中的姓名进行比较,找到了就输出其相关信息,没找到就输出“查无此人”。按学号查找用类似的方法操作。

```
#include<stdio.h>
#include<string.h>
#include<stdlib.h>
struct addr_book                                       /*定义结构*/
{   char name[20];
    char sex;
    int age;
    char No[8];
}stu[6]={{"李林",'F',19,"2009001"},{"张华",'M',19,"2009002"},
         {"秦红",'M',20,"2009003"},{"王建国",'M',20,"2009071"},
         {"林小林",'F',20,"2009092"},{"方芳",'F',21,"2008071"}};
void na_inquire(struct addr_book stu[]);               /*声明查询函数*/
void No_inquire(struct addr_book stu[]);
void main()                                            /*主函数*/
{   int i,ch;
    FILE *p;
    printf("****欢迎使用通讯录查询系统****\n");
    printf("请输入数字选择查询项目:\n--------------------\n");
    printf("     1.按姓名查询\n     2.按学号查询\n");
    printf("     0.查询结束,退出\n");
    if((p=fopen("message.dat","wb"))==NULL)    /*以"只写"方式建立二进制文件*/
    {  printf("Cannot Open File"); exit(0);}
    for(i=0;i<6;i++)                                   /*将每个学生的信息写入文件*/
      fwrite(&stu[i],sizeof(addr_book),1,p);
    fclose(p);                                         /*关闭文件*/
    while(1)
    {  printf("     请选择\n--------------------------\n");
      scanf("%d",&ch);
      switch(ch)
       {   case  1:na_inquire(stu);break;
```

```
            case  2:No_inquire(stu);break;
            case  0:exit(0);
            default:printf("输入错误!\n");
        }
    }
}
void na_inquire(struct addr_book stu[])            /*按姓名查询函数*/
{   int i,f=0;
    FILE *p;
    char name[20];
    printf("请输入要查找人的姓名:");
    scanf("%s",name);
    if((p=fopen("message.dat","rb"))==NULL)       /*以"只读"方式打开二进制文件*/
    {  printf("Cannot Open File"); exit(0);}
    for(i=0;i<6;i++)                               /*读每个学生的信息*/
    {  fread(&stu[i],sizeof(addr_book),1,p);
       if(strcmp(name,stu[i].name)==0)             /*将输入的姓名与读出的比较*/
       {  f++;
          printf("%s %c %d %s\n",stu[i].name,stu[i].sex,stu[i].age,stu[i].No);
       }
    }
    if(f==0)printf("查无此人\n");
    fclose(p);
}
void No_inquire(struct addr_book stu[])            /*按学号查询函数*/
{   int i,f=0;FILE *p;
    char number[10];
    printf("请输入要查找人的学号:");
    scanf("%s",number);
    if((p=fopen("message.dat","rb"))==NULL)       /*以"读"方式打开二进制文件*/
    {  printf("Cannot Open File"); exit(0);}
    for(i=0;i<6;i++)                               /*读每个学生的信息*/
    {  fread(&stu[i],sizeof(addr_book),1,p);
       if(strcmp(number,stu[i].No)==0)             /*将输入的学号与读出的比较*/
       {  f++;
          printf("%s %c %d %s\n",stu[i].name,stu[i].sex,stu[i].age,stu[i].No);
       }
    }
    if(f==0)printf("查无此人\n");
    fclose(p);
}
```

程序运行结果是:

```
****欢迎使用通讯录查询系统****
请输入数字选择查询项目:
-----------------------------------
1. 通过姓名查询
2. 通过学号查询
0. 查询结束,退出
请选择
-----------------------------------
1
请输入要查找人的姓名:秦红
秦红 M 20 2009003
请选择
-----------------------------------
0
```

在案例 9.15 中,首先建立结构数组,存储 6 个人的信息,包括姓名、性别、年龄和学号。设计一个查询菜单,1 是按姓名查找,2 是按学号查询,0 是查询结束,程序退出。若是其他数据认为输入错误。在 switch 语句中根据输入的数字调用相应的函数完成指定的查找。函数 na_inquire()实现按姓名查询,函数 No_inquire()实现按学号查询。

实际上,也可以按照其他信息查询。例如年龄,但是年龄信息不唯一,不足以查找到某一个人,同样的年龄可能对应一批人,还需要与其他信息(例如学号或姓名)配合起来进行查找。

请思考:案例 9.15 的程序中只有 6 名学生的信息,若希望添加、修改和删除学生的信息,程序应如何改?

9.7 本章小结

文件就是存储在外部介质上的数据的集合。文件分为文本文件和二进制文件。在程序中使用文件操作,可以对文件中的数据进行处理,或者建立新文件,使程序运行的结果数据得以永久保存及再利用。

对文件进行的操作一般为读、写或追加,“读”是从旧(已有)文件中读取数据放到内存中,而“写”是先建立新文件,再把内存中的数据向文件中写;“追加”是在已有文件的基础上,在文件末尾添加数据。但是,在读/写之前必须打开某个文件,文件操作完毕要关闭文件。打开文件就是建立指针与文件的关联,关闭文件就是撤销这种关联。用函数 fopen(指针)打开文件,指针指向文件的开始处;用函数 fclose(指针)关闭文件,撤销指向关系。

文件的读写函数包括以下几种:字符读/写函数 fgetc()和 fputc(),调用一次只能读或写一个字符;字符串读/写函数 fgets()和 fputs(),调用一次可以读或写若干个字符;格式读/写函数 fscanf()和 fprintf(),可以读或写整型、实型或字符型数据,也可以读/写字符串。但是,若要求读/写大量的数据,格式读/写函数使用不太方便,最好使用数据块读/写函数 fwrite()和 fread()。

只要文件以二进制方式打开,函数 fwrite()和 fread()便可以读/写任何类型的信息。

尤其是自定义的数据类型，特别是数组和结构类型数据。数据块读/写以二进制形式进行，在向文件写数据时直接将内存中的一组数据原封不动、不加转换地复制到文件中，在读取时也是将文件中的一批数据读入内存，所以二进制文件的读取速度比文本文件快。

文件指针和文件位置指针是两个不同的概念。文件指针通过打开文件建立指针和文件的关联，使文件指针指向文件头，在文件的操作过程中指针值不变，文件操作结束关闭文件时，关联关系被撤销。文件位置指针是在文件打开时由编译系统设置的，在文件的读/写过程中，位置指针自动向文件尾部移动，每读写完一个数据，文件位置指针都自动移到该数据项后、下一数据项前；当文件以“追加”方式打开时，该指针指向文件中所有数据之后。文件位置指针不需要用户建立或删除。

文件打开后，随着数据的读或写，文件位置指针自动向文件尾移动，读写完毕，位置指针指向文件尾，若需要继续对文件进行操作，要先关闭文件后再打开文件，使文件位置指针再次指向文件头，这种方式称为顺序读/写。为了实现文件内容的随机读/写，函数 rewind()可以把文件位置指针移到文件头，函数 fseek()可以把文件位置指针移到指定位置，函数 ftell 可以测试文件位置指针距离文件头的字节数。

文件检测函数 feof()可以判断二进制文件是否结束，文件操作错误函数 ferror()可以测试文件的某个读/写操作是否有错，错误标志清除函数 clearerr()可以清除读/写出现错误的标志。

习　题

1. 单选题

(1) 在进行文件操作时，写文件的一般含义是(　　)。

A. 将计算机内存中的信息存入磁盘　　B. 将磁盘中的信息存入计算机内存

C. 将计算机 CPU 中的信息存入磁盘　　D. 将磁盘中的信息存入计算机 CPU

(2) 在 C 语言中对文件操作的一般步骤为(　　)。

A. 打开文件—操作文件—关闭文件　　B. 操作文件—修改文件—关闭文件

C. 读写文件—打开文件—关闭文件　　D. 读文件—写文件—关闭文件

(3) 要打开一个已存在的非空文件“file”用于修改，正确的语句是(　　)。

A. fp＝fopen(“file”,“r”);　　B. fp＝fopen(“file”,“a＋”);

C. fp＝fopen(“file”,“w”);　　D. fp＝fopen(“file”,“r＋”);

(4) C 语言可以处理的文件类型是(　　)。

A. 文本文件和数据文件　　B. 文本文件和二进制文件

C. 数据文件和二进制文件　　D. 以上答案都不对

(5) 若定义 fp 是文件类型指针，执行下面程序段后，输出结果是(　　)。

```
int i,n=0,a[10]={0};
fp=fopen("file.dat","w");
for(i=0;i<10;i+=2)
    n+=fwrite(a+i,sizeof(int),2,fp);
printf("n=%d\n",n);
```

A. $n=10$　　B. 有语法错误　　C. $n=2$　　D. $n=5$

(6) 当文件顺利关闭时，fclose()的返回值是(　　)。

A. -1　　B. EOF　　C. 0　　D. 1

(7) fscanf()函数的一般调用形式为(　　)。

A. fscanf(文件指针,格式字符串,输出表列)；

B. fscanf(格式字符串,输出表列,文件指针)；

C. fscanf(格式字符串,文件指针,输出表列)；

D. fscanf(文件指针,格式字符串,输入表列)；

(8) fseek()的正确调用形式是(　　)。

A. fseek(文件类型指针,起始点,位移量)；

B. fseek(文件类型指针,位移量,起始点)；

C. fseek(位移量,起始点,文件类型指针)；

D. fseek(起始点,位移量,文件类型指针)；

(9) 函数 rewind 的作用是(　　)。

A. 使位置指针重新返回文件的开始

B. 将位置指针指向文件中所要求的特定位置

C. 使位置指针指向文件的末尾

D. 使位置指针自动移到下一个字符位置

(10) 若用 fopen 函数打开一个二进制文件时，该文件要既能读也能写，则文件打开方式字符串为(　　)。

A. "ab+"　　B. "wb"　　C. "rb"　　D. "a+"

2. 填空题

(1) EOF 只可用于________文件，它用来作为________标志。

(2) 函数 feof 用来判断文件当前状态是否________，若是，返回值为________，否则，返回值为________。

(3) 若需要将文件位置指针指到文件的末尾，可调用________函数；若需要将文件位置指针重新指向文件的开头，可调用________函数；若要将文件位置指针指到离文件开头 10 个字节处，可调用________。

(4) 下列程序用来建立一个名为 file 的文件，并将从键盘输入的字符存入该文件，当键盘输入结束时，关闭该文件。请根据题意填空。

```
#include<stdio.h>
void main()
{   FILE *fp;
    char c;
    fp=____①____("file","____②____");
    do
    {   c=getchar();
        fputc(c,fp);
    }while(c!='\n');
    ____③____
```

```
}
```

(5) 把上题建立的文件复制到新文件 new.dat 中。请根据题意填空。

```
#include<stdio.h>
void main()
{   int c;
    FILE *p1, *p2;
    p1=fopen("file", ___①___);
    p2=fopen("new.dat", ___②___);
    c= ___③___;
    while(c!=EOF)
     {   fputc(c,p2);
         c=fgetc(p1);
    }
    fclose(p1);
    fclose(p2);
}
```

(6) 下列程序显示输出指定文件,在显示文件内容的同时加上行号。

```
#include<stdio.h>
#include<string.h>
#include<stdlib.h>
void main()
{   char s[20],filename[10];
    int flag=1,i=0;
    FILE *fp;
    printf("Input filename:");
    gets(filename);
    if((fp=fopen(filename, "r"))___①___)
    {   printf("Caanot open file.");
        exit(0);  }
    while(fgets(s,20,fp)___②___)
    {   if(flag==1) printf("%-2d: %s",++i,s);
        else printf("%s",s);
        if(s[___③___]=='\n') flag=1;
        else flag=0;
    }
    fclose(fp);
}
```

3. 阅读程序,写出程序运行结果

(1)

```
#include<stdio.h>
void sub()
{   int i;
```

```
    char b[10];
    FILE * fp=fopen("file.dat","r");
    for(i=0;i<9;i++)
    {   fread(b+i,sizeof(char),1,fp);
        printf("%c",b[i]-32);
    }
    fclose(fp);
    printf("\n");
}
void main()
{   char a[10]="abcdefghi";
    int i;
    FILE * fp=fopen("file.dat","w");
    for(i=0;i<9;i=i+2)
        fwrite(a+i,sizeof(char),2,fp);
    fclose(fp);
    sub();
}
```

(2) 指出下列程序所完成的功能。

```
#include<stdio.h>
void main()
{   int i;
    char c[20];
    FILE * fp=fopen("f1.dat","w");
    if(fp==NULL) {  printf("File oped error!"); exit(0);  }
    for(i=0;i<10;i++)
    {   c[i]=getchar();
        if(c[i]>='A'&&c[i]<='Z') c[i]=c[i]+'a'-'A';
        fprintf(fp,"%c",c[i]);
    }
    fclose(fp);
}
```

(3)

```
#include<stdio.h>
char x[4][8]={"First","Second","Third","Four"};
int a[4]={6,7,6,7};
void main()
{   int i;
    char y[4][8];
    FILE * fp=fopen("f1.dat","w");
    for(i=0;i<4;i++)
        fputs(x[i],fp);
    fclose(fp);
```

```
    fp=fopen("f1.dat","r");
    for(i=0;i<4;i++)
            fgets(y[i],a[i],fp);
        fclose(fp);
        for(i=0;i<4;i++)
            printf("%s ",*(y+i));
}
```

(4) 指出下列程序所完成的功能。

```
#include<stdio.h>
#include<stdlib.h>
void main()
{   FILE *fp;
    char s1[20],s2[20];
    if((fp=fopen("t.txt","w"))==NULL){printf("File open error.");exit(1);}
    printf("fputs string:");
    gets(s1);  fputs(s1,fp);
    if(ferror(fp))printf("\nerrors processing file t.txt\n");
    fclose(fp);
    fp=fopen("t.txt","r");
    fgets(s2,20,fp);
    printf("fgets string: %s\n",s2);
    fclose(fp);
}
```

(5) 若下列程序执行时输入 6↙,输出结果是什么?

```
#include<stdio.h>
#include<stdlib.h>
void main()
{   int i, j, x[20],y[20], k=sizeof(int);
    FILE *fp;
    printf("Input:");
    scanf("%d",&j);
    fp=fopen("f2.dat","rb+wb");
    if(fp==NULL)  {printf("File can't open."); exit(0);}
    for(i=0;i<20;i++)
    {   x[i]=i;
      fwrite(&x[i],k,1,fp);
    }
    fseek(fp, j*k, 0);
    for(i=j; i<j+3; i++)
    {   fread(&y[i],k,1,fp);
      printf("%d,",y[i]);
    }
    fclose(fp);
}
```

4. 编程题

(1) 编程统计满足条件 $x*x+y*y+z*z=2000$ 的所有解的个数。把所有的解以及解的个数写入文件 f3.dat 中。

(2) 编程从键盘输入 10 个整数,并写入 f2.dat 文件中。用 fprintf()函数完成。

(3) 编程将上题写入 f1.dat 文件中的 10 个整数读出并显示其结果。用 fscanf()完成。

(4) 建立 10 名学生的信息表,其中包括学号、姓名、年龄、性别以及 5 门课的成绩。要求从键盘输入数据,并将这些数据写入磁盘文件 s.dat 中。用 fwrite()函数完成。

(5) 把上题写入磁盘文件 s.dat 中的数据读出并输出其结果。用 fread()函数完成。

(6) 在正整数中找出最小的,被 3、5、7、9 除余数分别为 1、3、5、7 的数,将该数以格式"%d"写入文件 f4.dat 中。

(7) 找出 6～1000 之间的所有合数,用 fprintf(p,"%6d",i);写入文件 f5.dat 中。(某数若等于其因子之和,则称该数为合数。)

(8) 建立 n.dat 文件将一组整数写入该文件,然后读出,并统计其中正数、负数和零的个数,输出其结果。

(9) 现有 A、B 两个文本文件,分别存放着若干个字符。要求从这两个文件中读取数据按照由小到大的顺序写入 C 文件中,并在屏幕上显示输出。

第10章　编译预处理与位运算

本章主要内容：

- 宏定义；
- 文件包含；
- 条件编译；
- 位运算。

在C语言源程序中，除了使用完成程序功能所需要的声明语句和执行语句之外，还可以使用编译预处理命令。编译预处理命令的作用不是实现程序的功能，而是向编译系统发布信息。它告诉编译系统在对源程序进行编译之前应该做些什么，然后将预处理的结果和源程序一起进行编译，以得到目标代码。编译预处理负责在编译之前对源程序的一些特殊行进行预加工，通过编译系统的预处理程序执行源程序中的预处理命令。

C语言提供的编译预处理命令主要有3种：宏定义、文件包含和条件编译。它们分别用宏定义命令、文件包含命令和条件编译命令来实现。为了能够和一般C语句区别开来，编译预处理命令以"#"号开头，它占用一个单独的书写行，命令行末尾不加分号。

C语言是为了描述系统而设计的，因此它具有汇编语言的一些功能，其中就包括了位运算。所谓位运算是指进行二进制位的运算。

10.1　宏　定　义

【案例10.1】 从键盘输入半径，计算圆的面积和周长。

```
#include<stdio.h>
#define PI 3.1415926                    /*定义符号常量的宏定义*/
void main()
{   float r,area,s;
    scanf("%f",&r);
    area=PI*r*r;                        /*宏调用*/
    s=2*PI*r;
    printf("%f,%f\n",area,s);
}
```

程序运行结果为：

```
2.15↙
14.522013,13.508849
```

相关知识点1：宏定义

宏定义是指定义符号常量或带参数的宏来代替字符串。宏定义的一般格式为：

```
#define 标识符 字符串
```

其中,# define 是宏定义命令,宏定义把标识符定义为字符串。标识符是符号常量名,也称宏名,习惯上用大写字母表示;字符串又称宏体,可以是常量、关键字、语句、表达式或者是空白。在预处理时,编译系统把程序中出现的标识符一律用字符串置换(即简单替换),然后对置换处理后的源文件进行编译。一个 # define 只能定义一个宏,若需要定义多个宏就要使用多个 # define。

定义符号常量是宏定义的简单形式。其功能是在程序的开始,将程序中用到的、由常量表达式指定的常量符号化。例如,在下列宏定义中定义了两个符号常量:

```
#define  YES  1
#define   NO  0
```

它把符号常量 YES 定义为 1,NO 定义为 0。符号常量经过定义后就可以在程序中作为常量使用。例如:

```
if (x==YES)printf("correct\n");
else  if (x==NO) printf("error\n");
```

在执行编译预处理时,程序中的符号常量用定义它们的常量置换。如上面的程序段经编译预处理后成为下列形式:

```
if (x==1) printf ("correct\n");
else  if (x==0) printf ("error\n");
```

相关知识点 2:嵌套的宏定义

在宏定义中,可以使用已经定义过的符号常量定义新的符号常量,即嵌套的宏定义。例如:

```
#define  WIDTH  80
#define  LENGTH  (WIDTH+40)
```

其中,第二个宏定义中使用了第一个宏定义的符号常量 WIDTH。在执行编译预处理时,程序中的所有 WIDTH 都被 80 置换,所有的 LENGTH 都被(80+40)置换。例如,程序中出现下列语句:

```
var=LENGTH*20;
```

被置换成:

```
var=(80+40)*20;
```

经运算后 var 的值是 2400。

从上面的置换过程可以看到 LENGTH 定义时包围 WIDTH+40 的圆括号的作用。若定义时不使用圆括号:

```
#define  LENGTH  WIDTH+40
```

则上面的 var 赋值表达式在编译预处理后成为:

```
var=80+40*20
```

这时 var 的值是 880。由此可见,在进行宏定义时,圆括号的有无,结果大不相同,因此,为了保证定义在置换后仍保持正确的运算顺序,经常在表达式中使用圆括号将字符串括起来。

符号常量经过宏定义后,在程序中作为常量可以参加各种运算。但是,符号常量不能作为字符串的成分使用。**也就是说,符号常量被双引号括起来时,它将失去定义过的含义,而仅作为一般字符串使用。**

温馨提示:

① 在编译预处理时,对于字符串中出现的符号常量不执行置换处理。

② 当符号常量的值需要改变时,不用在程序中逐个查找和修改,只需改变宏定义就可以了。

在定义符号常量时可以出现下列形式:

```
#define  REG3
```

它缺少字符串,这时称为把 REG3 定义为空符号常量。在进行编译预处理时,源文件中定义为空的符号常量将被删除。

【案例 10.2】 求两个数的平方和。

```
#include<stdio.h>
#define  POWER(x)  ((x)*(x))                    /*定义带参数的宏*/
void main()
{   int a,b,c;
    scanf("%d%d",&a,&b);
    c=POWER(a+b);                               /*宏调用*/
    printf("(%d+%d)*(%d+%d)=%d\n",a,b,a,b,c);
}
```

程序运行结果为:

```
4 6↙
(4+6)*(4+6)=100
```

相关知识点 3:带参数的宏定义

在程序设计中,宏定义除了定义符号常量外,还经常用于定义带参数的宏。对于带参数的宏定义,编译预处理时对源程序中出现的宏不仅要进行字符串替换,还要进行参数替换。一般形式为:

#define 标识符(形参表) 表达式

其中,宏定义中的形参在程序中将用实参替换。例如:

```
#define  POWER(x)  ((x)*(x))
```

其中,POWER(x)称为带参数的宏,x 是它的形参。该宏定义把 POWER(x)定义为((x) * (x))。在此定义后,POWER(x)可以在程序中代替定义它的运算表达式((x) * (x))。其形参的使用特性类似于函数的形参。例如,在程序中需要计算两个数之和的平方值时,可以使用已定义的宏：

```
a=4; b=6;
c=POWER(a+b);
```

在进行编译预处理时，带参数的宏定义用它的运算式置换，其中的形参用实际使用的实参置换。因此，上面的赋值表达式置换后的形式是：

```
c=((4+6)*(4+6));
```

其中，宏定义式中的形式参数 x 被实参 $a+b$ 置换，c 的值为 100。从置换结果中可以看出定义式的两层圆括号的作用。若不使用圆括号：

```
#define  POWER(x)   x*x
```

那么前面求 $a+b$ 平方值的带参数的宏经置换后成为：

```
c=a+b*a+b;
```

c 的值为 34。它的运算顺序与预定的顺序完全不同，当然不能得到预期的计算结果。

在程序设计时，经常把那些反复使用的运算表达式定义为带参数的宏。这样一方面使程序更加简洁，另一方面可以使运算的意义更加明显。

【案例 10.3】 利用带参数的宏定义，求 3 个数中的最大值。

```
#include<stdio.h>
#define MAX(x,y)  x>y?x:y                /*定义带参数的宏*/
void main()
{  int a,b,c,max;
   scanf("%d%d%d",&a,&b,&c);
   max=MAX(a,b);                        /*宏调用*/
   max=MAX(max,c);                      /*宏调用*/
   printf("Max:%d\n",max);
}
```

程序运行结果为：

```
4 9 -2
Max:9
```

在案例 10.3 中定义带参数的宏 MAX 为找两个数中大者的条件表达式。主函数要求 3 个数中的最大值，第一次宏调用找出 a 与 b 中的大者存入 max，第二次宏调用找出 max 与 c 中的大者存入 max。

定义带参数的宏时，对形式参数的数量没有限制，但是一般情况下以不超过 3 个为宜。下面给出几个常用的带参数的宏定义：

```
#define ABS(x)    ((x>=0)?x: 0-x)              /*求 x 的绝对值*/
#define PERCENT(x, y)   (100.0*x/y)            /*求 x 除以 y 的百分数值*/
#define ISODD(x)    ((x%2==1)?1: 0)            /*判断 x 是否为奇数*/
#define SWAP(t, x, y)   {t=x; x=y; y=t;}       /*交换 x 和 y 的值*/
```

上面给出的宏定义中，运算表达式里出现的形参都是单纯的形式。在实际应用时，应该根据使用情况加上保证运算顺序的圆括号。

温馨提示：带参数的宏在程序中使用时，形式与函数相似，但在本质上它们是完全不同的。

① 在程序控制上，函数的调用需要进行程序流程的转移，而使用带参数的宏则仅仅是表达式的运算。

② 带参数的宏一般是运算表达式，所以它不像函数那样有固定的数据类型。宏的数据类型可以说是它的表达式运算结果的类型，随着使用的实参数值的不同，运算结果呈现不同的数据类型。

③ 在调用函数时，对使用的实参有一定的数据类型限制。而带参数的宏的实参可以是任意数据类型。

④ 函数调用时存在着从实参向形参传递数据的过程。而带参数的宏不存在这种过程。在程序中使用带参数的宏比调用函数可以得到较高的程序执行速度，但是在对源程序进行编译时花费的时间要更多一些。若在程序中有多个宏调用，那么编译预处理时要进行多次宏替换，会使代码膨胀，占用的内存比函数调用要多。

⑤ 宏定义如果使用不当，可能会产生不易察觉的错误。

⑥ 在使用＃define定义一个符号常量或者带参数的宏时，在宏定义之后的程序中一直到程序结尾都可以使用这个被定义的符号常量或带参数的宏。这样的宏定义具有全局意义。除此之外，还可以限定宏定义的使用范围，称为局部宏定义。使用编译预处理命令＃undef可以解除已有的宏定义。解除宏定义的一般形式是：

```
#undef  标识符
```

其中，标识符是在此之前使用＃define定义过的符号常量或带参数的宏，在此命令之后该宏定义将被解除。例如：

```
#define  POWER(x)  ((x) * (x))
...
#undef  POWER
```

这里先定义了带参数的宏POWER，在程序的后面使用＃undef解除了它的定义。可以看出，解除带参数的宏定义时，只需指出宏标识符而不必给出参数。在程序中＃define和＃undef命令配合使用，就可以把宏定义的使用限制在这两个命令之间的范围内。

C语言规定，对符号常量或带参数的宏不能重复定义。但是，程序设计中常常需要对于同一个符号常量，在不同的程序范围内定义为不同的常量。这时可以使用＃undef解除一个宏定义后，再使用＃define重新定义同名的符号常量。

10.2 文件包含

文件包含，顾名思义，就是把一个指定文件嵌入到源文件中，然后再对源文件进行编译。这样可以有效地减少重复编程。

【案例 10.4】 使用包含文件中的宏定义，输出各种不同格式、不同类型的数据。

首先建立头文件 out.h，它包含各种输出格式的带参数的宏定义，内容为：

```
#define outint(x)     printf("%d\n",x)         /*带参数的宏定义*/
#define outstr(x)     printf("%s\n",x)         /*输出字符串*/
#define outfloat(x)   printf("%f\n",x)         /*输出实型数x的值*/
#define outhex(x)     printf("%x\n",x)         /*以十六进制形式输出x的值*/
#define outoct(x)     printf("%o\n",x)         /*以八进制形式输出x的值*/
#define outchar(x)    printf("%c\n",x)         /*以字符形式输出x的值*
```

编写源程序，把头文件 out.h 包含到源程序中。

```
#include "out.h"                         /*包含 out.h 文件*/
#include<stdio.h>                        /*包含 stdio.h 文件*/
void main()
{   int a=70; float b=123;  char*sp="Good";
    outint(a);                           /*输出a的值*/
    outoct(a);                           /*以八进制形式输出a的值*/
    outhex(a);                           /*以十六进制形式输出a的值*/
    outchar(a);                          /*以字符形式输出a的值*/
    outfloat(b);
    outstr(sp);
}
```

程序运行结果为：

```
70
106
46
F
123.000000
Good
```

相关知识点1：文件包含

文件包含的一般格式为：

```
#include<文件名>
```

或

```
#include "文件名"
```

其中，#include 为文件包含命令，文件名是磁盘中文本文件的名字。例如：

```
#include<stdio.h>
```

它是程序中经常使用的一个文件包含预处理命令。其中 stdio.h 是由系统提供的关于标准输入输出的文本文件。每一个 #include 只能指定一个包含文件。如果程序需要把多个文本文件包含在源文件中，则必须使用多个文件包含命令。

文件包含编译预处理的作用是，在编译源程序之前，从磁盘中读取被包含文件，然后把它插入到源程序文件包含命令的位置上，使之成为源程序的一部分。文件包括预处理命令＃include一般置于程序的前部，所以包括文件又称为头文件，文件后缀为“.h”。

文件包含命令的使用形式中，除了使用尖括号指定包含文件外，还可以使用双引号，并指明文件的路径。使用尖括号和双引号指定包含文件的主要区别在于系统搜索包含文件的方式不同。

当用尖括号“＜＞”指定包含文件时，其意义是编译系统仅在系统设定的标准目录中搜索包含文件。例如：

```
#include<string.h>
```

将在系统设定的子目录INCLUDE下查找被包含文件string.h。若在系统设定的标准目录下不存在指定文件，则编译系统会发出错误信息，并停止编译过程。如果使用双引号指定包含文件，并且没有指明文件路径时，例如：

```
#include "out.h"
```

系统首先在要编译的源文件所在的目录中查找文件out.h，若该目录下该文件不存在，再去系统设定的目录中查找。当使用双引号指定包含文件并指明文件路径时，系统即按指定路径查找包含文件。例如：

```
#include "c:\user\out.h"
```

那么，编译系统将在c:\user子目录下查找指定文件out.h。

一般调用标准库函数时，用＃include命令包含相关的头文件，使用“＜＞”，节省查找时间。如果要包含的是用户文件，则用双引号，因为用户文件一般都在当前目录中。

【案例10.5】 利用文件包含和宏定义实现3个数由小到大排序。

建立头文件in_out.h，内容为：

```
#define OUT_INT(x,y,z)  printf("%d %d %d\n",x,y,z);          /*带参数的宏定义*/
#define IN_INT(x,y,z)  scanf("%d%d%d",&x,&y,&z);
```

建立源程序文件：

```
#include "in_out.h"                                /*文件包含*/
#include<stdio.h>                                  /*文件包含*/
#define SWAP(t, x, y)  {t=x; x=y; y=t;}            /*带参数的宏定义,交换x、y的值*/
void main()
{   int a, b, c, t;
    IN_INT(a,b,c);                                 /*输入a、b、c的值*/
    if(a>b)SWAP(t,a,b);                            /*若a>b,交换*/
    if(a>c)SWAP(t,a,c);                            /*若a>c,交换*/
    if(b>c)SWAP(t,b,c);                            /*若b>c,交换*/
    OUT_INT(a,b,c);                                /*输出排序后a、b、c的值*/
}
```

程序运行结果为：

```
9 5 8↙
5 8 9
```

在案例 10.5 中首先建立一个文件，内容包括输入/输出的宏定义，保存为 in_out.h。宏定义 SWAP 用来交换两个变量的值。在另一个文件的主程序中，利用包含文件中的宏定义 IN_INT 输入 3 个变量的值，用 if 语句比较 a、b 的值，若 $a>b$ 则调用宏定义 SWAP 交换它们的值，再进行 a、c 和 b、c 的比较与交换，最后用宏定义 OUT_INT 输出排序后的结果。

相关知识点 2：文件包含的作用

文件包含的一般用途是把程序中被调用函数的说明语句以及程序中使用的符号常量的定义等单独组织成一个文本文件，然后在源程序中使用＃include 命令把该文本文件作为指定的包含文件。在程序中调用标准库函数时，必须指明相应的包含文件。因为在这些由系统提供的文件中，有对被调用函数的说明以及被调用函数中使用的符号常量的宏定义等。

由系统提供的包含文件一般以“.h”作为后缀，它们集中存放在由系统建立的子目录 INCLUDE 中。

程序中除了使用系统提供的包含文件外，用户还可以根据需要建立自己的包含文件，尤其在编译由多个源程序组成的较大程序时，各个源文件共同使用的函数声明以及符号常量宏定义等可以组织成单独的用户包含文件，然后在各个源文件中用＃include 包含该文件。这样不但可以使得程序本身简洁明快，更重要的是保证了各个源文件中对函数声明和符号常量定义的一致性。因此，使用文件包含不但避免了重复性的说明和定义，提高了工作效率，而且提高了程序的可靠性和可维护性。用户自行建立的包含文件由用户命名，习惯上也使用“.h”作为后缀。

【案例 10.6】 计算 1～9 的平方和。

建立并保存 f1.c 文件，内容为：

```
#define PR(i,sum)  printf("%d,%d\t", i, sum)          /* 带参数的宏定义 */
#include "f2.c"                                       /* 文件包含 */
```

建立并保存 f2.c 文件，内容为：

```
#define SUM(x, y)  (x+y)                              /* 带参数的宏定义 */
```

建立并保存 f2.c 文件，内容为：

```
#define SUM(x, y)  (x+y)                              /* 带参数的宏定义 */
```

建立并保存 f3.c 文件，内容为：

```
#include<stdio.h>
#define N 10                                          /* 符号常量宏定义 */
#include "f1.c"                                       /* 文件包含 */
void main()
{   int i, sum=0;
    for(i=1; i<N; i++)
    {   sum=SUM(sum, i * i);
        PR(i, sum);
```

```
        if(i%3==0) printf("\n");
    }
}
```

f3.c 文件编译、连接后，程序运行结果为：

```
1,1      2,5      3,14
4,30     5,55     6,91
7,140    8,204    9,285
```

在案例 10.6 中共有 3 个文件，在文件 3 中包含文件 1，文件 1 中又包含文件 2，形成了嵌套的文件包含。

相关知识点 3：文件包含的嵌套

在 C 程序中文件包含可以采用嵌套形式，即在包含文件中可以再次使用＃include 命令，把另一个文件包含在其中。例如，案例 10.6，在进行编译预处理过程中，首先把文本文件 f1.c 包含在源程序 f3.c 中，再把文件 f2.c 包含到源程序 f1.c 中，之后再进行编译。

温馨提示：在使用文件包含命令时，需要注意的问题。

① 一个＃include 命令只能包含一个文件，若需包含多个文件，可用多个＃include 命令。

② 文件包含可以嵌套，即被包含的文件中还可以使用＃include 命令。

③ 被包含的文件应是源文件，而不是目标文件。

④ ＃include 命令一般在文件的开头，因为被包含的文件中往往有许多被定义或说明的符号常量或函数等。

⑤ 当被包含文件中的内容修改时，包含该文件的所有源文件都要重新进行编译。

10.3 条件编译

条件编译是在编译源文件之前，根据给定的条件决定编译的范围。一般情况下，源程序中所有语句行都参加编译。但有时希望在满足一定条件时，编译其中的一部分语句，在不满足条件时编译另一部分语句，这就是所谓的“条件编译”。条件编译有 3 种命令形式。

【案例 10.7】 输入一个字符串，根据设置的条件，将字母全部改为大写，或者改为小写。

```
#define CODE 1
#include<stdio.h>
void main()
{   char str[81], c;
    int i;
    gets(str);
    for(i=0; (c=str[i])!='\0'; i++)
    {
        #if CODE                              /*条件编译*/
          if(c>='a'&&c<='z') str[i]=str[i]-32;
        #else
```

```
        if(c>='A'&&c<='Z') str[i]=str[i]+32;
      #endif                                  /*条件编译结束*/
    }
    puts(str);
}
```

程序运行结果为：

```
vgtyFTAhgytfggyfg
VGTYFTAHGYTFGGYFG
```

程序中当 CODE 定义为 1 时，将小写字母改为大写，否则当 CODE 定义为 0 时，将大写字母改为小写。

相关知识点 1：＃if…＃else…＃endif 命令

一般形式为：

```
#if  表达式
     程序段 1
#else
     程序段 2
#endif
```

其功能是：当指定的表达式值为真时，编译程序段 1，否则编译程序段 2。其中的程序段可以是 C 语言中合法的语句或命令行。＃else 部分可以省略，但＃if 与＃endif 一定要配对使用。

【案例 10.8】 当符号常量 X 已被定义，输出其平方，否则输出符号常量 Y 的平方。

```
#include<stdio.h>
#define  X  5                        /*符号常量宏定义*/
#define  Y  8
void main()
{   int a;
    #ifdef  X;                       /*条件编译*/
      a=X;
    #else
      a=Y;
    #endif
    printf("%d\n", a(a);
}
```

因为符号常量 X 已被定义过，所以该程序的输出结果为 25。

相关知识点 2：＃ifdef…＃else…＃endif 命令

一般形式为：

```
#ifdef  标识符
     程序段 1
#else
```

```
    程序段 2
#endif
```

其功能是：若标识符已被定义（一般是指用＃define 定义），则编译程序段 1，否则，编译程序段 2。

相关知识点 3：＃ifndef…＃else…＃endif 命令

一般形式为：

```
#ifndef  标识符
    程序段 1
#else
    程序段 2
#endif
```

其功能是：若标识符未被定义，则编译程序段 1，否则，编译程序段 2，与前一种命令形式恰好相反。

从上述 3 种命令形式可以发现，条件编译的逻辑结构与程序中的选择结构相似。实质上，条件编译也是一种选择结构。它根据给定的条件，从程序段 1 和程序段 2 中选择其中之一进行编译。

C 语言规定，条件编译中＃if 后面的条件必须是常量表达式，即表达式中参加运算的量必须是常量，在大多数情况下使用由＃define 定义的符号常量。

温馨提示：条件编译的作用。

① 便于程序的调试。

在程序调试时，经常需要查看某些变量的中间结果。这时可以使用条件编译，在程序中设置若干调试用的语句。例如：

```
#define  FLAG  1
#if  FLAG
    printf("a=%d\n", a);
#endif
```

用于在调试时查看变量 a 的中间结果。在调试完成后，只需把符号常量 FLAG 的宏定义稍做改动：

```
#define FLAG 0
```

当再次编译该源程序时，这些测试用的语句就不再参加编译了。可以看出，使用条件编译省去了在源程序中增删测试语句的麻烦。并且在程序正式投入运行后的维护期间，当需要再次测试程序时，这些测试语句还可以再次得到利用。

② 增强程序的可移植性。

使用条件编译，还可以使源程序适应不同的运行环境，从而增强了程序在不同机器间的可移植性。

③ 提高程序的执行效率。

可以减少被编译的语句，从而减少目标程序所占用的内存，减少运行时间，提高程序的执行效率。

10.4 位 运 算

位运算的作用是对运算对象按照二进制位进行操作，运算结果为算术值。位运算能够对字节或字中的位进行检测、移位或设置。例如，将一个存储单元中的二进制数左移或右移一位，两个数按位与等。C语言提供了位运算符，可以实现由汇编语言所能完成的一些功能，与其他高级语言比，有直接进行机器内部操作的优越性。

【案例 10.9】 分析下列程序，写出程序的输出结果。

```
#include<stdio.h>
void main()
{  unsigned int a,b;            /*定义无符号整型变量 a 和 b*/
   a=5|4;
   b=5&4;
   printf("%d %d\n",a,b);
}
```

案例10.9程序中第四行运算符"|"是按位或运算。"|"是指两个数从右到左按位对齐进行"或"运算，运算规则为只有对应位均为0时，该位的运算结果为0，否则为1。语句 a=5|4;中，5的二进制形式为0101，4的二进制形式为0100，那么，按照运算规则有：

```
   0101（十进制数5）
|  0100（十进制数4）
   0101（十进制数5）
```

即 $a=5$。第五行运算符"&"是按位与运算。"&"是指两个数从右到左按位对齐进行"与"运算，运算规则为只有对应位均为1时，该位的运算结果为1，否则为0。语句 b=5&4；按照运算规则有：

```
   0101（十进制数5）
&  0100（十进制数4）
   0100（十进制数4）
```

即 $b=4$。所以程序的输出结果为：

```
5 4
```

相关知识点1：位运算符及其运算规则

C语言提供的位运算符共有6个，运算符、含义及其运算规则如表10.1所示。

表 10.1 位运算符及其运算规则

运算符	含义及运算规则	运算符	含义及运算规则
&	按位与(1&1=1，1&0=0，0&1=0，0&0=0)	~(单目运算)	取反(~1=0，~0=1)
|	按位或(1|1=1，1|0=1，0|1=1，0|0=0)	<<	左移
^	按位异或(1^1=0，1^0=1，0^1=1，0^0=0)	>>	右移

除取反运算符“～”外，其他运算符均为双目运算符。**位运算符的操作对象只能是整型或字符型数据**，不能为实型。计算时，将整数转换成无符号二进制数进行位运算。

“按位与”运算是对两个操作数逐位“求与”。当两者都为 1 时，其“相与”的结果为 1；否则，为 0。这种运算经常用于把特定位清零，或取出数据中的某些位。例如，$a=1100100$，$b=0110010$，则$a\&b$ 的结果为：

```
   1100100（十进制数 100）
&  0110010（十进制数 50 ）
   0100000（十进制数 32 ）
```

“按位或”运算是对两个操作数逐位“相或”。当两者都为 0 时，其“相或”的结果为 0，否则为 1。“按位或”运算经常用于把特定的位设置为 1。例如，$a=1100100$，$b=0110010$，则 $a|b$ 的结果为：

```
   1100100（十进制数 100）
|  0110010（十进制数 50 ）
   1110110（十进制数 118）
```

“按位异或”运算是将两个操作数逐位“相异或”。当两者同时为 1 或 0 时，其“相异或”的结果为 0，否则为 1。所谓“异或”，即当二者不相同时，才“或”。异或经常用于使特定位翻转。如使某位 0 翻转，只要使它与 1 进行“异或”运算即可。例如，$a=1100100$，$b=0110010$，则 a^b 的结果为：

```
   1100100（十进制数 100）
^  0110010（十进制数 50 ）
   1010110（十进制数 86 ）
```

“按位取反”运算是将操作数取反码，即把操作数的各位取反。例如：

$$a = 11011001$$

$$\sim a = 00100110$$

【案例 10.10】 直接利用位运算交换两个变量的值。

```
#include<stdio.h>
void main()
{   int a,b;
    scanf("a=%d b=%d",&a,&b);
    a=a^b;                              /*按位异或*/
    b=b^a;                              /*按位异或*/
    a=a^b;                              /*按位异或*/
    printf("a=%d b=%d\n",a,b);
}
```

程序运行结果为：

```
a=7 b=10↙
a=10 b=7
```

程序中输入数据使 a 等于 7(二进制为 0111)，使 b 等于 10(二进制为 1010)。语句 $a=a$^b；完成 a 与 b 按位“异或”运算，结果为 13(1101)赋给变量 a；语句 $b=b$^a；完成 b 与

a(当前值为13)按位“异或”运算，结果为7(0111)赋给变量b；语句$a=a$^b；完成a(13)与b(7)按位“异或”运算，结果为10(1010)赋给变量a，至此完成了a与b的交换。

```
   a = a^b;            b = b^a;            a = a^b;
   0111 (7)           1101 (13)           1101 (13)
^  1010 (10)        ^ 1010 (10)         ^ 0111 (7)
-----------         -----------         -----------
   1101 (13)          0111 (7)            1010 (10)
```

与逻辑表达式(其值是0或1)不同，位运算符组成的表达式，其运算结果为算术值。因此，在某种意义上，位运算可以看做是一种算术运算。

温馨提示：“&”、“|”、“^”和“～”运算符的优先级低于关系运算，高于逻辑运算(“&&”和“‖”)，结合性自左至右。

【案例10.11】 取一个整数a从右端开始的4到7位，设a的二进制数为1 1011001(十进制为217)。

分析：

(1) 先将a右移3位，使要取出来的那几位移到最右端。可以用$a>>3$来实现，得0001 1011。

(2) 设置一个低4位全为1，其余为0的数，以便跟第(1)步所得的数相与，屏蔽高4位，可以用“～”(～0<<4)。

(3) 再将上面二者进行“&”运算，即00011011&00001111，结果便取出这4位数，低4位为1011的8位二进制数00001011，即可实现该题的要求。

```
#include<stdio.h>
void main()
{   int a=217,b;
    a=a>>3;
    b=~(~0<<4);
    printf("%d\n",a&b);
}
```

程序运行结果为：

```
11
```

相关知识点2：移位运算符

1) <<——“左移”运算符

左移运算时，左移一位，移出的位被舍弃，右端补一个0。左移一位相当于该数乘以2，常用来使某个数乘以2的n次方(n为左移的位数)。例如，4<<2的值为16。

因为4的二进制数为00000100，向左移动2位后，变成00010000，转换成十进制是16。

2) >>——“右移”运算符

右移运算时，移去的位被丢弃，左端补0或补符号位(根据系统的不同而不同)。右移一位相当于该数除以2。对于无符号数，右移时高位一律补0，称为“逻辑右移”。对于有符号数，符号位是0(为正)时，高位同样补0；符号位是1(为负)，则补1或补0根据使用的系统而定，称为“算术右移”。在TC 2.0版本的编译系统中是补符号位，在Visual C++ 6.0的编译系统中是补 0。

例如：25>>2

25 的二进制数为 00011001，右移 2 位后为 00000110，十进制数为 6，相当于 25 除以 4，因为舍弃的位中包含 1，所以有误差。

“<<”、“>>”运算符的优先级低于加法运算，高于关系运算。结合性为自左至右。

10.5 应用实例

【案例 10.12】 编写一个程序，将整型数组中的所有元素转换为不小于它的最小奇数。

分析：奇数和偶数的差别在于其二进制数的最低位是 1 还是 0。偶数能被 2 整除。找出所有的偶数进行处理。

```
#include<stdio.h>
void main()
{   int a[10],k;
    for(k=0;k<10;k++)
    {     scanf("%d",&a[k]);
          printf("%4d",a[k]);
    }
    printf("\n");
    for(k=0;k<10;k++)
      if(a[k]%2==0)a[k]=a[k]|0x01;
    for(k=0;k<10;k++)
      printf("%4d",a[k]);
    printf("\n");
}
```

程序运行结果为：

```
1 3 4 6 0 9 12 8 43 21↙
   1   3   4   6   0   9  12   8  43  21
   1   3   5   7   1   9  13   9  43  21
```

程序中利用“按位或”的运算规则，将值为偶数的元素与 1“或”。原来数据的最低位为 0（即偶数）与 1“或”变为 1，实际上是在原来数据的基础上加 1。本例也可以不进行奇偶判断，直接进行与 1 相或的运算。因为一个奇数二进制最低位为 1，与 1 或结果不变。

【案例 10.13】 用条件编译实现以下功能：输出一行电报文字，可以两种方式输出，一种为原文输出，另一种将字母变成其后续字母——即按密码输出。

分析：第一种方式是原文输出不需要做任何事，第二种方式将字母变成其后续字母，将字母值加 1 即可。利用宏定义和条件编译即可实现该程序功能。

```
#define CHANGE 1
#include<stdio.h>
void main()
```

```
{   int c;
    while((c=getchar())!='\n')
    {
        #if CHANGE
          if(c>='a'&&c<='z'||c>='A'&&c<='Z') c++;
        #endif
          printf("%c",c);
    }
    printf("\n");
}
```

在程序中先定义符号常量 CHANGE 为 1,在条件编译中检测到 CHANGE 为 1 时将输入的字母加 1,若 CHANGE 不为 1 时,原文输出。

【案例 10.14】 编写一个程序,从键盘输入一个无符号数 m 和一个带符号数 n,当 $n>0$ 时,将 m 循环右移 n 位。当 $n<0$ 时,将 m 循环左移 $|n|$ 位。

分析:题目要求循环移位,也就是说,该数据的每个二进制位都不能丢弃。左移时,移出的一位放到最右端,其余各位顺序左移;类似地,右移时移出的一位放到最左边,其余各位顺序右移,如图 10.1 所示。为了实现循环移位,采用如下方法:

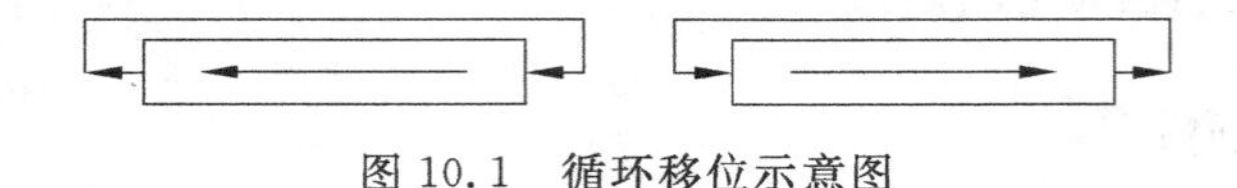

图 10.1 循环移位示意图

(1) 用 sizeof 运算符检测一个无符号整数所占据的二进制位数。

(2) 如果 $n>0$,循环右移。先将 m 右移 n 位,再将 m 左移 $k-n$ 位,然后将它们进行按位或运算(即将它们合并)。

(3) 如果 $n<0$,循环左移。先将 m 左移 n 位,再将 m 右移 $k-n$ 位,然后将它们进行按位或运算。

```
#include<stdio.h>
moveright(unsigned m,int n)
{  unsigned s;
   int k;
   k=8*sizeof(unsigned);
   printf("无符号整型所占二进制位数: %d\n",k);
   s=(m>>n)|(m<<(k-n));
   return s;
}
moveleft(unsigned m,int n)
{  unsigned int s;
   int k;
   k=8*sizeof(unsigned);
   s=(m<<n)|(m>>(k-n));
   return s;
}
```

```
void main()
{   unsigned m,s;
    int n;
    printf("请输入 m,n 值: ");
    scanf("m=%x,n=%d",&m,&n);
    if(n>0)s=moveright(m,n);
    else s=moveleft(m,-n);
    printf("%x 循环移动%d 位后,值为: %x\n",m,n,s);
}
```

程序运行结果为：

```
请输入 m、n 值: m=12345,n=5↙
无符号整型所占二进制位数: 32
12345 循环移动 5 位后,值为: 2800091a
```

为了理解方便，程序中输入数据 m 以及输出循环移位后的结果时采用的是十六进制。经 sizeof 测试一个无符号整数占据 32 位(在 Visual C++ 6.0 编译环境中)，那么十六进制数 12345 转换成 32 位二进制数为 0000 0000 0000 0001 0010 0011 0100 0101，循环右移 5 位后，数据为 0010 1000 0000 0000 0000 1001 0001 1010，转换为十六进制为 2800091a。

由于 C 语言中位运算左移、右移都不是循环移位，所以在程序中先将数据 12345 右移 5 位后结果为 0000 0000 0000 0000 0000 1001 0001 1010(十六进制为 0000091a)，再将 12345 左移 27(32－5)位结果为 0010 1000 0000 0000 0000 0000 0000 0000(十六进制为 28000000)，将右移和左移结果进行按位或运算得 0010 1000 0000 0000 0000 1001 0001 1010(十六进制为 2800091a)，实现了循环移位。

10.6 本章小结

C 语言的编译预处理有 3 种：宏定义、文件包含和条件编译。其中，以宏定义和文件包含最为常用。

宏定义分为简单字符串替换和带参数的宏定义两种。简单字符串替换用于定义符号常量，而带参数的宏定义用于定义类似函数的宏。对于带参数的宏定义，宏名与括号之间不允许有空格，宏定义的表达式(也称宏扩展)及各个参数要用圆括号括起来，宏替换不存在类似函数调用的传值特性，它们共享同一存储单元，宏定义的有效性仅限于定义它的文件，宏的参数没有数据类型。

文件包含是用#include 命令将要包含的文件插入到带有#include 行的相应位置，其包含文件名可用双引号或尖括号括起来。

条件编译用于有选择地编译某个程序段。它包括#if 表达式…#else…#endif、#ifdef 标识符…#else…#endif 和#ifndef 标识符…#else…#endif 共 3 种命令形式。第一种是根据表达式的值选择编译程序段；第二种是根据标识符是否定义选择编译程序段；第三种与第二种含义相反。

编译预处理命令以“#”开始，行末没分号，它可以出现在源文件的任何地方。宏定义和文件包含一般出现在源文件的开头。

C语言的编译预处理为程序调试、程序移植及模块化的程序设计等提供了便利和帮助。正确地使用编译预处理可有效地提高程序开发效率。

位运算可以实现对二进制位进行运算、测试、设置或移位等操作，适合编写系统软件。位运算包括逻辑位运算：&（按位与）、|（按位或）、^（按位异或）、~（按位取反），以及移位运算：<<（左移）、>>（右移）。位运算只能对整型或字符型数据进行运算，其结果为算术值。

习　　题

1. 选择题

(1) 下列描述正确的是(　　)。

A. C语言的预处理功能是指完成宏替换和包含文件的插入

B. 编译预处理命令只能位于C源程序的开始位置

C. C源程序中编译预处理命令行以“#”开头

D. C语言的编译预处理就是对源程序进行初步的语法检查

(2) 以下关于宏的描述中正确的是(　　)。

A. 宏名必须用大写字母　　B. 宏替换时要进行语法检查

C. 宏替换不占用运行时间　　D. 宏定义中不允许引用已有的宏名

(3) 表达式 0x13&0x17 的值是(　　)。

A. 0x17　　B. 0x13　　C. 0xf8　　D. 0xec

(4) 下列可将字符变量 x 中的大、小写字母互换的是(　　)。

A. $x=x$^32　　B. $x=x+32$　　C. $x=x|32$　　D. $x=x$&32

(5) 下列程序的运行结果是(　　)。

```
#include<stdio.h>
#define  MIN(x,y)  (x)<(y)?(x):(y)
void main()
{  int a=10,b=15,c;
   c=10*MIN(a,b);
   printf("%d\n", c);
}
```

A. 10　　B. 15　　C. 100　　D. 150

(6) 下列程序的运行结果是(　　)。

```
#include<stdio.h>
#define  PT  5.5
#define  S(x) PT*x*x
void main()
{  int a=1,b=2;
   printf("%.1f\n", S(a+b));
```

```
}
```

A. 49.5　　B. 9.5　　C. 22.0　　D. 45.0

(7) 执行下列程序段：

```
#define MA(x,y)  ((x) * (y))
a=5;
a=MA(a,a+1)-7;
```

后变量 a 的值为(　　)。

A. 30　　B. 19　　C. 23　　D. 1

(8) 执行下列程序段：

```
#define MA(x,y)  ((x) * (y))
int a=2;
a=3/MA(a,a+1)+5;
printf("%d\n", a);
```

其输出结果为(　　)。

A. 5　　B. 8　　C. 0　　D. 以上都错

(9) 若有如下程序：

```
#include<stdio.h>
#define N 2
#define M N+1
#define NUM 2 * M+1
void main()
{   int i;
    for(i=1;i<=NUM;i++) printf("%d\n", i);
}
```

该程序中 for 循环的执行次数是(　　)。

A. 5　　B. 6　　C. 7　　D. 8

(10) 设有如下宏定义：

```
#define SQ(x)  x * x
#define DEC(x,y)  SQ(x)-SQ(y)
```

宏调用 DEC(2 * 3,2+3)执行后值为(　　)。

A. 43　　B. 11　　C. 25　　D. 以上都错

(11) 下列程序的运行结果为(　　)。

```
#include<stdio.h>
void main()
{   unsigned char x,y,z;
    x=0x3; y=x|0x8;
    z=x<<1;
    printf("%d %d\n",y,z);
```

```
}
```

A. 11 6　　B. 10 6　　C. 3 8　　D. 11 8

(12) 下列程序的运行结果为(　　)。

```
#include<stdio.h>
void main()
{   int a=4,b=3,c=1;
    printf("%d\n",a/b&~c);
}
```

A. 3　　B. 4　　C. 1　　D. 0

2. 编程题

(1) 定义一个带参数的宏,使两个参数的值互换,编写程序,输入两个数作为使用宏时的实参,输出已交换后的两个值。

(2) 输入两个整数,定义带参数的宏,求它们相除的余数。

(3) 给年份 year 定义一个宏,以判别该年份是否是闰年。

(4) 利用带参数的宏定义,实现英文字母的大、小写转换。

(5) 编写程序将一个整数循环左移 *n* 位。

(6) 利用位运算,将从键盘输入的小写字母转换为大写,并输出。

第11章 实验指导

用C语言编写的程序代码称为C语言源程序。计算机只能识别机器语言，C语言源程序必须经过编译系统编译、连接之后生成可执行文件，才能被计算机执行。

从已知一个需要解决的问题开始，到程序运行完毕得到满足题意要求的结果，要经历一系列步骤：

1）编写源程序

根据题意要求，分析得出解题的算法和思路，编写源程序。

2）编辑源程序

将编写好的C语言源程序输入到计算机中，以文件的形式存储，C语言源程序的扩展名为.C。C源程序为文本文件，可以在Visual C++ 6.0中集成的程序编辑窗口编辑，也可以用文本编辑器如记事本编辑。

3）编译程序

C源程序经过编译之后生成目标文件，扩展名为.obj。程序在编译时首先要进行编译预处理，执行程序中的预处理命令，然后进行词法和语法分析，在分析过程中如果发现错误，编译系统会将错误信息在输出窗口中显示出来，报告给用户。编译通过后，程序源代码转换成二进制代码，即目标文件。

4）连接程序

编译通过产生的目标文件经过连接生成计算机可执行的文件，扩展名为.exe。在连接的过程中，编译系统要添加一些系统提供的库文件代码等，使之能够被计算机执行。

5）运行程序

可执行文件运行后，输出结果会显示在屏幕上。如果运行结果满足题意要求，则说明整个过程无误。若运行结果不满足题意要求，虽然程序中语法和词法都正确，但程序设计的算法方面可能存在错误，需要经过调试程序找出错误并排除。

6）调试程序

一个源程序在编译、连接和运行中都有可能出现错误，在调试过程中排除错误。编译过程中的错误常常是句法或语法错误，例如缺少分号、括号不匹配、关键词拼写错误等，编译系统给出错误信息后，用户可根据提示信息查找、排除错误，但是一定要注意从第一个错误开始纠错，因为有时后面的错误是前面的错误导致的。一个错误纠正后，就要再进行编译，之后，如果还有错误继续纠正，直至编译连接无误。

如果只是运行结果不正确，就要检查程序设计思路或算法，可在程序中某些可执行语句之后添加输出语句，跟踪输出结果，有时可以发现错误原因；也可以通过设置断点查找错误。本章将通过具体实例介绍断点调试方法。

实验1 简单C语言程序的编译、连接和运行

1. 实验目的

(1) 学习建立一个简单的控制台程序。

(2) 学习对源程序进行编译、连接和运行等操作方法,并查看运行结果。

(3) 初步了解C源程序的特点,认识C语言的语法及程序的基本结构,了解C语言中的基本数据类型,认识常量与变量。

(4) 学习使用输出函数输出指定数据。

(5) 了解设置断点调试程序的方法。

2. 实验内容

(1) 在程序编辑器中输入下列程序文本,编译、连接并运行,查看运行结果。

```
#include<stdio.h>                  /*预处理命令,尖括号中是与输入输出有关的头文件*/
void main()                        /*main是主函数名,前面void表示无返回值*/
{   printf("Hello!\n");            /*输出字符串"Hello!"后换行*/
    printf("Welcome to c!\n");
}
```

(2) 改写上述程序,使之输出以下信息:

```
---Where are you from?
---I am from China.
```

(3) 编写一个程序,输出如图11.1所示图形。

(4) 编写一个程序,显示输出字母"B",以7行6列的星号来表示,如图11.2所示。

(5) 编写一个程序,用数字1、2、3、4、5显示输出如图11.3所示数字金字塔图形。

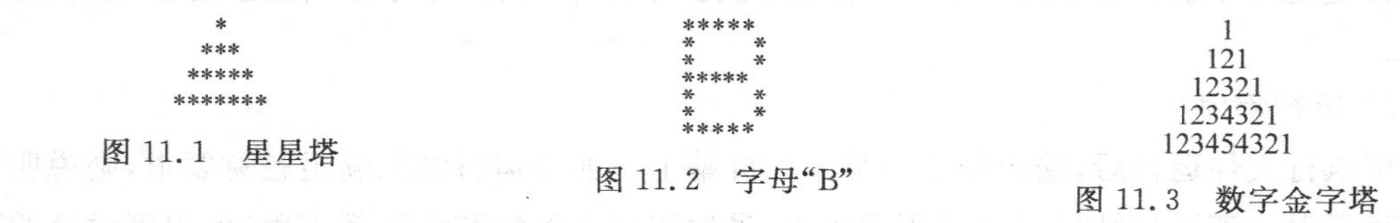

图11.1 星星塔

图11.2 字母"B"

图11.3 数字金字塔

(6) 程序改错。下列程序是计算两个数之和,但程序中有3处错误,尝试找出错误并纠正,然后运行输出结果,判断结果是否正确。

(本程序输出的正确结果是:$x+y=11$)

```
#include<stdio.h>                  /*编译预处理命令*/
void main()                        /*主函数首部*/
{   int x, y;                      /*定义整型变量*/
    x=3;                           /*为变量x赋值*/
    y=8;                           /*为变量y赋值*/
    z=x+y                          /*计算x+y,并将结果赋给变量z*/
    printf("x+y=%d\n",x);          /*输出计算结果*/
}
```

为了找到其中存在的错误，首先仔细阅读、观察程序，从词法和语法方面逐行判断找出错误，然后再上机调试、验证。

(7) 程序改错。下列程序的功能是求 3 个数的平均值。程序中存在 3 处错误，请仔细观察找出错误，指明错误原因，改正后上机调试并查看运行结果是否正确。

(本程序输出的正确结果是：平均值为：5.333 333)

```
#include<stdio.h>
void main()
{   int a,b;c;                          /*定义整型变量a、b、c*/
    float aver,                         /*定义实型变量aver*/
    a=3;b=5,c=8;                        /*为整型变量分别赋值*/
    aver=a+b+c/3.0;                     /*求3个数的平均值*/
    printf("平均值为：%f\n",aver);      /*输出平均值*/
}
```

(8) 运行下列程序，注意观察输出结果，分析输出结果为什么与给定数不同。

```
#include<stdio.h>
void main()
{   printf("a=%d,b=%d,c=%d\n",38,017,0x23);
    printf("x=%f,y=%e\n",123.4567,123.4567);
}
```

3. 实验步骤

本实验以控制台程序为例，说明使用 Visual C++ 6.0 开发应用程序的一般过程。所谓控制台程序，实际上是指在 Windows 操作系统环境下运行的字符用户界面 DOS 程序。本书中的例题程序都是控制台应用程序。

1) 在 Visual C++ 6.0 的程序编辑窗口编辑源程序

(1) 在 New 菜单栏中选择 File 菜单项。

(2) 在 File 的下拉菜单中选择 New。

(3) 在 New 对话框中单击 File 标签，系统弹出 File 的 13 个选项。

(4) 单击 C++ Source File 选项，如图 11.4 所示。

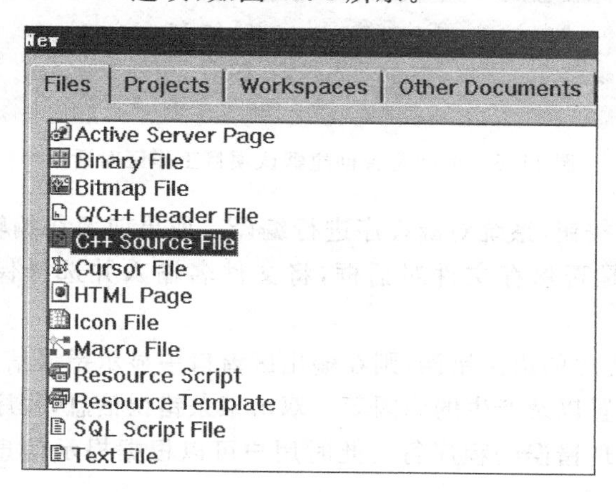

图 11.4　Files 选项卡

(5) 在 New 对话框的 File 文本框中输入文件名，如 test.cpp，在 Location 文本框中输入或选择存放新文件的文件夹，例如 C:\VC。如果此时文件名不确定，系统默认文件名为 Cpp1，在编译时系统要求用户确认文件名。

(6) 在 New 对话框中单击 OK 按钮，系统返回 Visual C++ 6.0 主窗口，并显示程序编辑窗口。

(7) 在程序编辑窗口输入 C 语言源程序，将实验内容(1)的 5 行代码输入，如图 11.5 所示。

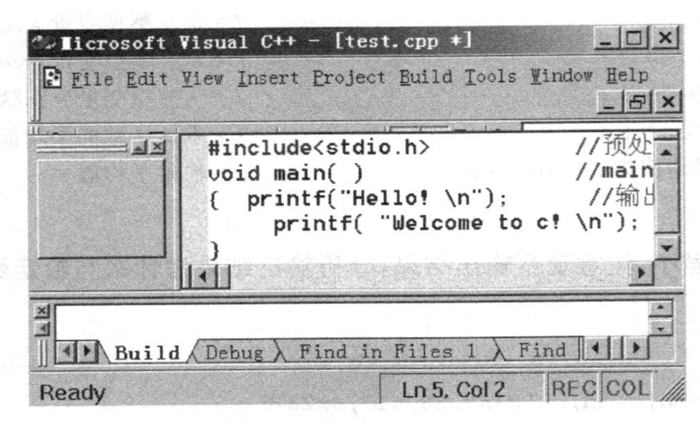

图 11.5　程序编辑窗口

(8) 在主窗口的 File 下拉菜单中单击 Save 按钮，文件保存后即可进行下一步操作。

如果需要打开一个已有文件，在 Visual C++ 6.0 主窗口中选择 File，在其下拉菜单中选择 Open，在打开的对话框中选择扩展名为.cpp 的文件，在列表中双击文件名，系统就会在程序编辑区中打开该源程序文件。

2) 编译源程序

(1) 从 Visual C++ 6.0 主窗口菜单栏中选择 Build 菜单项。

(2) 单击下拉菜单中的 compile 菜单项，屏幕出现询问是否创建默认项目工作区对话框，如图 11.6 所示。

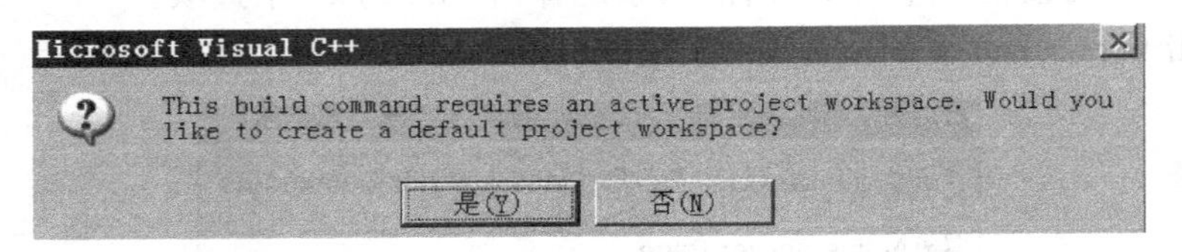

图 11.6　询问是否创建默认项目工作区对话框

(3) 单击"是(Y)"按钮，系统对源程序进行编译。如果前面在编辑源程序后没有保存，屏幕会出现系统询问是否保存文件对话框，将文件名输入并选择保存文件的位置，单击 Save 后，编译源程序。

如果编译中发现程序的语法错误，则在输出区窗口中显示错误信息，这些信息包括错误的性质、出现错误的位置以及产生的原因等。双击某条错误信息，程序编辑区窗口的左边就出现一个箭头，指向出现错误的程序行。此时用户可以根据提示信息修改错误，如图 11.7 所示。

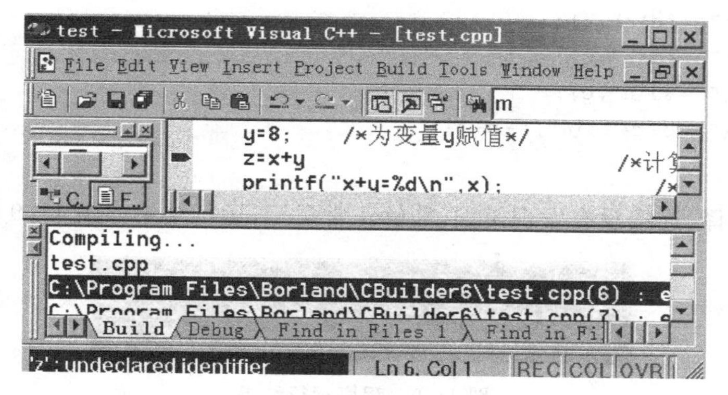

图 11.7　编译后错误信息提示

3）连接

在编译通过的基础上，从主窗口菜单栏中选择 Build 菜单项，单击下拉菜单中的 Build 菜单项，可以对目标文件进行连接。

编译和连接可以一次完成，直接从主窗口菜单栏中选择 Build 菜单项，单击下拉菜单中的 Build 菜单项，可以对源程序文件进行编译和连接，也可以使用工具栏上的按钮或利用快捷键 Ctrl＋F7 进行编译，用按钮或利用快捷键 F7 实现连接。

4）运行

程序编译连接完成后，从主窗口菜单栏中选择 Build 菜单项，单击下拉菜单中的 !Execute test.exe 菜单项，程序运行。也可以直接利用工具栏 ! 按钮运行程序，还可以利用快捷键 Ctrl＋F5 运行程序。

程序运行后，输出结果显示在一个单独的窗口上，如图 11.8 所示。若需要输入数据也在该窗口完成。在输出结果窗口可以输入、输出中文，用 Ctrl＋Space 键切换中、英文即可。

图 11.8　程序运行输出结果窗口

在输出结果之后显示 Press any key to continue 信息，表示按任意键后系统返回主窗口。

5）设置断点调试程序

前面曾经介绍过，这种方法适合较大且没有语法错误的程序，为了方便，以下面程序为例介绍设置断点调试程序的方法。

```
#include<stdio.h>
void main()
{   int a=1,c=2;
    float b=3.0;
```

```
    printf("a=%d\n",a);
    printf("b=%d\n",b);
    printf("c=%d\n",c);
    printf("a+b+c=%d\n",a+b+c);
}
```

程序经过编译、连接没有发现错误，能够正常运行，运行结果如图11.9所示。

图 11.9 程序运行结果

将结果与程序对照可发现，$a=1$ 正确，$c=2$ 正确，但是 $b=0$ 不正确。程序中为变量 b 赋的值是3.0，$a+b+c=6.00000$ 正确。通过认真观察，程序第一行到第五行都正确，第六行有错，错误在于数据类型不匹配，即变量 b 定义的类型是实型，对应的格式控制符应为“%f”而不是“%d”。因为数据类型不匹配，所以输出结果错误。将第六行的格式控制符“%d”改为“%f”，再次进行编译、连接并运行，运行结果正确。

下面介绍设置断点调试的过程。

编译、连接无误，但程序运行结果错误后，在主窗口的程序编辑窗口中，将鼠标移到第六行，单击工具栏按钮设置断点，会发现在该行的最左端出现一个大圆点，断点设置完成。在主菜单中选择Build|Start Debug|Go，在主菜单中选择Debug菜单项，单击下拉菜单中的Step Over菜单项，左边有一个黄色箭头指向断点语句，断点之后的语句将单步执行。单击一次黄色箭头向下移动一行，即执行一条语句，每个变量此时的值在输出窗口中显示，如图11.10所示。

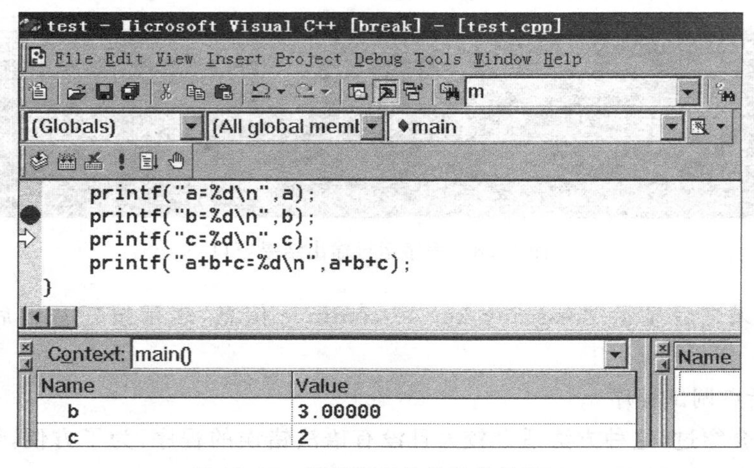

图 11.10 设置断点执行程序的窗口

从窗口中可以看到，变量 b 的值为3.00000，是正确的，再从显示运行结果的窗口中看到此时显示输出的是 $b=0$，如图11.11所示。可知虽然变量 b 的值在内存中是正确的，显示输出后变成错误的，说明输出语句有错误。结合数据类型与格式控制符的关系，可知应将第六行输出语句中的“%d”改为“%f”。再次单击按钮，消除设置的断点。将修改过的源程序再次进行编译连接并运行，若结果正确，调试过程结束。

```
C:\Program Files\Microsoft Visual Studio\MyProjects\Debug\test.exe
a=1
b=0
```

图 11.11　显示运行结果的窗口

设置断点也可以在主菜单中选中 Edit 菜单项，在其下拉菜单中选中 Breakpoints 菜单项，打开断点设置对话框，在 Break at 文本框中输入要设置断点的行号单击 OK 按钮即可设置断点，还可以在该对话框中单击 Remove All 按钮移除断点。

由于 Visual C++ 6.0 本身是面向对象的工程文件调试模式，其特点是既可以用于单一文件的调试，又适应一个工程文件的多个源程序文件的调试。当一个 C 语言程序由多个源文件组成时，必须选择用工程链接调试来生成一个可执行文件。

4. 实验思考题

(1) C 语言程序以什么为基本单位？有什么好处？

(2) C 语言语句以什么符号作为结束标志？能否将几条语句写在一行中？

(3) “\n”的作用是什么？

(4) printf()的作用是什么？printf()的双引号中是什么？

(5) 在上机的过程中都出现过什么错误？怎么解决的？

实验 2　基本数据类型及其操作

1. 实验目的

(1) 了解数据的两种表现形式以及数据类型的概念。

(2) 掌握变量的定义及使用方法。

(3) 掌握算术、赋值运算符及相应表达式的使用。

(4) 能够编写程序实现简单的数据处理。

2. 实验内容

(1) 设计一个程序，在屏幕上显示下列图形。体会 printf 函数的功能及其最简单的使用方法，理解转义字符'\n'的作用。

```
**************************
C语言是一门语言基础课程!
**************************
```

(2) 阅读并运行下列程序，观看程序运行结果，体会并掌握运算符“/”和“%”的功能及使用时应注意的问题。

```
#include<stdio.h>
void main()
{   int a,b=31,c;
    a=(b/15)%2;
```

```
    c=b/(15%2);
    printf("%d  %d\n",a,c);
}
```

(3) 分析下列程序，找出程序的错误，并指出是什么错误，修改后运行、输出运行结果。

```
#include<stdio.h>
void main()
{   int a;
    float b;
    char c;
    a=127;
    b=b%8;
    c=65;
    printf("a=%d, b=%f, c=%c, a+b+c=%f \n", a,b,c,a+b+c);
}
```

(4) 本程序体现C语言的一种特性，字符型与整型数据可以相互转换。分析程序的执行结果，并上机调试验证。如果在程序中需要将大写字母转换为小写字母再输出，程序应如何修改？

```
#include<stdio.h>
void main()
{   char ch1,ch2;
    ch1='A';
    ch2='B';
    printf("%c %d\n",ch1,ch1);
    printf("%c %d\n",ch2,ch2);
}
```

(5) 下列程序在运行时输入2345678901↙，输出结果是什么？为什么？

```
#include<stdio.h>
void main ()
{   float f;
    int a,b;
    scanf("%3d%4d",&a,&b);
    f=b/a;
    printf("%5.2f\n",f);
}
```

(6) 从键盘输入两个数 a、b，编程求它们的和、差、积，并输出结果。

(7) 从键盘输入一个字符，显示输出它的ASCII码值。

(8) 从键盘输入一个小写字符，将它转换成大写并显示输出。

(9) 编写程序，实现任意两个整数的交换。例如，刚开始 $a=3,b=4$，交换以后 $a=4$，$b=3$。

(10) 假设我国GDP的年增长率为10%，计算10年后GDP与现在相比增长多少倍。

计算公式为 $P=(1+r)^n$，r 为年增长率，n 为年数，P 为与现在相比增长的倍数。

（提示：可利用库函数 pow(x,y)计算 x^y。）

3. 实验思考题

(1) 数据的两种表现形式是什么？数据的基本类型有哪些？

(2) 变量的使用应该注意哪些问题？如何为变量赋值？

(3) 运算符'/'和'%'在使用的过程中应该注意哪些问题？

(4) 在什么情况下数据要进行强制类型转换？

实验3　顺序结构与输入输出程序设计

1. 实验目的

(1) 掌握输入输出函数的调用方式。

(2) 熟练掌握数据的输出方法。

(3) 熟练掌握数据的输入方法。

(4) 了解转义字符的含义及其应用。

(5) 初步掌握程序调试的基本技巧。

2. 实验内容

(1) 运行下列程序，观察程序输出结果，了解字符数据和"转义"字符的输出。

```
#include<stdio.h>
void main()
{   printf("ch1=%c,ch2=%c\n",'a','b');
    printf("ch1=%d,ch2=%d\n",'a','b');
    printf("ch3=%c,ch2=%d\n",'\101','\101');
    printf("h\tabc\bxy z\rkj\n");
}
```

(2) 运行下列程序，观察当输入数据 246 时的运行结果，学习提取数据每位数字的方法。

```
#include<stdio.h>
#include<math.h>
void main()
{   int x;
    char c1,c2,c3,c4;
    scanf("%d",&x);
    c4=x>=0?'+':'-';      /*?:是条件运算符,表示当x大于或等于0时取正号,否则取负号*/
    x=abs(x);             /*abs(x)为x取绝对值函数*/
    c3=x%10;              /*x%10为个位数*/
    x=x/10;               /*去掉x的个位*/
    c2=x%10;
    c1=x/10;
    printf("数符:%c,百位:%d,十位:%d,个位:%d\n",c4,c1,c2,c3);
```

```
}
```

(3) 运行下列程序,观察当输入数据“a=24,b=35↙”时的运行结果。

```
#include<stdio.h>
void main()
{   int a,b,c;
    scanf("a=%d,b=%d",&a,&b);
    c=a/10*1000+b/10*100+a%10*10+b%10;
    printf("c=%d\n",c);
}
```

(4) 改错题。下列程序的功能是求两个数之和。程序中有两处错误,请找出、改正错误,并上机调试。

```
#include<stdio.h>
void main()
{  int a,b;
    a=4;
    b=5;
    printf("a=d,b=%d, a+b=\n",a,b,a+b);
}
```

(5) 改错题。下列程序的功能是从键盘输入一个字符,输出该字符以及 ASCII 码值。程序中有 3 处错误,请找出、改正错误,并上机调试。

```
#include<stdio.h>
void main()
{   char c
    scanf("%c",c);
    printf("%c  %d\n",c);
}
```

(6) 现有下列程序:

```
#include<stdio.h>
void main()
{  int a;
    scanf("a=%d",&a);
    printf("a=%d\n",a);
}
```

请问如果把以上程序中的 scanf("a=%d",&a);改写成 scanf("%d",&a);,两种情况在程序运行时给变量 a 赋值有什么不同?为什么?请上机验证。

(7) 程序填空。任意从键盘输入两个整数,然后再输出。

```
#include<stdio.h>
void main()
{   int  a,b;                          /*变量定义*/
```

```
scanf ("%d",________;                       /*输入变量 a 的值*/
scanf ("________", &b);                     /*输入变量 b 的值*/
printf("________",a,b);                     /*输出数据*/
}
```

(8) 编程题。设圆半径 $r=1.5$，分别计算并输出圆的周长和面积。要求圆的半径用 scanf 输入，输出时要有文字说明并取小数点后两位数字。

(9) 编程题。用 getchar 函数输入两个字符分别给 $c1$、$c2$，然后分别用 putchar()和 printf()输出这两个字符。

(10) 编写程序，从键盘输入 3 个双精度数，求它们的平均值并保留一位小数，对小数点后第二位进行四舍五入，并输出。

(11) 编写程序，把从键盘输入的具体时间转换为秒输出。程序运行示例：

```
8 25 38↙(即时间为 8:25:38),
30338
```

(12) 编写程序将"China"译成密码。密码规律是：用原来字母后面的第四个字母代替原来的字母。例如，字母'A'后面第四个字母是'E'，用'E'代替'A'。程序运行示例：

```
China↙
Glmre
```

3. 实验思考题

(1) printf 函数和 scanf 函数的功能分别是什么？它们的格式分别是什么样的？

(2) putchar 函数和 getchar 函数的功能分别是什么？它们与 printf 函数和 scanf 函数在使用的过程中有什么相同点和不同点？

(3) 数据输出时应注意什么？

(4) 用键盘输入数据时应注意什么？

(5) 顺序结构程序有什么特点？

(6) 转义字符有什么特点？

实验 4　选择结构程序设计

1. 实验目的

(1) 了解程序的 3 种基本控制结构的特点。

(2) 熟练掌握 if 语句的 3 种使用形式。

(3) 理解关系运算符和逻辑运算符的功能，熟练使用它们实现相应的数据运算。

(4) 理解 switch 语句的格式、功能，掌握其使用方法。

(5) 掌握 break 语句在 switch 语句的作用以及使用方法。

2. 实验内容

(1) 分析下列程序，理解逻辑运算符的作用，并上机验证运行结果。

```
#include<stdio.h>
```

```
void main()
{   int  a,b,c;
    a=!1; printf("%d\n",a);
    b=1&&2; printf("%d\n",b);
    b=a&&2; printf("%d\n",b);
    c=a||2; printf("%d\n",c);
    c=a||c; printf("%d\n",c);
}
```

(2) 分析下列程序,理解关系运算符的作用,并上机验证运行结果。

```
#include<stdio.h>
void main()
{   float a=2.5,b=3.4;
    int c,d;
    c=(a>b);
    printf("%d\n",c);
    d=(c==0);
    printf("%d\n",d);
}
```

(3) 分析下列程序,并上机验证运行结果。要求运行 4 次,分别输入 1、2、3、4。

```
#include<stdio.h>
void main()
{   int i;
    scanf("%d",&i);
    switch(i)
    {    case 1:
         case 2: putchar('i');
         case 3: printf("%d\n", i);
         default: printf("OK!\n");
    }
}
```

(4) 改错题。下列程序对输入的两个整数按照由小到大的顺序输出。程序中有错误,找出错误,并指出错误原因,改正并上机调试,验证结果是否正确。

```
#include<stdio.h>
void main()
{   int a,b;
    scanf("%d,%d",a,b);
    if(a>b)
       t=a;
       a=b;
       b=t;
       printf("%d,%d\n",a,b);
    else
```

```
    printf("%d,%d\n",a,b);
}
```

(5) 改错题。下列程序的功能是对任意输入的一个3位整数,判断各个位数之和是否等于6,是则输出"满足条件",否则输出"不满足条件"。程序中有错,找出、改正并上机调试,验证结果是否正确。

```
#include<stdio.h>
void main()
{   int x,y,c1,c2,c3;
    scanf("%d",&x);
    c1=x/100;
    c2=x/10%10;
    c3=x/10;
    y=c1+c2+c3;
    if(y=6) printf("满足条件\n");
    else
      printf("不满足条件\n");
}
```

(6) 输入 x,计算并输出函数 $f(x)=2x^2+3.5x+10$ 的值,保留一位小数。

(7) 输入 x,计算并输出下列函数 $f(x)$的值,保留两位小数。

$$y=f(x)=\begin{cases}1/x & (x\neq 0)\\ 0 & (x=0)\end{cases}$$

(8) 输入 x,计算并输出下列函数 $f(x)$的值。

$$y=f(x)=\begin{cases}1 & x>0\\ 0 & x=0\\ -1 & x<0\end{cases}$$

(9) 判断从键盘输入的一个正整数能否同时被5、7整除,能则输出"Yes",否则输出"No"。

(10) 整数0～6分别对应星期日、星期一、……、星期六。输入0～6之间的一个整数,输出对应星期的英文单词。要求分别用if语句和switch语句实现。程序运行示例:

```
0↙
Sunday
5↙
Friday
```

(11) 输入4个整数,然后按由小到大顺序输出。

(12) 输入一个3位数,找出这3个数字组成的最大数和最小数。程序运行示例:

```
513↙
最大数为531,最小数为135
```

3. 实验思考题

(1) 程序的3种基本控制结构分别是什么？在C语言程序中，顺序结构和选择结构如何实现？

(2) if语句有哪几种使用形式？区别是什么？

(3) 在C语言中，如何表示逻辑值"真"和"假"？又是如何判断一个值是逻辑真还是逻辑假的？

(4) 使用switch语句实现多分支结构的过程中应当注意哪些问题？

实验5　循环结构程序设计

1. 实验目的

(1) 理解什么是循环结构以及循环结构的两大要素，并能根据问题本身确定一个循环的循环体和循环条件。

(2) 能够正确使用while语句、do-while语句以及for语句来实现循环结构。

(3) 学会正确使用自增、自减运算符。

(4) 能够正确使用break语句和continue语句。

(5) 理解什么是多重循环，理解循环嵌套的执行过程，并能够利用循环嵌套实现相关问题的求解。

2. 实验内容

(1) 分析下列程序，写出运行结果，然后上机验证，并要求用do-while和for语句改写程序。

```
#include<stdio.h>
void main()
{   int num=0;
    while(num<=3)
    {  num++;
       printf("%d\n",num);
    }
}
```

(2) 分析下列程序，写出运行结果，然后上机验证，并要求用while和for语句改写程序。

```
#include<stdio.h>
void main()
{   int a=1,b=10;
    do
    {  b-=a; a++;}while(b--<0);
       printf("a=%d,b=%d\n",a,b);
}
```

(3) 分析下列程序，写出运行结果。请说明本程序的功能是什么？写出其数学表达式，然后上机验证。

```
#include<stdio.h>
void main()
{   int n;
    double sum=1;
    for(n=1;n<=10;n++)
       sum=sum*n;
    printf("sum=%lf\n",sum);
}
```

(4) 分析以下 3 段程序，说明各程序的功能并上机验证运行结果，体会 break 和 continue 的作用。

#include<stdio.h>
void main()
{ int a,n;
  for(n=200; n<=400; n++)
   {if(n%5==0)printf("%d ",
n);}
}
	#include<stdio.h>
	void main()
	{ int a,n;
	  for (n = 200; n < = 400; n
	++)
	   { if(n%5!=0) continue;
	    printf("%d ",n);}}
		#include<stdio.h>
		void main()
		{ int a,n;
		  for(n=200; n<=400;n+
		+)
		   { if(n%5!=0) break;
		    printf("%d ",n);}
		}

(5) 分析下列程序，理解自增、自减运算符的运算特点。将分析的运行结果与上机运行结果相对照，看是否相同，若不同请找出原因。

```
#include<stdio.h>
void main()
{   int i,j,m,n;
    i=15; j=20;
    m=++i; n=j--;
    printf("i=%d,j=%d,m=%d,n=%d\n",i,j,m,n);
}
```

请思考：若将 m=++i; n=j--;改为 m=i++; n=--j;，运行结果跟修改前一样吗？为什么？

(6) 分析下列程序，写出程序运行结果，然后上机验证。

```
#include<stdio.h>
void main()
{   int n;
    for(n=1;n<=5;n++)
       switch(n%5)
       {   case 0: printf("*");break;
           case 1: printf("#");break;
           default: printf("\n");
           case 2: printf("&");
       }
```

```
    printf("\n");
}
```

(7) 下列程序的功能是输出 100～200 之间的后 10 个素数。请按照题意填空。

```
#include<stdio.h>
void main()
{   int n,x,t=0;
    for(n=200;n>=100;____①____)
      {  for(x=2;n%x!=0;x++);
         if(x==n)
         {    ____②____;
              printf("%d\t",n);
         }
         if(t==10)____③____;
    }
}
```

(8) 编程输出能被 3、5、7 整除的所有 3 位数。

(9) 输入一个正整数 n,输出 2/1+3/2+5/3+8/5+…的前 n 项之和,保留两位小数。(该序列从第二项起,每一项的分子是前一项分子与分母之和,分母是前一项的分子。)

(10) 编程利用循环输出如下图形。

```
*                    *                  1
**                  ***                123
***                *****              12345
****                ***              1234567
*****                *              12345678
```

(11) 输入两个正整数 m 和 n,求它们的最大公约数和最小公倍数。

(12) 输入一行字符,分别统计其中的英文字母、空格、数字和其他字符的个数。

(13) 编程求 1+1/2+1/4+1/7+1/11+1/16+1/22+…,当第 n 项的值小于 10^{-5} 时求和结束。(提示:第 n 项的分母是前一项的分母加上有分母项开始的项数,第一项为 1/2。)

(14) 利用泰勒公式求自然对数的底 e,要求精确到最后一项的绝对值小于 10^{-6}。

$$e = 1 + 1/1! + 1/2! + 1/3! + 1/4! + \cdots + 1/m!$$

3. 实验思考题

(1) 循环结构的两大要素分别是什么?

(2) $++i$ 与 $i++$ 的相同点和不同点是什么?

(3) break 语句和 continue 语句的功能如何?它们的区别是什么?

(4) while 语句和 do-while 语句的主要区别是什么?

(5) 什么是计数控制?什么是条件控制?设计循环程序时有什么不同?

实验 6　数组与字符串

1. 实验目的

(1) 了解数组的概念。

(2) 掌握数组的定义、引用、初始化,使用数组编程的方法。

(3) 掌握字符数组的应用。

(4) 掌握常用字符处理函数的应用。

2. 实验内容

(1) 编写程序,测试下列数组的定义方式是否正确。

```
① #include<stdio.h>
   void main()
   {   int n;
       scanf("%d",&n);
       int a[n];
       …
   }
② #include<stdio.h>
   #define M 10
   void  main()
     {  int a[M];
        …
     }
③ #include<stdio.h>
   void main()
   {
       int a[2+2*4];
       …
   }
```

请思考:通过这一实验题目的练习,可以说明什么问题?

(2) 运行下面的C程序,根据运行结果可以说明什么?

```
#include<stdio.h>
void main()
{   int num[5]={1,2,3,4,5};
      int i;
      for(i=0;i<=5;i++)
         printf("%4d",num[i]);
  }
```

(3) 1983年,在ACM图林奖颁奖大会上,杰出的计算机科学家、UNIX的鼻祖、C语言的创始人之一、图林大奖得主Ken Thompson上台的第一句话便是:"我是一个程序员,在我的1040EZ(美国报税)表上,我自豪地写上了我的职业。作为一个程序员,我的工作就是写程序。今天我将向大家提供一个我曾经写过的最精练的程序。"这个程序是:

```
# include<stdio.h>
char s[]={'\t','0','\n','}',';','\n','\n','m','a','i','n','(',')','\n','{','\n',
'\t','i','n','t',' ','i',';','\n','\n','\t','p','r',
'i','n','t','f','(','"','c','h','a','r',' ','\\','t','s','[',']',' ','=',' ','{',
```

```
'\\','n','"','}',';','\n','\t','f','o','r','(','i', '=','0',
';','s','[','i',']',';','i','+','+',')','\n','\t','\t','p','r','i','n', 't','f',
'(','\"','\\','r','%','d',',','\\','n','\"',',','s','[','i',']',
')', ';','\n','\t','p','r','i','n','t','f','(','\"','%','s','\"',',','s',')',';',
'\n','}',0};
void main()
{   int   i;
    printf("char  \ts[]={\n");
    for(i=0;s[i];i++)
      printf("\r%d,\n",s[i]);
    printf("%s",s);
}
```

请上机运行这个程序，指出它的功能和运行结果。

(4) 读入某班全体50位同学某科学习成绩，然后进行简单处理（求平均成绩、最高分、最低分）。请将程序补充完整（在省略号处补充合适的语句）。

分析：求其最高分需要定义一个变量（highest），先将score[0]赋值给highest，然后利用for循环使该变量的值与其他数组元素一一比较，如果比highest大，就将数组元素赋给highest变量，最后highest的值即为最高分。

```
#define NUM 50
#include<stdio.h>
void main()
{   int i,score[NUM],highest;
    float sum=0,average;
    for(i=0;i<NUM;i++)
        scanf("%d",&score[i]);
    printf("全班同学成绩公布如下: \n");
    for(i=0;i<NUM;i++)
    {   printf("%d号同学: %5d",i+1,score[i]);
        if(i%10==9)printf("\n");
    }
        …                                        /*求平均成绩并显示*/
    highest=score[0];
    for(i=1;i<NUM;i++)
        if(score[i]>highest) highest=a[i];
    printf("最高分是: %d\n",highest);           /*求最高分并显示出来*/
}
```

(5) 输入一个字符串，统计一个长度不超过2的子字符串在该字符串中出现的次数。例如，假定输入的字符串为“asd asasdfg asd as zx67 asd mklo”，子字符串为“as”，结果为6。

（提示：存放字符串的数组的容量至少应比字符串长度大1，以便留出位置来存放字符串结束标志‘\0’。在循环结构中利用这一点来判断一个字符串是否已经结束，利用break语句强行退出循环。当字符串中的某个字符与子字符串的第一个字符不同时，则将字符串中的下一个字符与子字符串中的第一个字符比较，而不是与子字符串中的第二个字符比较。）

程序运行示例：

```
输入两个字符串：
asd dadf fdsfdsa as gdsasjmok
as
n=3
```

(6) 输入两个字符串，输出两个字符串的长度，判断两个字符串是否相同，并将第二个字符串连接到第一个字符串后面并输出。请将程序补充完整。

(提示：将字符串存放在字符数组中，使用 strlen 函数求出字符串的长度，strcmp 函数用来比较两个字符串，当两个串相等时，函数 strcmp()将返回 false，因此当测试串的等价性时，必须用逻辑运算符"!"将测试条件取反。)

```
#include<stdio.h>
#include<string.h>
void main()
{   char s1[80],s2[80];
    printf("输入两个字符串：\n");
    gets(s1);
    gets(s2);
    printf("lengths: %d %d\n",____①____,____②____);
    if(______________)
        printf("the strings are equal \n");
    strcat(s1,s2);
    printf("%s\n",s1);
}
```

程序运行示例：

```
输入两个字符串：
hello↙
hello↙
lengths: 5 5
the strings are equal
hellohello
```

(7) 输入一个长度不超过 80 的字符串，将字符串逆序存放，并输出。

(提示：逆序存放可以通过数组元素交换来实现。交换原则为将数组第 0 个元素与最后一个元素交换，第一个元素与倒数第二个元素交换，依此类推。)

(8) 编写程序用冒泡法对 N 个数按升序排序(由大到小)。

(9) 编程输出以下图案。

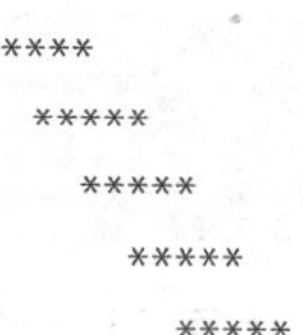

(10) 利用随机数生成函数为一个4行4列的二维数组赋值，然后从每行中找出一个最大的元素，组成一个一维数组并输出。

3. 实验思考题

(1) 字符数组与数值型数组在输入输出时有什么区别？

(2) 如何正确输入带有空格的字符串？(即空格作为字符输入)

(3) 如何避免数组越界？

(4) 可以定义不定长度的数组(即数组长度由变量确定)吗？

实验7 函　数

1. 实验目的

(1) 熟练掌握函数的定义及调用过程，对函数调用时实参和形参的参数传递过程进行深入了解。

(2) 掌握函数的嵌套调用、递归调用，对嵌套和递归调用过程进行详细分析。

(3) 了解函数经常使用的变量存储类型：自动、外部、静态、寄存器变量，分析各种变量的作用域、可见性和生存期。

2. 实验内容

(1) 上机调试下列程序，记录系统给出的出错信息，并指出错误原因。

```
#include<stdio.h>
void main()
{   int x,y;
    printf("%d\n",sum(x+y));
    int sum(a,b)
    {   int a,b;  return (a+b);    }
}
```

(2) 输入一批正整数(以零或负数为结束标志)，求其中的奇数和。要求定义和调用函数 even(n)判断数的奇偶性，当 n 为偶数时返回1，否则返回0。

程序运行示例：

```
Input integers: 12 9 7 18 3 11 20 0↙
The sum of the odd numbers is 30
```

(3) 给定平面任意两点坐标($x1$,$y1$)和($x2$,$y2$)，求这两点之间的距离(保留两位小数)。要求定义和调用函数 dist($x1$,$y1$,$x2$,$y2$)计算两点间的距离。

程序运行示例：

```
Input(x1,y1):10  10↙
Input(x2,y2):200  100↙
Distance=210.24
```

(4) 改正下列程序中的错误，计算1！＋2！＋…＋10！的值，要求定义并调用函数

fact(n)计算 $n!$，函数类型是 double。

程序运行示例：

```
1!+2!+…+10!=4037913.000000
```

```
#include<stdio.h>
double fact(int n)
int main(void)
{   int i;
    double sum;
    for(i=1;i<10;i++)
        sum=sum+fact(i);
    printf("1!+2!+。。。。。。+10!=%f\n",sum);
    return 0;
}
double fact(int n);
{   int i;
    double result;
    for(i=1;i<=n;i++)
        fact(n)=fact(n) * i;
    return result;
}
```

(5) 阅读下列程序，分析错误原因。

```
/*********file1.c************/
int last(void);
int new(int);
int resert(void);
exter int i=1;
main(void)
{    int i,j;
    i=resert();
    for(j=1;j<=3;j++)
    {  printf("i=%d\tj=%d\n",i,j);
       printf("next(i)=%d\t",next(i));
       printf("last(i)=%d\t",last());
       printf("new(i+j)=%d\n",new(i+j));
    }
    int next(void)
    {    return (i++);}
}
/***********file2.c**********/
static int i=10;
fast(void)
{    return(i-=1);    }
```

```
new(int i){  static int j=5;     return(i=j+=++i);  }
/**********file3.c**********/
extern int i;
resert()
{  return (i);  }
```

根据运行结果,分析各个“i”的存储属性是否一致。

(6) 输入两个正整数 m 和 n($m \geqslant 1, n \leqslant 500$),统计并输出 m 和 n 之间的素数的个数以及这些素数的和。素数就是只能被 1 和自身整除的正整数,最小的素数是 2。要求定义并调用函数 prime(m)判断 m 是否是素数,当 m 为素数时返回 1,否则返回 0。

程序运行示例:

```
Input m:1↙
Input n:10↙
Count=4,sum=17
```

(7) 输入两个正整数 m 和 n($1 \leqslant m, n \leqslant 1000$),输出 $m-n$ 之间的所有水仙花数。水仙花数是指各位数字的立方和等于其自身的数。要求定义并调用函数 is(number)判断 number 的各位数字之立方和是否等于其自身。

程序运行示例:

```
Input m:100↙
Input n:400↙
153
370
371
```

(8) 编写一个函数,判断一个字符串是否是回文,如是返回 1,否则返回 −1。(回文是指这个字符串逆序后不变,如 aba 就是回文。)

程序运行示例:

```
Input: abcddcba↙
Output: 1
```

(9) 编写函数,将一个正整数变为字符串。如数字 123 变为“123”。程序运行示例:

```
Input: 234132↙
Output: 2  3  4  1  3  2
```

(10) 编写函数,要求输入一个整数,将该整数的数字逆序输出。

程序运行示例:

```
Input     n=12367↙
Output  76321
```

请思考:若该整数为 32769,输出为 96723 吗?有没有异常出现?若有,该异常结果是如何形成的？

3. 实验思考题

(1) 函数的声明与函数的定义有什么区别和联系？

(2) 变量名与数组名分别作为函数参数时有什么不同？

(3) 若需要从一个函数中得到多个数值时，可以用 return 语句实现吗？为什么？

(4) 函数递归调用时，如何才能保证递归调用结束？

(5) 每个函数都需要 return 语句吗？为什么？

实验 8 指　　针

1. 实验目的

(1) 掌握指针的概念，学会定义和使用指针变量。

(2) 理解指针、地址和数组的关系。

(3) 掌握变量做函数参数的编程方法。

(4) 掌握数组名做函数参数的编程方法。

(5) 掌握用指针处理字符串的方法。

2. 实验内容

(1) 程序填空。请根据题意填空，并上机调试检查是否正确。下列程序是从键盘输入一行字符，存入一个字符数组，然后输出该字符串。

```
#include<stdio.h>
void main()
{   char str[80], *ps;
    int i;
    for(i=0;i<79;i++)
     {   str[i]=getchar();
         if(str[i]=='\n') break;
    }
     str[i]=____①____;
     ps=str;
     while(*ps)
      putchar(____②____);
}
```

(2) 程序填空。下列程序的功能为 main 函数调用 f 函数，将字符串中字符逆序存放，然后输出。例如，输入字符串为“12345”，程序的输出结果为“54321”。

```
#include<stdio.h>
#include<string.h>
void main()
{   char s[80], *f(char*);
     gets(s);
     printf("%s\n",f(s));
```

```
}
______①______f(char * x)
{   char t; int i,n;
    ______②______
    for(i=0; ______③______; i++)
  {  t=x[i]; x[i]=x[n-1-i]; x[n-1-i]=t;  }
      return x;
}
```

(3) 程序改错。下列程序希望将数组元素逆序输出，程序存在错误，请修改后上机调试并验证。

```
#include<stdio.h>
void main()
{  int a[6]={1,2,3,4,5,6}, * p;
   p=&a[6];
   for(; p<=a; p--)
      printf("%d", * p);
   printf("\n");
}
```

(4) 程序改错。下列程序比较两个字符串中最右端两个字符的大小，并输出比较结果。程序有错，请纠正，上机调试后记录程序运行结果。

```
#include<stdio.h>
#include<string.h>
void main()
{   char * s1="AbCdE";
    char s2[5]="AbcDe";
    s1=s1+3;
    s2=s2+3;
    printf("%d\n",strcmp(s1,s2));
}
```

(5) 程序改错。下列程序的功能是从键盘输入 10 个实数保存到数组 a 中，求它们的最大值以及平均值并输出。程序中存在多处错误，请找出并纠正，上机调试并验证结果。

```
#include<stdio.h>
void main()
{   float a[10], * p;
    int i;
    p=a[0];
    for(i=0;i<30;i++);
       scanf("%f", * p++);
    for(i=1;i<30; i++)
    {  max=sum= * p;
```

```
        if(*++p>max)  max=*p;
        sum=sum+*p;
    }
    printf("max=%f,ave=%f\n",max,sum/30);
}
```

(6) 输入 5 个字符串，找出其中最大的字符串并输出。要求用指针数组处理。

(7) 有 10 个学生的成绩存放在一维数组中，利用函数调用求平均成绩。要求将数组名和平均分作为函数的指针参数进行传递，在被调用函数中求出平均成绩，在主函数中输出。

(8) 从键盘输入一个字符串，用字符指针指向字符串，从第一个字符开始，如遇到字母（大小写不区分），则将字母计数器加 1，如遇到数字，则将数字计数器加 1，遍历完后输出该字符串中包含的字符个数和数字个数。

程序运行示例：

```
njdfuwYruyAqi09kfs893jhsy38jhd79oq↙
字符个数为：25 个，数字个数为：9 个。
```

(9) 从键盘输入一个包含字符和数字的字符串，用指针遍历字符串。将其中的数字分离出来，连续的数字作为一个整数，依次存放在一个数组中，最后输出数组元素。

程序运行示例：

```
juis834j873jhjhf484ruui54u↙
834 873 484 54
```

(10) 编写一个函数，利用指针交换数组 a 和数组 b 中的对应元素。在主函数中输入原始数据，调用函数后，输出交换后的数据。

(11) 编程统计一行英文句子中单词的数量。其中，单词与单词之间用空格间隔，可以有一个或多个空格。用指针遍历每个字符。

程序运行示例：

```
This is a C program.↙
这句话中有 5 个单词。
```

(12) 编写一个函数整理数组，一个数组中存放有若干个数，将其中大于 0 的数移到数组的前部，小于 0 的数移到数组的后部，等于 0 的数在数组的中部。在主函数中输入、输出数组，调用自定义函数完成数组的整理。

（提示：数组可以用动态申请内存确定数组长度，原始数据可以用随机数函数生成。）

程序运行示例：

```
原始数组：98 56 -3 55 0 21 -4 10 0 66
整理后为：98 56 55 21 10 66 0 0 -3 -4
```

3. 实验思考题

(1) 指针的实质是什么？指针可否用来传递变量中的数据？

(2) 指针的运算是什么性质的运算？它可进行哪些运算？

(3) 用指针作为函数传递数据与变量、数组作为函数参数有何不同？

(4) 比较用指针数组处理多个字符串与用二维字符数组处理多个字符串的优缺点。

(5) 使用指针容易出现的错误有哪些？

实验 9　结构及其他

1. 实验目的

(1) 掌握结构体类型变量的定义和使用。

(2) 掌握结构体类型数组的概念和应用。

(3) 掌握联合及枚举等类型的使用。

(4) 学习建立链表，初步掌握链表的遍历、插入、删除等操作。

2. 实验内容

(1) 下列程序是在关于学生的结构体数组中查找最高分和最低分的同学姓名及成绩。根据程序功能填空。

```
#include<stdio.h>
void main()
{   int max,min,i,j;
    struct
    {   char name[10]; int score;
    }stu[5]={"Liping",99,"Liling",89,"Wangfang",67,"Linhong",87,"Songhai",77};
    max=min=0;
    for(i=1;i<5;i++)
        if(stu[i].score>stu[max].score)_____①_____
        else if(stu[i].score<stu[min].score)_____②_____
    printf("Max is: %s,%d\n",_____③_____);
    printf("Min is: %s,%d\n",_____④_____);
}
```

(2) 函数 creat 用于建立一个单向链表并返回链表的头指针，新产生的结点总是插在链表的末尾。当输入的字符为‘?’时，链表建立完毕。请根据题意填空。

```
#include<stdlib.h>
#include<stdio.h>
struct list
{   char data;
    struct list *next;
  };
struct list *creat()
{   struct list *head, *p, *q;
    char ch;
    head=_____①_____malloc(sizeof(struct list));
    q=p=head;
```

```
    ch=getchar();
    while(ch!='?')
    {   p=____②____malloc(sizeof(struct list));
        p->data=ch;
        q->next=p;
        q=____③____;
        ch=getchar();
    }
    p->next=NULL;
    ____④____;
}
void main()
{   struct list *p;
    p=creat();
    for(;p!=NULL;)
    {   printf("%c ",p->data);
        p=p->next;
    }
}
```

(3) 请定义一个名为 time_struct 的结构，它包含 3 个整数成员：hour、minute 和 second。编写一个程序，用于给每个成员赋值，并按以下格式显示时间：16：40：53。

程序运行示例：

```
Please Input hour:16↙
    Minute:  40↙
    Second:  53↙
Output Time:16:40:53
```

(4) 设某班有 3 个同学，输入姓名、学号和 3 门课的成绩，编程求出每个人的 3 门课的平均成绩，并输出成绩。

程序运行示例：

```
**************************TABLE***********************
Name        Number    English   Mathema   Physics
Li yang     10101     89        89        84
Cailin      10102     76        87        81
Wangyang    10103     56        90        84
```

(5) 已知有 100 个产品销售记录，每个产品销售记录由产品代码 dm(字符型 4 位)、产品名称 mc(字符型 10 位)、单价 dj(整型)、数量 sl(整型)和金额 je(长整型)这 5 部分组成。其中，金额=单价 * 数量。现将这 100 个销售记录存入结构数组 PRO sell[MAX]中。请编制函数 sortDat()，其功能要求：按金额从大到小进行排列，若金额相等，则按产品代码从小到大进行排列，最终排列结果仍存入结构数组 sell 中。请完善这个程序。

```
#define MAX 1000
struct PRO{
    char dm[4];
    char mc[10];
    int dj, sl;
    long je;
}sell[MAX];
void sortDat()
{   int i,j;
    PRO x;
    for(i=0;i<MAX-1;i++)
        for(j=i+1;j<MAX;j++)
            if(sell[i].je<sell[j].je){
                x=sell[i];
                sell[i]=sell[j];
                sell[j]=x;
            }
            else if(sell[i].je==sell[j].je)
            if(strcmp(sell[i].dm,sell[j].dm)>0)
            {  x=sell[i];  sell[i]=sell[j];  sell[j]=x;  }
}
```

(提示：本题属于多关键字排序的问题，排序的主关键字是金额，条件从大到小，即主关键字的逆序条件是 sell[i].je＜sell[i＋1].je。排序的次关键字是产品代码，条件是从小到大。由于产品代码是一个字符数组，所以产品代码比较大小要借助 strcmp()函数进行。)

(6) 编写函数 searchLow()，要求实现的功能如下：在结构数组 a 中找出成绩最低的学生记录(最低成绩在记录中是唯一的)，其中，学生的记录号由学号和学习成绩组成。请完善程序。

结构定义为：

```
struct student{
    char NUM[10];
    int score;
};
```

程序代码如下：

```
searchLow(student a[],student * s)
{    int i,low;
    Low=0;
    …                                  /* 寻找最低成绩的学生,并记录其下标 */
    strcpy(s->NUM,a[low].NUM);
    s->score=a[low].score;
}
```

(提示：本题给出的数组元素是结构类型，因此只要找到成绩最小值时，记录其下标就可以了。而且返回结果只有一组值,即成绩最低的学生的学号和成绩。)

(7) 定义一个联合类型 undata,并用此联合类型定义一个变量 u1,然后引用该联合变量。

程序运行示例:

```
U1.a=6
U1.b=456.2
U1.ch=Q
```

(8) 编写一个程序,输入今天是星期几,计算若干天后是星期几。

程序运行示例:

```
请输入今天星期: 3↙
请输入天数: 5↙
输出: 5天后星期一
```

(9) 编写函数,建立一个带头结点的长度为 10 的单向链表。

(10) 编写函数,求一个头指针为 h 的单向链表的长度。

(11) 编写函数,删除单链表中数据域的值为 x 的结点。

(12) 建立长度为 n 的单向链表,结点包括学生的姓名、学号、班级、性别,根据学生的学号进行查询。

3. 实验思考题

(1) 结构与联合的区别是什么?

(2) 结构与数组都属于构造类型,使用中有什么不同?

(3) 枚举的应用范围有哪些?

实验 10　文　件

1. 实验目的

(1) 掌握文件以及文件指针的概念。

(2) 掌握使用文件打开、关闭等操作。

(3) 掌握文件顺序读/写的方法。

(4) 学习对文本文件进行随机读写的方法。

2. 实验内容

(1) 填空题。下列程序用变量 s 记录文件中的字符个数,并输出字符个数及文件中的全部内容。请根据题意填空。

```
#include<stdio.h>
void main()
{   ____①____;
    int s=0;
    char ch;
```

```
    if((fp=fopen("f1.dat",    ②    ))==NULL) {printf("Cann't open.");exit(0);}
    while(    ③    )
    {   ch=fgetc(fp) ;
        printf("%c",ch);
        s++;
}
    printf("length: %d\n",s);
        ④    ;
}
```

(2) 填空题。下列程序将文件 f1.dat 的内容复制到文件 f2.dat 中，并将其输出到屏幕上。请根据题意填空。

```
#include<stdio.h>
void main()
{   FILE *f1, *f2;
    char c;
    if((f1=fopen("d.dat","r"))==NULL){printf("Cannot open.");exit(1);}
    if((f2=fopen("f2.dat","w"))==NULL){printf("Cannot open.");exit(1);}
    while(!feof(f1))
    {   c=    ①    ;
        putchar(c);
        putchar(' ');  }
    rewind(f1);                         /*使位置指针重新回到文件的开头*/
    while(    ②    )
        fputc(    ③    );
    fclose(f1);
    fclose(f2);
}
```

(3) 填空题。下列程序的功能是将浮点数写入文件 test 中，然后读出并显示。请根据题意填空。

```
#include<stdio.h>
void main()
{  FILE *fp;
    float f=12.34;
    if((    ①    ("test","wb"))==NULL){printf("Can not open file.");exit(1);}
    fwrite(&f,sizeof(float),1,fp);
        ②    
    fread(&f,sizeof(float),1,fp);
    printf("%f\n",f);
        ③    
}
```

(4) 改错题。下列程序的功能是累加 a 字符串中各个字符的 ASCII 码值，然后将累加和以格式"%d"写入文件中。程序中存在错误，请改正并上机调试。

```
#include<stdio.h>
void main()
{   FILE p;
    int s=0,i=0;
    char a="rmcjrui89v4jk4@8%f$ 9";
    p=fopen("design.dat","w");
    while(*a=='\0')
    {   s=s+(*a);
        a++;
    }
    fprintf(s,"%d",p);
    fclose(p);
}
```

(5) 改错题。下列程序的功能是计算 2 的平方根、3 的平方根、……、10 的平方根，并累加它们的和，要求计算结果小数点后保留 5 位有效位数。将计算结果以及累加和以格式“%.5f\n”写入文件中。程序中存在错误，请改正并上机调试。

```
#include<stdio.h>
#include<math.h>
void main()
{   FILE *p;
    int i;
    double s=0,k;
    p=fopen("design.dat","r");
    for(i=2;i<=10;i++)
    {   k=sqrt(i);
        s=s+k;
        fprintf(p,"%.5f\n",s);
    }
    fprintf(p,"%.5f\n ",k);
    fclose(*p);
}
```

(6) 从键盘输入一个字符串，将其中的小写字母转换成大写后写入一个文本文件，文件名自定。

(7) 编程统计满足条件 $x*x+y*y+z*z=2000$ 的所有解以及解的个数，并将统计结果及个数以格式“%d”写入文件中。

(说明：若 a、b、c 是一个解，则 a、c、b 也是一个解)。

(8) 编程在数组 a 的 10 个数中求平均值 aver，将大于 aver 的数组元素求和，并将结果以格式“%.5f”写入文件中，要求再以同样的格式从文件中读出并显示在屏幕上。

(9) 编程找出 1—999 之间所有满足条件的数写入文件中。条件为：各位数字的立方和等于它本身。例如，$1^3+5^3+3^3=153$，153 是满足条件的数。

(10) 找出 100～200 之间的所有素数写入文件中，再读出后显示到屏幕上。

3. 实验思考题

(1) 文件与文件指针有什么关系?

(2) 格式读/写函数与数据块读/写函数的区别是什么?

(3) 定位函数适合用在什么场合?

(4) 文件操作完毕,为什么要及时关闭文件?

(5) 文本文件与二进制文件的区别是什么?

附录A　自测练习题

自测练习题(一)

一、正误判断题(√/×,共10分,每题1分)

1. C语言程序的3种基本结构是顺序结构、选择结构和循环结构。　(　　)
2. 设有语句:int i=3,j=4,k=5;,则逻辑表达式!$(i+j)+(k-1)$&&$(i+k)/2$的值为1。　(　　)
3. 函数既可以嵌套调用,也可以嵌套定义。　(　　)
4. 在C语言程序中,在main函数中定义的变量称为全局变量。　(　　)
5. 在C程序中,用整数0表示逻辑值'假'。　(　　)
6. do-while语句先判断循环条件,所以循环体有可能一次也不执行。　(　　)
7. 可以定义多种不同结构类型。　(　　)
8. 无下标的数组名代表该数组的首地址,它可以进行自增、自减的操作。　(　　)
9. 当主调函数和被调函数都用数组名作为参数,被调用函数中的数组发生改变时,它不会影响到主调函数中的数组值的变化。　(　　)
10. C语言文件系统中,符号FILE是一个结构类型名。　(　　)

二、单选题(共20分,每题1分)

1. ________是构成C语言程序的基本单位。

   A. 文件　　B. 过程　　C. 子程序　　D. 函数

2. ________是C语言提供的合法的数据类型关键字。

   A. Float　　B. integer　　C. signed　　D. Char

3. 下列数据中,为字符串常量的是________。

   A. 'A'　　B. "house"　　C. How do you do　　D. '$abc'

4. 下列运算符中,优先级最低的是________。

   A. *　　B. !=　　C. +　　D. =

5. C语言中,要求运算数必须是整型的运算符是________。

   A. /　　B. !　　C. <　　D. %

6. 设有语句:char c;,然后将字符a赋给变量c,则下列语句中正确的是________。

   A. c='a'　　B. c="a"　　C. c="97"　　D. '97'

7. 已知$x=3,y=4$,则$x*=y+8$的值为________。

   A. 3　　B. 2　　C. 36　　D. 10

8. 执行下列语句的结果是________。

```
i=3;
printf("%d,",++i);
printf("%d",i++);
```

A. 3,3　　　　B. 3,4　　　　C. 4,3　　　　D. 4,4

9. 已知字符'a'的ASCII码为97,执行下列语句的输出是________。

```
printf("%d,%C", 'b', 'b'+1);
```

A. 98,b　　　　B. 语句不合法　　　　C. 98,99　　　　D. 98,c

10. 已知year为整型变量,不能使表达式($year\%4==0\&\&year\%100!=0 \| year\%400==0$)的值为“真”的数据是________。

A. 1990　　　　B. 1992　　　　C. 1996　　　　D. 2000

11. 下列while循环,将执行________。

```
i=4; while(--i)  printf("%d ", i);
```

A. 3次　　　　B. 4次　　　　C. 0次　　　　D. 无限次

12. 下列程序的运行结果为________。

```
void main()
{   int n;
    for(n=1;n<=10;n++)
        {   if(n%3==0)continue;
            printf("%d", n);
        }
}
```

A. 12457810　　　　B. 369　　　　C. 12　　　　D. 12345678910

13. 对于下列程序段,运行后 i 值为________。

```
int i=0,a=1;
switch(a)
{   case 1: i+=1;
    case 2: i+=2;
    default: i+=3;
}
```

A. 1　　　　B. 3　　　　C. 6　　　　D. 上述程序有语法错误

14. 下列不是死循环的是________。

A. for(;;x++);　　　　B. while(1){x++}

C. for(x=-10;x++;)　　　　D. do{i++;}while(1);

15. 下列程序的输出结果是________。

```
func(int k)
{   static int a;
    printf("%d  ", a);
    a+=k;
}
void main()
{   int k;
```

```
    for(k=1;k<=3;k++)
        fun(k);
}
```

A. 0 1 1　　B. 0 1 3　　C. 0 3 3　　D. 0 3 1

16. 执行完下列程序段时，n 值为________。

```
int n;
int f(int n)
{   static int m=1;
    n+=m++;
    return  n;
}
n=f(1);
n=f(2);
```

A. 3　　B. 4　　C. 5　　D. 以上均不是

17. 下列程序的运行结果为________ 。

```
#include<stdio.h>
int swap(int x, int y)
{   int temp;
    temp=x; x=y; y=temp;
    return 0;
}
int main()
{   int a=3, b=8;
    swap(a,b);
    printf("%d,%d\n", a,b);
    return 0;
}
```

A. 8,3　　B. 3,8　　C. 5,8　　D. 8,5

18. 设有以下说明语句：

```
struct ex
{   int x;  float  y;  char  z;  }example;
```

则下列叙述中不正确的是________。

A. struct 是结构类型的关键字　　B. example 是结构类型名

C. x、y、z 都是结构成员名　　D. struct ex 是结构类型名

19. 下列程序段的输出结果为________。

```
int c[]={1,2,3};
int * k;
k=c;
printf("%d", * k);
```

A. 2　　　　B. 1　　　　C. 3　　　　D. 以上均不对

20. 下列程序的输出结果为________。

```
#include<stdio.h>
void main()
{   int m=1,n=2,*ptr1=&m,*ptr2=&n;
    ptr1=ptr2;
    ptr2=&m;
    printf("%d %d %d\n",*ptr1,*ptr2,*ptr1-*ptr2);
}
```

A. 1 2 3　　　　B. 1 2 4　　　　C. 2 1 3　　　　D. 2 1 1

三、程序阅读题(共 10 题,每题 2 分)

1. 写出下列程序的输出结果。

```
#include<stdio.h>
void main()
{   int x=023;
    printf("%d\n",--x);
}
```

2. 对于下列程序,如输入 2.4(回车),其输出结果是什么?

```
#include<stdio.h>
#include<math.h>
void main()
{   float x, y;
    printf("input x:\n");
    scanf("%f",&x);
    if(x<=1) y=exp(x);
    else y=x*x-1;
    printf("f(%f)=%.2f\n", x, y);
}
```

3. 对于下列程序,执行时如输入 23,其输出结果是什么?

```
#include<stdio.h>
void main()
{   int i;long m;
    printf("Please input a number:\n");
    scanf("%ld",&m);
    for(i=2;i<=m/2;i++)
      if(m%i==0) break;
    if(i>m/2) printf("%d is a prime.\n", m);
    else printf("%d is not a prime.\n", m);
}
```

4. 对于下列程序,如分别输入 2 9 8 1 9 和 7 两组数据,其输出结果是什么?

```
#include<stdio.h>
void main()
{   int i, flag, x, a[5];
    printf("Please input 5 integers:\n");
    for(i=0;i<5;i++)
        scanf("%d", &a[i]);
    printf("Input x:");
    scanf("%d", &x);
    flag=0;
    for(i=0;i<5;i++)
         if(a[i]==x){  printf("Index is %d\n",i); flag=1; break;  }
        if(flag==0)printf("Not Found\n");
    }
```

5. 对于下列程序,执行时如输入 5 和 9 两个数,其输出结果是什么?

```
#include<stdio.h>
void main()
{   int a, b, *p, *p1, *p2;
    scanf("%d,%d", &a, &b);
    p1=&a; p2=&b;
    if(a<b){  p=p1; p1=p2; p2=p;  }
    printf("a=%d b=%d\n", a, b);
    printf("max=%d,min=%d\n", *p1, *p2);
}
```

6. 写出下列程序的输出结果。

```
#include<stdio.h>
void main()
{   int i=1;
    while(i<=-1)printf("#");
    printf("%d",i);
}
```

7. 写出下列程序的输出结果。

```
#include<stdio.h>
void main()
{   struct student
    {   long int num;
        char name[20];
        char sex;
        char addr[20];
    }a={89031,"LiLin",'M',"123BeijingRoad"};
    printf("%ld,%s, %c, %s\n", a.num, a.name, a.sex, a.addr);
}
```

8. 写出下列程序的输出结果。

```
#include<stdio.h>
void main()
{   int a=1, b=2, *pa, *pb;
    void swap(int *px, int *py);
    pa=&a; pb=&b;
    swap(pa, pb);
    printf("a=%d b=%d\n", a, b);
}
void swap(int *px, int *py)
{   int t;
    t= *px;   *px= *py; *py=t;
}
```

9. 写出下列程序的输出结果。

```
#include<stdio.h>
int c;
void change(int *a, int b)
{   --*a;
    b++;
    c=c+1;
}
void main()
{   int a=10, b=20,c=30;
    change(&a,b);
    printf("%d,%d,%d\n",a,b,c);
}
```

10. 设打开的文件内容为“This is a test!”,下列程序的输出结果是什么?

```
#include<stdio.h>
#include<stdlib.h>
void main()
{  char fname[20], ch;
   int num=0, wd=0;
   FILE *fp;
   printf("Please input file name:");
   scanf("%s",fname);
   if((fp=fopen(fname,"r"))==NULL)
   {  printf("cannot open the file:%s\n",fname);exit(0) ;  }

   while(!feof(fp))
   {   ch=fgetc(fp);
       if(ch==' '||ch=='\n')wd=0;
       else if(wd==0){wd=1; num++;}
```

```
    }
    printf("%d words",num);
    fclose(fp);
}
```

四、填空题(共 3 题 5 个空,每空 2 分)

1. 下列程序将两个数按照从小到大的顺序输出。

```
void main()
{   float a,b,____(1)____;
    scanf("%d%d", &a, &b);
    if(a>b)
    {   t=a;
        ____(2)____;
        b=t;
}
printf("%5.2f,%5.2f\n",a, b);
}
```

2. 用指针法求出数组元素中最大者和最小者。

```
int max, min;
void max_min_value(intn array[],int n)
{    ____(3)____;
    max=min= * array;
    for(p=array+1; p<array+n; p++)
        if( * p>max) max= * p;
        else  if( * p<min)min= * p;
}
void main()
{   int i, number[10], * p;
    p=number;
    printf("Input 10 numbers:\n");
    for(i=0; i<10; i++)
        scanf("%d", p);
____(4)____;
    max_min_value(p,10);
    printf("max=%-10dmin=%d\n", max, min);
}
```

3. 输入 3 个整数,输出其中的最大值。

```
#include<stdio.h>
void main()
{   int  a, b, c, max;
    printf("input a, b, c");
    scanf("%d%d%d", &a, &b, &c);
```

```
        max=____(5)____;
        if(max<b)max=b;
        if(max<c)max=c;
        printf("max is %d\n", max);
}
```

五、程序改错题(共3题5错,每错2分)

(注:以下各程序中,在标有/＊err n＊/的行上有一错误。)

1. 利用函数调用计算1!+2!+3!+…+100!。

```
#include<stdio.h>
double fact(int n);
void main()
{   int i; double sum=0;
    for(i=1;i<=100;i++)
       sum=sum+fact(i);
    printf("1!+2!+...+100!=%e\n",sum);
}
int fact(int n)                    /*err 1*/
{   int i; double result;
    result=0;                      /*err 2*/
    for(i=1;i<=n;i++)
        result=result*i;
    return result;
}
```

2. 程序功能:运行时输入整数1308时,输出12,输入3204时,输出9。

```
#include<stdio.h>
#include<math.h>
void main()
{   int n, s=0;
    scanf("%d",&n);
    n=fabs(n);
    while(n>=1)
    {   s=s+n%10;
        n=n%10;                    /*err 3*/
    }
    printf("%d\n",s);
}
```

3. 利用数组,计算Fibonacii数列前20项的值,即1,1,2,3,5,8,…,并按每行输出5个数据的格式输出。

```
#include<stdio.h>
#include<math.h>
void main()
```

```
{   int i, fib[20]={0,1};         /*err4*/
    for(i=2;i<20;i++)
       fib[i]=fib[i-1]+fib[i-2];
    for(i=0;i<20;i++)
    {   printf("%6d",fib[i]);
        if((i+1)%5=0)printf("\n");        /*err5*/
    }

}
```

六、编程题(3 小题共 30 分,分别为 8、10、12 分)。

1. 输入 x,计算并输出分段函数的值(保留 3 位小数)。(8 分)

$$f(x)=\begin{cases}x^2+2x+1 & x<0\\ \sqrt{x} & x\geqslant 0\end{cases}$$

2. 用 π/4=1－1/3＋1/5－1/7＋…公式求 π 的近似值,直到最后一项的绝对值小于 10^{-4} 为止。(10 分)

3. 输入一个正整数 $n(1<n\leqslant 10)$,再输入这 n 个整数,用选择法将它们从小到大排序,并输出。(12 分)

自测练习题(一)参考答案

一、正误判断题

(√) (√) (×) (×) (√) (×) (√) (×) (×) (√)

二、单选题

D C B D D　A C D D A　A A C C B　B B B B D

三、程序阅读题

1. 18
2. f(2.400000)＝4.76
3. 23 is a prime
4. Not Found
5. a＝5,b＝9 max＝9,min＝5
6. 1
7. 89031,LiLin,M,123BeijingRoad
8. a＝2,b＝1
9. 9,20,30
10. 4 words

四、填空题

1. (1) t
   (2) a＝b
2. (3) int *p,max,min
   (4) p＝number

3. (5) a

五、程序改错题

1. err 1：int —> double→int fact()改为：double fact()

   err 2：0 —> 1→result=0 改为：result=1

2. err 3：% —> /→n%10 改为：n/10

3. err 4：{0,1} —> {1,1}

   err5：if((i+1)%5=0)改为：if((i+1)%5==0)

六、编程题

1.

```
#include<stdio.h>
#include<math.h>
void main()
{  double x,y;
    printf("inpit x:\n");
    scanf("%lf",&x);
    if(x<0)y=x*x+2*x+1/x;
    else y=sqrt(x);
    printf("f(%.3f)=%.3f\n",x,y);
}
```

2.

```
#include<stdio.h>
#include<math.h>
void main()
{   float n,t,pi ;int s;
    t=1; pi=0; n=1; s=1;
    while(fabs(t)>=1e-4)
    {  pi=pi+t;
        n=n+2;
        s=-s;
        t=s/n;
    }
    pi=pi*4;
    printf("pi=%10.8f\n",pi);
}
```

3.

```
#include<stdio.h>
void main()
{   int i,index,k,n,temp,a[10];
    printf("input n:");
    scanf("%d",&n);
    printf("input %d numbers:",n);
```

```
    for(i=0;i<n;i++)
    scanf("%d",&a[i]);
    for(k=0;k<n-1;k++)
    {   index=k;
        for(i=k+1;i<n;i++)
          if(a[i]<a[index])index=i;
        temp=a[index];
        a[index]=a[k];
        a[k]=temp;
    }
    printf("After sorted:");
    for(i=0;i<n;i++)
        printf("%d ",a[i]);
}
```

自测练习题(二)

一、正误判断题(√/×,每小题1分,共10分)

1. 组成数组的数据可以是若干个不同的类型。 ( )
2. 字符数组可以存放字符串,也可以存放若干字符。 ( )
3. 字符串的结束标志是'\0'。 ( )
4. 指针变量只能存放地址。 ( )
5. 一维字符数组中可以存放多个字符串。 ( )
6. 'a'和"a"是不同的常量,前者是字符常量,后者是字符串常量。 ( )
7. while和do-while的主要区别是do-while至少可以执行一次。 ( )
8. 函数的调用方式既可以传值也可以传地址。 ( )
9. 一个C程序可以由若干个函数构成,但是main函数只能有一个。 ( )
10. 语句for(;;){…}是正确的。 ( )

二、单选题(每小题1分,共20分)

1. 在C语言中,char型数据在内存中是以( )形式存储的。

   A. 原码　　B. 补码　　C. 反码　　D. ASCII码

2. 合法的C语言赋值语句为( )。

   A. A=B=58　　B. i++;　　C. a=50,60　　D. k=int(a+b);

3. 增1减1运算只能作用于( )。

   A. 常量　　B. 变量　　C. 表达式　　D. 函数

4. 设int a=2;则表达式(a++ * 1/3)的值是( )。

   A. 0　　B. 1　　C. 2　　D. 3

5. 变量已经正确定义,要将a、b两个数进行交换,不正确的语句组是( )。

   A. a=a+b,b=a-b,a=a-b;　　B. a=b,b=a;

   C. t=a,a=b,b=t;　　D. t=b;b=a;a=t;

6. 表达式10!=9的值是( )。

A. true　　B. 非零值　　C. 0　　D. 1

7. 以下 for 循环是(　　)。

```
for (x=0, y=0 ;  (y!=123) && (x<10) ;x++);
```

A. 无限循环　　B. 循环次数不定

C. 执行 10 次　　D. 执行 9 次

8. 下列数组带初始化的定义中,错误的是(　　)。

A. int m[5]={3};　　B. char s[5]= "ab123";

C. int n[]={6,6,4,3,2,1};　　D. int p[3]={1,3,5};

9. 下列关于字符数组的描述中,错误的是(　　)。

A. 可以使用字符串给字符数组名赋值

B. 字符数组中的元素都是字符型的

C. 字符数组中可以存放若干个字符,也可以存放字符串

D. 字符数组可以用字符串给它初始化

10. 下列关于函数参数的描述中,错误的是(　　)。

A. 定义函数时可以有参数,也可以无参数

B. 函数的形参在该函数被调用前没有确定值

C. 在传值调用时,实参只能是变量名,不可以是表达式

D. 要求函数的形参和实参个数相等,对应类型相同

11. 下列不可以用做函数实参的是(　　)。

A. 语句　　B. 表达式　　C. 地址值　　D. 常量

12. 在 C 语言函数调用中,若函数 Fa 调用 Fb,函数 Fb 又调用了函数 Fa,则称为(　　)。

A. 函数的直接递归调用　　B. 函数的间接递归调用

C. 函数的递归定义　　D. C 语言中不允许这样的形式

13. 设:char str[]="OK";,对指针变量 p 的定义和初始化语句是(　　)。

A. char p=str;　　B. char * p=str;

C. char p=&str;　　D. char * p=&str;

14. 若执行 fopen 函数时发生错误,则函数的返回值是(　　)。

A. 地址值　　B. 0　　C. 1　　D. EOF

15. 下列合法的 C 语言字符常量是(　　)。

A. '\084'　　B. 'ab'　　C. "A"　　D. '\x43'

16. 若有以下语句,则输出的结果是(　　)。

```
char * sp="\t\v\\\0well\n";
printf("%d",strlen(sp));
```

A. 14　　B. 9　　C. 3　　D. 输出值不确定

17.

```
#include<stdio.h>
```

```
void main()
{   int a[]={1,2,3,4,5,6}, * p=a;
    * (p+ 3)+=2;
        printf("%d,%d\n", * p, * (p+3));
}
```

程序运行后，其输出结果为(　　)。

A. 0,5　　B. 1,5　　C. 0,6　　D. 1,6

18. 若有以下结构定义：

```
struct example
{   int x,y;  }v1;
```

则(　　)是正确的引用或定义。

A. example x=10;　　B. example v2. x=10;

C. struct v2;v2. x=10;　　D. struct example v2={10};

19. 若有以下定义：

```
union data
{   int i;  char c;  float f;  }a;
```

则下列语句(　　)是正确的。

A. a={2,'c',1.2};　　B. a=5;

C. a.i=5;　　D. printf("%d",a);

20. 下列循环的循环次数是(　　)。

```
#include<stdio.h>
void main()
{  int k=2;
    while(k=0)printf("%d",k),k--;
    printf("\n");
}
```

A. 0次　　B. 1次　　C. 2次　　D. 无限次

三、改错题(共20分,每处错误2分)

1. 下列程序计算1+2+3+…+100的和，其中有4处错误，请改正。将正确的写在错误的右边空白处。

```
#include<stdio.h>
void main()
{   int i,s;
    i=1; s=0;
    while(i<=100);
      s=s+i;
      i++;
    printf("1+2+3+…+99+100=%f\n",s);
}
```

2. 下列程序中定义一个数组并初始化，然后利用循环输出各元素值。其中有3处错误，请改正。将正确的写在错误的右边空白处。

```
#include<stdio.h>
void main()
{   char  s[6]="abcdef";
    int i;
    for(;i<7;i++)
        printf("%s",s[i]);
}
```

3. 下列程序中有3处错误，请改正。将正确的写在错误的右边空白处。

```
#include<stdio.h>
void main()
{  int  x,y;
    y=x*x;
    printf("%d=%d*%d", x);
    printf("%d=%d*%d",y);
}
```

四、程序填空(共10分，每空1分)

1. 输入10个字符，分别统计其中空格或回车、数字和其他字符的个数。

```
#include<stdio.h>
void main()
{   int i,digit,blank,other;
    char ch;
    digit=blank=other=0;
    for(i=0;i<10;i++)
{       ch=____(1)____;
        switch(ch)
          {  ____(2)____'  ':
             case '\n': blank++;break;
             case '0':case '1':case '2':case '3':case '4':case '5':case '6':case '7':
             case '8':case '9': ____(3)____;break;
            ____(4)____:other++;
          }
}
printf("blank=%d,digit=%d,other=%d\n",blank,digit,other);
}
```

2. 完成以下程序填空。输入一个以回车结束的字符串，字符个数小于80个，统计其中数字字符的个数。

```
#include<stdio.h>
void main()
{   int i=0,count;
```

```
    char str[80];
    printf("Enter a string:");
    while((____(5)____=getchar())!='\n')
    i++;
    str[i]='\0';
    ____(6)____;
    for(i=0;____(7)____; i++)
    if(____(8)____)count++;
        printf("%d\n",count);
}
```

3. 下列程序段对输入的英文字母更改大小写。

```
char  ch;
ch=getchar();
if(____(9)____) ch=ch+32;
else if(____(10)____) ch=ch-32;
```

五、读程序，写出下列程序的运行结果(共15分，每小题3分)

1.

```
#include<stdio.h>
int sum(int n)
{   int p=0,s=0,j;
    for(j=1;j<=n;j++)
        s+=(p+=j);
    return s;
}
int main()
{   printf("sun(5)=%d\n",sum(5));
    return 0;
}
```

2.

```
#include<stdio.h>
#include<string.h>
void abc(char * str)
{  int a,b;
      for(a=b=0;str[a]!='\0';a++)
        if(str[a]!='c')str[b++]=str[a];
      str[b]='\0';
}
int main()
{   char str[]="abcdef";
    abc(str) ;
      printf("str[]=%s\n",str);
    return 0;
```

}

3. 下列程序若在执行时输入13579,输出结果是什么?

```
#include<stdio.h>
int ctoi(char * p)
{  int sum=0;
   while(* p)
   {  sum * =10;
      sum+= * p-'0';
      p++;
   }
   return sum;
}
int main()
{   char str[5];
    int x;
    scanf("%s",str);
    x=ctoi(str);
    printf("x=%d\n",x);
    return 0;
}
```

4.

```
#include<stdio.h>
void main()
{   int a[10]={2,4,0,-5,10,6,-8,9,6,7},temp,k;
    for(k=0;k<10/2;k++)
    {   temp=a[k];
        a[k]=a[10-k-1];
        a[10-k-1]=temp;
    }
    for(k=0;k<10;k++)
            printf("%d  ",a[k]);
    printf("\n");
}
```

5.

```
#include<stdio.h>
void main()
{   int i,j;
    for(i=0;i<6;i++)
    {   for(j=0;j<i;j++)
              printf(" ");
        for(j=0;j<2 * (5-i)-1;j++)
              printf(" * ");
```

```
        printf("\n");
    }
}
```

六、编程题(共 25 分)

1. (7 分)从键盘输入一个整数,判断其是否是素数,并输出判断结果。

2. (8 分)定义一个数组,长度为 10,从键盘输入 10 个学生某门课程的成绩,计算平均分,找出最高分和最低分,并记录其下标。

3. (10 分)在主函数中定义一维数组存放 10 个数,在自定义的 sort 函数中对数组元素按照从小到大的顺序排序,然后在主函数中输出排序后的数组。

自测练习题(二)参考答案

一、正误判断题

(×) (√) (√) (√) (×) (√) (√) (√) (√) (√)

二、单选题

DBBAB DCBAC ABBBD CDDCA

三、改错题

1. (1) 第 5 行错误,while(i<=100);应删掉分号:while(i<=100)。

(2) 第 6 行错误,语句左边应加左花括号,{s=s+i;。

(3) 第 7 行错误,语句右边应加右花括号,i++;}。

(4) 第 8 行错误,%f 应改为%d。

2. (1) 第 3 行错误,数组定义长度不足,s[6]改为 s[7]。

(2) 第 5 行错误,for(;i<7;i++)改为 for(i=0;i<7;i++)。

(3) 第 6 行错误,将%s 改为%c。

3. (1) 第 4 行错误,x 没赋值,在之前添加语句:scanf("%d",&x);。

(2) 第 5 行错误,输出列表中 x 应改为:y,x,x。

(3) 第 6 行错误,输出列表中 y 应改为:y,x,x。

四、程序填空

1. (1) getchar();
   (2) case
   (3) digit++
   (4) default

2. (5) str[i]
   (6) count=0
   (7) str[i]!='\0'
   (8) str[i]>='0'&&str[i]<='9'

3. (9) ch>='A'&&ch<='Z'
   (10) ch>='a'&&ch<='z'

五、读程序，写出下列程序的运行结果。

1. sum(5)=35
2. str[]=abdef
3. x =13579
4. 7 6 9 -8 6 10 -5 0 4 2
5.
```
*********
 *******
  *****
   ***
    *
```

六、编程题

1.

```
#include<stdio.h>
#include<math.h>
int main()
{  int i, m, k;
    printf("请输入一个整数:\n");
    scanf("%d",&m);
    i=2;
    k=(int)sqrt(m);
    while (i<=k)
    {   if(m%i==0)  break;
          i++;
    }
    if(i>k)printf("%d是素数。\n",m);
    else printf("%d不是素数。\n",m);
    return 0;
}
```

2.

```
#include<stdio.h>
void main()
{  int score[10],i,max,min;
    float  total=0;
    printf("Input  10  scores:\n");
    for(i=0; i<10; i++)
    {   scanf("%d", &score[i]);
        total+=score[i];
    }
    max=min=score[0];
```

```
    for(i=1; i<10; i++)
    {   if(max<score[i])max=score[i];
        if(min>score[i])min=score[i];
    }
    printf("平均值是:%.2lf,最大值是:%d,最小值是:%d\n",total/10,max,min);
}
```

3.

```
#include<stdio.h>
void sort(int * array, int n)
{  int i, j, t;
   for(i=0; i<n; i++)
      for(j=0; j<=n-i; j++)
         if(array[j]>array[j+1])
          {     t=array[j];
                array[j]=array[j+1];
                array[j+1]=t;
}
}
void  main(void)
{   int i, a[10];
    for(i=0; i<10; i++)
       scanf("%d",&a[i]);
    sort(a, 10);
    for(i=0; i<10; i++)
       printf("%d ",a[i]);
    printf("\n");
}
```

附录B Visual C++ 6.0 开发环境简介

Visual C++ 6.0(简称 VC 6.0)是 Microsoft 公司研制开发的、基于 Windows 的可视化 C++ 语言版本，它是一个集 C++ 程序编辑、编译、连接、调试、运行等功能以及可视化软件开发为一体的开发工具，也兼容 C 语言。相比其他编程工具而言，Visual C++ 在提供可视化的编程方法的同时，也适合编写直接对系统进行底层操作的程序。

Visual C++ 6.0 是 Microsoft Visual Studio 套件的一个有机组成部分。Visual C++ 软件包含许多单独的组件，如编辑器、编译器、连接器、生成实用程序和调试器等，以及各种各样为开发 Windows 下的 C/C++ 程序而设计的工具。Visual Studio 把所有的 Visual C++ 工具结合在一起，集成为一个整体，通过一个由窗口、对话框、菜单、工具栏、快捷键等组成的完整系统，可以观察和控制整个开发过程。

1. Visual C++ 6.0 的安装与启动

在使用 Visual C++ 6.0 之前，首先要安装。Visual C++ 6.0 的安装方法和其他 Windows 应用程序的安装方法类似。将 Visual C++ 6.0 系统安装盘放入光驱，一般情况下系统能自动运行安装程序，否则运行安装盘中的 Setup.exe 文件。启动安装程序后，根据屏幕提示依次进行安装操作，便可完成系统的安装。

启动 Visual C++ 6.0 的过程十分简单。常用的方法是在 Windows 桌面选择"开始"|"程序"|Microsoft Visual Studio 6.0|Microsoft Visual C++ 6.0 命令，即可启动 Visual C++ 6.0，显示窗口如图 B.1 所示。

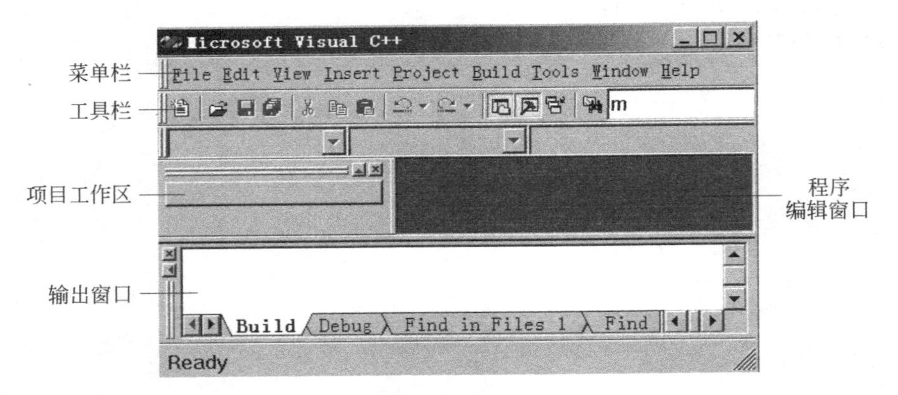

图 B.1 Visual C++ 6.0 主界面

2. Visual C++ 6.0 主界面的组成

和其他 Windows 的应用程序一样，图 B.1 主界面也具有标题栏、菜单栏和工具栏。标题栏的内容是 Microsoft Visual C++。菜单栏提供了编辑、运行和调试 C/C++ 程序所需要的菜单命令。工具栏是一些菜单命令的快捷按钮，单击工具栏上的按钮，即可执行该按钮所代表的操作。

在 Visual C++ 6.0 主界面的左侧是项目工作区(Workspace)窗口，右侧是程序编辑窗口，下方是输出(Output)窗口。项目工作区窗口用于显示所设定的工作区的信息；程序编辑窗口用于输入和修改源程序；输出窗口用于显示程序编译、运行和调试过程中出现的状态信息。

用 Visual C++ 6.0 开发应用程序主要涉及三大类型的文件：文件(Files)、项目(Projects)和工作区(Workspaces)。Visual C++ 6.0 中，通常意义下开发一个 Windows 应用程序是指生成一个项目，该项目包含一组相关的文件，如各种头文件(.H)、实现文件(.CPP)、资源文件(.RC)、图标文件(.ICO)、位图文件(.BMP)等，而该项目必须在一个工作区中打开。所以当第一次建立一个应用程序时，应选择新建一个项目。此时，Visual C++ 6.0 自动打开一个工作区，并把新建的项目在工作区中打开，以后对工作区进行修改、补充、增加等，只要打开对应的工作区即可。

1) 菜单栏

Visual C++ 6.0 的菜单栏共有 9 个菜单项：File、Edit、View、Insert、Project、Build、Tools、Window 和 Help，每个菜单项都有下拉菜单，用鼠标单击菜单项可弹出其下拉菜单，通过下拉菜单中的每项菜单命令可执行不同的功能。下面对各菜单项进行详细介绍。

• File 菜单

File 菜单下的各子菜单项都与 Visual C++ 6.0 所能创建的文件类型有关。File 菜单中包含了用于对文件进行各种操作的命令选项，其快捷键及功能如表 B.1 所示。

表 B.1 File 菜单命令

菜单命令	快捷键	功能说明
New	Ctrl+N	创建一个新的文件、项目或工作区
Open	Ctrl+O	打开一个已存在的文件
Close		关闭当前被打开的文件
Open Workspace		打开一个已存在的工作区
Save Workspace		保存当前被打开的工作区
Save	Ctrl+S	保存当前打开的文件
Save As		将当前文件另存为一新的文件
Save All		保存所有打开的文件
Page Setup		对页面的布局进行设置
Print	Ctrl+P	打印当前被打开的文件
Recent Files		最近使用的文件列表
Recent Workspaces		最近使用的工作区
Exit		退出集成开发环境

• Edit 菜单

Edit 菜单包含所有与文件编辑操作有关的命令选项，其快捷键及功能表如表 B.2 所示。

• View 菜单

View 菜单包含用于检查源代码和调试信息的命令选项，其快捷键及功能如表 B.3 所示。

表 B.2　Edit 菜单命令

菜单命令	快捷键	功　能　说　明
Undo	Ctrl+Z	撤销上一次的操作
Redo	Ctrl+Y	恢复被撤销的操作
Cut	Ctrl+X	将所选中的内容剪切掉并送至剪贴板中
Copy	Ctrl+C	将所选内容复制至剪贴板中
Paste	Ctrl+V	将当前剪贴板中的内容粘贴到当前插入点
Delete	Del	删除所选中的内容
Select All	Ctrl+A	选定当前窗口中的全部内容
Find	Ctrl+F	查找指定的字符串
Find in Files		在多个文件中查找指定字符串
Replace	Ctrl+H	替换指定字符串
Go To	Ctrl+G	光标自动转移到指定位置
Breakpoints	Alt+F9	编辑程序中的断点
Type Info	Ctrl+T	显示变量、函数或方法的语法
Parameter Info	Ctrl+Shift+Space	显示函数的参数
Complete Word	Ctrl+Space	给出相关关键字的全称

表 B.3　View 菜单命令

菜　单　命　令		快捷键	功　能　说　明
ClassWizard		Ctrl+W	编辑应用程序的类
Resource Symbols			浏览和编辑资源文件中的资源标识符(ID 号)
Resource Includes			编辑修改资源文件名及预处理命令
Full Screen			切换到全屏幕显示方式
Workspace		Alt+0	激活项目工作区(Workspace)窗口
Output		Alt+2	激活输出(Output)窗口
Debug Windows	Watch	Alt+3	激活监视(Watch)窗口
	Call Stack	Alt+7	激活调用栈(Call Stack)窗口
	Memory	Alt+6	激活内存(Memory)窗口
	Variables	Alt+4	激活变量(Variables)窗口
	Registers	Alt+5	激活寄存器(Registers)窗口
	Disassembly	Alt+8	激活反汇编(Disassembly)窗口
Refresh			更新选中区域
Properties		Alt+Enter	打开源文件属性窗口

• Insert 菜单

用户可以使用 Insert 菜单向当前项目中插入新类、新资源等，其快捷键及功能如表 B.4 所示。

表 B.4　Insert 菜单命令

菜　单　命　令	快捷键	功　能　说　明
New Class	Ctrl+R	在项目中添加一个新类
New Form		在项目中添加一个新表单
Resource		创建各种新资源
Resource Copy		对选定的资源进行复制
File As Text		可以将一个已存在的文件插入到当前焦点中

• Project 菜单

Project 菜单包含用于管理项目和工作区的一系列子菜单项，其快捷键及功能如表 B.5 所示。

表 B.5　Project 菜单命令

菜　单　命　令		快捷键	功　能　说　明
Set Active Project			选择指定项目为当前工作区中的活动项目
Add To Project	New		在项目中增加新文件
	New Folder		在项目中增加新文件夹
	Files		在项目中插入已存在的文件
	Data Connection		在当前项目中增加数据连接
	Components and Controls		在当前项目中插入一个部件或 ActiveX 控件
Dependencies			编辑项目组件
Settings		Alt+F7	编译及调试的设置
Export Makefile			以制作文件(.mak)形式输出可编译项目
Insert Project into Workspace			将项目插入到项目工作区窗口中

• Build 菜单

Build 菜单中包含的命令选项用于创建、编译、调试及运行应用程序，其快捷键及功能如表 B.6 所示。

表 B.6　Build 菜单命令

菜　单　命　令	快捷键	功　能　说　明
Compile	Ctrl+F7	编译当前编辑窗口中打开的文件
Build	F7	生成一个可执行文件，即编译一个项目
ReBuild All		编译和连接多个项目文件
Batch Build		一次编译和连接多个项目文件
Clean		删除当前项目中所有中间文件及输出文件

续表

菜 单 命 令		快捷键	功 能 说 明
Start Debug	Go	F5	开始或继续调试程序
	Step Into	F11	单步运行调试
	Run to Cursor	Ctrl+F10	运行程序到光标所在处
	Attach to Process		连接正在运行的进程
Debugger Remote Connection			用于编辑远程调试连接设置
Excute		Ctrl+F5	运行可执行文件
Set Active Configuration			选择激活的项目及配置
Configurations			编辑项目配置
Profile			选中该菜单项,用户可以检查代码的执行情况

- Tools 菜单

Tools 菜单中包含 Visual C++ 6.0 中提供的各种工具,用户可以直接从菜单中调用它们,其快捷键及功能如表 B.7 所示。

表 B.7 Build 菜单命令

菜 单 命 令	快捷键	功 能 说 明
Source Browser	Alt+F12	浏览对指定对象的查询及相关信息
Close Source Browser File		关闭信息浏览文件
Visual Component Manager		激活组件管理器
Register Control		激活注册控件
Error Lookup		激活错误查找器
ActiveX Control Text Container		激活 ActiveX 控件测试器
OLE/COM Object Viewer		激活 OLE/COM 对象查看器
Spy ++		激活 Spy ++工具包
MFC Tracer		激活 MFC 跟踪器
Customize		定制 Tool 菜单和工具栏
Options		改变集成开发环境的各项设置
Macro		创建和编辑宏
Record Quick Macro	Ctrl+Shift+R	记录宏
Play Quick Macro	Ctrl+Shift+P	运行宏

- Windows 菜单

Windows 菜单用于设置 Visual C++ 6.0 开发环境中窗口的属性,其快捷键及功能如表 B.8 所示。

- Help 菜单

Help 菜单提供了详细的帮助信息,其快捷键及功能如表 B.9 所示。

表 B.8　Windows 菜单命令

菜单命令	快捷键	功　能　说　明
New Window		为当前文档打开另一窗口
Split		将窗口拆分为多个窗口
Docking View	Alt+F6	启动或关闭 Docking View 模式
Close		关闭当前窗口
Close All		关闭所有打开的窗口
Next		激活下一个窗口
Previous		激活上一个窗口
Cascade		将所有打开的窗口重叠排列
Tile Horizontally		将工作区中所有打开的窗口进行纵向平铺
Tile Vertically		将工作区中所有打开的窗口进行横向平铺
Windows		管理当前打开的窗口

表 B.9　Help 菜单命令

菜单命令	功　能　说　明
Contents	显示所有帮助信息的内容列表
Search	利用在线查询获得帮助信息
Index	显示在线文件的索引
Use Extension Help	开启或关闭 Extension Help
Keyboard Map	显示所有键盘命令
Tip of the Day	显示 Tip of the Day
Technical Support	显示 Visual Studio
Microsoft on the Web	有关 Microsoft 的网站或网页
About Visual C++	显示版本的有关信息

2）工具栏

默认状态下，Visual C++ 6.0 提供了 11 个工具栏，但是只显示 3 个工具栏。可以通过右击工具栏，在弹出的快捷菜单中选择需要显示的工具栏，如图 B.2 所示。其中，具有复选标记的菜单项表示在开发环境中显示的工具栏。用户可以通过单击菜单项来控制工具栏是否显示。

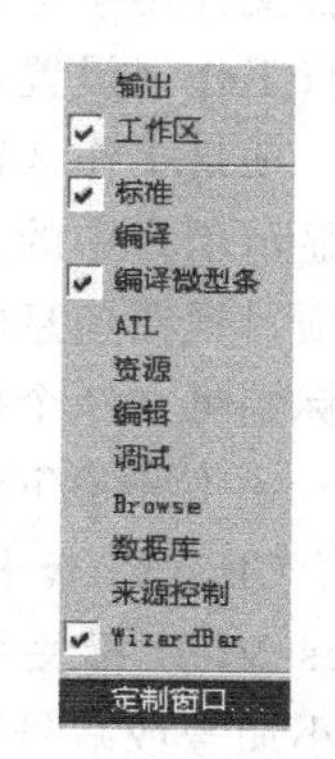

图 B.2　工具栏快捷菜单

实际上，工具栏中的命令按钮多数是与菜单项相对应的。这里只介绍在开发环境中显示的工具栏。对于其他工具栏，可以参考菜单操作。

• 标准工具栏

标准工具栏主要帮助用户维护和编辑在工作区中的文本和文件，如图 B.3 所示。

标准工具栏对应的菜单命令如表 B.10 所示。

图 B.3　标准工具栏

表 B.10 标准工具栏中各功能按钮所对应的菜单项

名称	相应菜单项	名称	相应菜单项
New	File|New	Redo	Edit|Redo
Open	File|Open	Workspace	View|Workspace
Save	File|Save	Output	View|Output
Save All	File|Save All	Windows List	View|Windows List
Cut	Edit|Cut	Find in Files	Edit|Find in Files
Copy	Edit|Copy	Find	Edit|Find
Paste	Edit|Paste	Search	Help|Search
Undo	Edit|Undo		

• 编译工具栏

编译工具栏是 Build 工具栏的子集，如图 B.4 所示。按钮①表示编译(Compile)，按钮②表示构建(Build)，按钮③表示运行(Build Execute)，按钮④表示断点跳转(Go)，按钮⑤表示设置/取消断点(Insert/Remove Breakpoint)。

• 向导工具栏

向导工具栏主要用于向类中添加成员变量、方法，以及查看类中某个方法的声明和定义。向导工具栏如图 B.5 所示。

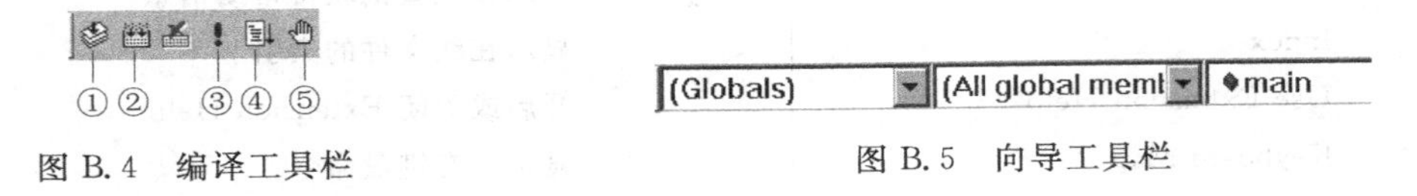

图 B.4 编译工具栏　　　　图 B.5 向导工具栏

3) 项目工作区窗口

首次创建项目工作区时，将创建一个项目工作区目录、一个项目工作区文件、一个项目文件和一个工作区选项文件。项目工作区文件用于描述工作区及其内容，扩展名为.dsw；项目文件用于记录项目中各种文件的名字和位置，扩展名为.dsp；工作区选项文件用于存储项目工作区设置，扩展名为.opt。通过项目工作区窗口可以查看和访问项目中的所有元素。

项目工作区窗口通常有 3 个标签页面，即 ClassView、ResourceView 和 FileView，分别显示项目中的类信息、资源信息和文件信息。每个标签页面都有一个顶层文件夹，它由组成项目视图信息的元素组成，通过扩展文件夹可以显示详细信息。在窗口底端单击相应图标标签可在 3 个标签页面之间切换。

• ClassView 标签页

ClassView 标签页用来显示当前工作区中所有的类、结构、全局的变量和函数。ClassView 标签页面提供了项目中所有类、结构和全局变量的层次列表，通过单击列表左侧的小加号或减号可以展开或折叠列表。双击列表开头靠近文件夹或书本形状的图标，也可以展开或折叠列表。通过 ClassView 标签页可以定义新类、直接跳转到代码(如类定义、函数或方法定义等)、创建函数或方法声明等。

• ResourceView 标签页

ResourceView 标签页用来显示项目中包含的资源文件。展开顶层文件夹可以显示资源类型，展开资源类型可以显示其下的资源。

• FileView 标签页

FileView 标签页用于显示项目之间的关系以及包含在项目工作区的文件。展开顶层文件夹可以显示项目中的文件。

4）程序编辑窗口

Visual C++ 6.0 提供的程序编辑窗口是一个功能齐全的文本编辑器，除了具有复制、查找、替换等一般文本编辑器的功能外，还有一些特色功能。例如，可以根据 C/C++ 的语法将不同的元素用不同的颜色显示，根据合适的长度自动缩进等。

程序编辑器还具备自动提示功能。当用户输入代码时，代码编辑器会显示对应的成员函数和变量，用户可在成员列表中选择需要的成员，减少了输入工作量，还可以避免人工输入错误。

5）输出窗口

输出窗口主要用于显示编译、调试结果，以及文件的查找信息等。它共有 6 个标签，如表 B.11 所示。输出窗口会根据操作自动选择相应的标签进行显示，如果在编译过程中出现错误，只要双击错误信息，程序编辑器就会跳转到相应的错误代码处。

表 B.11　输出窗口中标签的功能

标签名称	功　能	标签名称	功　能
Build	显示编译和连接结果	Find in Files 2	显示在文件查找中得到的结果
Debug	显示调试信息	Results	显示结果
Find in Files 1	显示在文件查找中得到的结果	SQL Debugging	显示 SQL 调试信息

菜单栏的菜单和常用工具较多，理解记忆比较困难，要通过多使用、多操作掌握常用菜单和常用工具的作用和使用方法。

附录 C　常用字符与 ASCII 代码表

控制字符	字符	ASCII 码	字符	ASCII 码	字符	ASCII 码	字符	ASCII 码
NUL	(NULL)	000	Space	032	@	064	`	096
SOH	☺	001	!	033	A	065	a	097
STX	☻	002	"	034	B	066	b	098
ETX	♥	003	#	035	C	067	c	099
EOT	◆	004	$	036	D	068	d	100
EDQ	♣	005	%	037	E	069	e	101
ACK	♠	006	&	038	F	070	f	102
BEL	(beep)	007	'	039	G	071	g	103
BS	■	008	(	040	H	072	h	104
HT	(tab)	009	)	041	I	073	i	105
LF	(line feed)	010	*	042	J	074	j	106
VT	(home)	011	+	043	K	075	k	107
FF	(form feed)	012	,	044	L	076	l	108
CR	(carriage return)	013	—	045	M	077	m	109
SO	♬	014	.	046	N	078	n	110
SI	☼	015	/	047	O	079	o	111
DLE	▶	016	0	048	P	080	p	112
DC1	◀	017	1	049	Q	081	q	113
DC2		018	2	050	R	082	r	114
DC3	!!	019	3	051	S	083	s	115
DC4	¶	020	4	052	T	084	t	116
NAK	§	021	5	053	U	085	u	117
SYN	▬	022	6	054	V	086	v	118
ETB	L	023	7	055	W	087	w	119
CAN	↑	024	8	056	X	088	x	120
EM	↓	025	9	057	Y	089	y	121
SUB	→	026	:	058	Z	090	z	122
ESC	←	027	;	059	[	091	{	123
FS	∟	028	<	060	\	092	|	124
GS	◆	029	=	061	]	093	}	125
RS	▲	030	>	062	^	094	~	126
US	▼	031	?	063	_	095	del	127

注：表中 ASCII 码值为十进制数。

附录D C语言的关键字及其用途

关键字	用途	说　　明
char	数据类型	字符型
short		短整型
int		整型
unsigned		无符号类型(最高位不作符号位)
long		长整型
float		单精度实型
double		双精度实型
struct		用于定义结构的关键字
union		用于定义共用体的关键字
void		空类型,用它定义的对象不具有任何值
enum		用于定义枚举类型的关键字
signed		有符号类型,最高位为符号位(该关键字可缺省)
const		表明这个量在程序执行过程中不可改变其值
volatile		表明这个量在程序执行过程中可被隐含地改变
typedef	存储类型	用于定义同义数据类型
auto		自动变量
register		寄存器类型
static		静态变量
extern		外部变量声明
break	流程控制	退出本层的循环或 switch 语句
case		switch 语句中的情况选择
continue		跳到下一轮循环
default		switch 语句中其余情况标号
do		在 do-while 循环中的循环起始标记
else		if 语句中的另一种选择
for		带有初值、测试和增量的一种循环
goto		转移到标号指定的地方
if		语句的条件执行
return		返回到调用的函数
switch		从所有列出的动作中作出选择
while		在 while 和 do-while 循环语句中条件执行
sizeof	运算符	计算表达式和类型的字节数

附录E C语言运算符的优先级和结合方向

类别	优先级	运算符	含义	结合方向
单目运算符	1	() [] -> .	圆括号 下标运算符 指向结构成员运算符 结构成员运算符	→
	2	! ~ ++ -- - (类型) * & sizeof	逻辑非运算符 按位取反运算符 自增运算符 自减运算符 负号运算符 类型转换运算符 指针运算符 取地址运算符 占用内存空间运算符	←
双目运算符	3	* / %	乘法运算符 除法运算符 求余运算符	→
	4	+ -	加法运算符 减法运算符	→
	5	<< >>	左移运算符 右移运算符	→
	6	< <= > >=	关系运算符	→
	7	== !=	等于运算符 不等于运算符	→
	8	&	按位与运算符	→
	9	^	按位异或运算符	→
	10	|	按位或运算符	→
	11	&&	逻辑与运算符	→
	12	||	逻辑或运算符	→
三目运算符	13	?:	条件运算符	←
赋值符	14	= += -= *= /= %= >>= <<= &= ^= |=	赋值运算符	←
N目运算符	15	,	逗号运算符(顺序求值运算符)	→

注：① 表中所列的优先级，“1”为最高级，“15”为最低级。

② 结合性表示相同优先级的运算符在运算过程中应遵循的次序关系。在结合性说明中，符号“→”表示同优先级运算符的运算次序要自左向右进行，符号“←”表示同优先级运算符的运算次序要自右向左进行。

附录F　C库函数

关于C库函数的说明：

(1) 库函数并不是C语言的一部分。人们可以根据需要自己编写所需的函数。为了用户使用方便，每一种C语言编译系统版本都提供一批由厂家开发编写的函数，储存在一个库中，这就是函数库。函数库中的函数称为库函数。应当注意，每一种C版本提供的库函数的数量、函数名、函数功能是不相同的。因此在使用时应查阅本系统是否提供所用到的函数。ANSI C以现行的各种编译系统所提供的库函数为基础，提出了一批建议使用的库函数，希望各编译系统能提供这些函数，并使用统一的函数名和实现一致的函数功能。但由于历史原因，目前有些C编译系统还未能完全提供ANSI C所建议提供的函数，而有一些ANSI C建议不包括的函数，在一些C编译系统中仍在使用。本附录主要介绍ANSI C建议的库函数。由于篇幅所限，只列出常用的一些函数。还有一些函数(如图形函数)，虽然属有用之列，但它是非标准的，与机器本身联系密切，故不列出。

(2) 在使用库函数时，往往要用到函数执行时所需的一些信息。这些信息分别包含在一些头文件(header file)中。因此在使用库函数时，一般应该用＃include命令将有关的头文件包含到源程序中。

1. 输入输出函数

在使用输入输出函数时，要包含头文件＜stdio.h＞。

函数名	函数原型	功　能	返　回　值
cleaerr	void cleaerr(FILE * fp)；	清除与文件指针有关的所有信息	无
close	int close(int fp)；	关闭文件	关闭成功返回0，否则返回－1
creat	int creat(char * filename，int mode)；	以mode所指定的方式建立文件	成功返回整数，否则返回－1
fclose	int fclose(FILE * fp)；	关闭 *fp* 所指向的文件	出错返回非0，否则返回0
feof	int feof(FILE * fp)；	检查文件是否结束	文件结束返回非0，否则返回0
fgetc	int fgetc(FILE * fp)；	从 *fp* 所指文件读取一个字符	出错返回EOF，否则返回所读字符数
fgets	char * fgets(char * buf，int n，FILE * fp)；	从 *fp* 指向的文件读取一个长度为(*n*－1)的字符串，存入起始地址为buf的空间	返回地址buf，若遇文件结束或出错，返回NULL
fopen	FILE * fopen(char * filename，char * mode)；	以mode指定的文件方式打开名为filename的文件	成功返回文件指针，否则返回0

续表

函数名	函数原型	功　能	返 回 值
fprintf	int fprintf(FILE * fp, char * format, args, …);	把 args 的值以 format 指定的格式写到 *fp* 所指定的文件中	实际输出的字符数
fputc	int fputc(char ch, FILE * fp);	将字符 *ch* 输出到 *fp* 指向的文件中	成功返回该字符,否则返回非 0
fputs	int fputs(const char * str, FILE * fp);	将 *str* 中的字符串写入 *fp* 指向的文件中	成功返回 0,否则返回非 0
fread	int fread(char * pt, nsigned size, unsigned n, FILE * fp);	从 *fp* 所指定的文件中读取长度为 *size* 的 *n* 个数据项,存到 *pt* 所指向的内存区中	返回所读的数据项个数。若遇文件结束或出错,则返回 0
fscanf	int fscanf(FILE * fp, char format, args);	从 *fp* 所指定的文件中按 format 指定的格式读取数据存入 args 指向的内存单元	返回读取的数据个数,出错或遇文件结束返回 0
fseek	int fseek(FILE * fp, long offset, int base);	移动 *fp* 所指向的文件的指针位置	成功时返回当前位置,否则返回−1
ftell	long ftell(FILE * fp);	找出 *fp* 所指文件的当前读写位置	返回读写位置
fwrite	int fwirte (char * ptr, unsigned size, unsigned n, FILE * fp);	把 ptr 所指向的 *n* * *size* 个字节写到 *fp* 所指向的文件中	写到 *fp* 所指向的文件中的数据项的个数
getc	int getc(FILE * fp);	同 fgetc	同 fgetc
getch	int getch(void);	从标准输入设备读取一个字符,不必用回车键,不在屏幕上显示	返回所读字符,否则返回−1
getche	int getche(void);	从标准输入设备读取一个字符,不必用回车键,并在屏幕上显示	返回所读字符,否则返回−1
getchar	int getchar(void);	从标准输入设备读取一个字符,以回车键结束,并在屏幕上显示	返回所读字符,否则返回−1
gets	char * gets(char * str);	从标准输入设备读取一个字符串,遇回车键结束	返回所读取的字符串
getw	int getw(FILE * fp);	从 *fp* 所指的文件中读取一个整数	返回所读取的整数
printf	int printf(char * format, args);	按 format 指定的格式,将输出表列 args 的值输出到标准输出设备	返回输出字符的个数,若出错,返回负数
putc	int putc(int ch, FILE * fp);	把一个字符输出到 *fp* 所指向的文件中	返回输出的字符 *ch*,若出错,返回 EOF
putchar	int putchar(char ch);	把字符 *ch* 输出到标准输出设备	输出的字符 *ch*,若出错,返回 EOF
puts	int puts(char * str);	把 str 指向的字符串输出到标准输出设备,将'\0'转换为回车换行	返回换行符,若失败,返回 EOF
remove	int remove(char, * fname);	删除 fname 所指向的文件	成功返回 0,否则返回−1
rename	int rename(char * oldname, char * newname);	把 oldname 所指的文件名改为 newname 指向的文件名	成功返回 0,否则返回−1

续表

函数名	函数原型	功能	返回值
rewind	void rewind(FILE * fp);	将 *fp* 所指文件的指针指向文件开头,并清除文件结束标志和错误标志	无
scanf	int scanf(char * format, args);	从标准输入设备按 format 指定的格式,输入数据给 args 所指向的单元	读入字符的个数,出错返回 0
write	int write(int fd, char * buf, unsigned count);	从 buf 指示的缓冲区输出 *count* 个字符到 *fd* 所指定的文件中	返回实际输出的字节数,若出错返回-1

2. 字符型函数

在使用字符函数时,要包含头文件<ctype.h>。

函数名	函数原型	功能	返回值
isalnum	int isalnum(int ch)	检查 *ch* 是否为字母或数字	是返回 1,否则返回 0
isalpha	int isalpha(int ch)	检查 *ch* 是否为字母	是返回 1,否则返回 0
isascii	int isascii(int ch)	检查 *ch* 是否为 ASCII 字符	是返回 1,否则返回 0
iscntrl	int iscntrl(int ch)	检查 *ch* 是否为控制字符	是返回 1,否则返回 0
isdigit	int isdigit(int ch)	检查 *ch* 是否为数字	是返回 1,否则返回 0
isgraph	int isgraph(int ch)	检查 *ch* 是否为可打印字符,即不包括控制字符和空格	是返回 1,否则返回 0
islower	int islower(int ch)	检查 *ch* 是否为小写字母	是返回 1,否则返回 0
isprint	int isprint(int ch)	检查 *ch* 是否为字母或数字	是返回 1,否则返回 0
ispunch	int ispunch(int ch)	检查 *ch* 是否为标点符号	是返回 1,否则返回 0
isspace	int isspace(int ch)	检查 *ch* 是否为空格	是返回 1,否则返回 0
isupper	int isupper(int ch)	检查 *ch* 是否为大写字母	是返回 1,否则返回 0
isxdigit	int isxdigit(int ch)	检查 *ch* 是否为十六进制数字	是返回 1,否则返回 0
tolower	int tolower(int ch)	将 *ch* 中的字母转换为小写字母	返回小写字母
toupper	int toupper(int ch)	将 *ch* 中的字母转换为大写字母	返回大写字母

3. 字符串函数

在使用字符函数时,要包含头文件<string.h>。

函数名	函数原型	功能	返回值
strcat	char * strcat(char * str1, char * str2);	把字符串 str2 接到 str1 后面,str1 的'\0'被取消	str1
strchr	char * strchr(char * str, int ch);	找出 str 指向的字符串中第一次出现字符 *ch* 的位置	返回该位置的地址,找不到返回空指针

续表

函数名	函数原型	功能	返回值
strcmp	int strcmp(char * str1, char * str2);	比较两个字符串 str1、str2	str1<str2，返回负数；str1 = str2，返回 0；str1>str2，返回正数
strcpy	char * strcpy(char * str1, char str2);	把 str2 指向的字符串复制到 str1 中	返回 str1
strlen	unsigned int strlen(char * str);	统计字符串 str 中的字符个数(不包含字符串结束符'\0')	返回字符个数
strstr	char * strstr(char * str1, char * str2);	找出字符串 str2 在 str1 中第一次出现的位置(不含'\0')	返回该位置的指针，如找不到，返回空指针

4. 数学函数

使用数学函数时，要包含头文件<math.h>。

函数名	函数原型	功能	返回值	说明
abs	int abs(int i);	求整数 i 的绝对值	计算结果	
acos	double acos(double x);	计算 $\cos^{-1}(x)$的值	计算结果	x 应在 −1～1 之间
asin	double asin(double x);	计算 $\sin^{-1}(x)$的值	计算结果	x 应在 −1～1 之间
atan	double atan(double x);	计算 $\tan^{-1}(x)$的值	计算结果	
atan2	double atan2(double y, double x);	计算 $\tan^{-1}(Y/X)$的值	计算结果	
cos	double cos(double x);	计算 $\cos(x)$的值	计算结果	x 单位为弧度
cosh	double cosh(double x);	双曲余弦函数	计算结果	
exp	double exp(double x);	求 e^x 的值	计算结果	
fabs	double fabs(double x);	求 x 的绝对值	计算结果	
floor	double floor(double x);	求不大于 x 的最大整数	该整数的双精度实数	
fmod	double fmod(double x, double y);	计算 x 对 y 的模，即 x/y 的余数	余数的双精度数	
frexp	double frexp(double val, int * eptr);	把一个双精度数分解为尾数和以 2 为底的指数	数字部分 x $(0.5\leqslant x<1)$	
log	double log(double x);	对数函数 $\ln(x)$	计算结果	
log10	double log10(double x);	对数函数 $\log_{10}x$	计算结果	
modf	double modf(double val, double * iptr);	把双精度数 val 分解为指数和尾数	val 的小数部分	
pow	double pow(double x, double y);	指数函数(x 的 y 次方)	计算结果	
sin	double sin(double x);	正弦函数	计算结果	x 单位为弧度
sinh	double sinh(double x);	双曲正弦函数	计算结果	
sqrt	double sqrt(double x);	计算平方根	计算结果	x 应该大于 0
tan	double tan(double x);	正切函数	计算结果	x 单位为弧度
tanh	double tanh(double x);	双曲正切函数	计算结果	

5. 动态存储分配函数

使用动态存储分配函数时，要包含头文件<stdlib.h>。

函数名	函数原型	功能	返回值
calloc	void * calloc(unsigned n, unsigned size);	为 *n* 个数据项分配内存，每个数据项的大小为 *size*	返回分配内存的起始地址，不成功返回 0
free	void * free(void * ptr);	释放 ptr 所指的内存	无
malloc	void * malloc(unsigned size);	分配 *size* 个字节的内存	返回分配内存的起始地址，不成功返回 0
realloc	void * realloc(void * ptr, unsigned newsize);	将 ptr 所指的内存空间改为 newsize 字节	返回分配内存的起始地址，不成功返回 0

6. 其他函数

使用下列函数，应包含头文件<stdlib.h>。

函数名	函数原型	功能	返回值
abs	int abs(int num);	计算整数 num 的绝对值	返回 num 的绝对值
atof	double atof(char * str);	将 str 指向的 ASCII 码字符串转换成一个 double 型数值	返回双精度的结果
atoi	int atoi(char * str);	将 str 指向字符串转换成整数	返回整数结果
atol	long atol(char * str);	将字符串转换成一个长整型值	返回长整型结果
exit	void exit(int status);	使程序立即正常地终止，status 的值传给调用函数	无
labs	long labs(long num);	计算 num 的绝对值	返回长整数 num 的绝对值
rand	int rand();	产生一个伪随机数	返回一个 0～RAND_MAX 之间的整数
srand	void srand(unsigned seed);	初始化随机数发生器	无

注：RAND_MAX 是在头文件中定义的随机数最大的可能值。

参考文献

[1] 何钦铭,颜晖.C语言程序设计.北京：高等教育出版社,2008.
[2] 谭浩强.C程序设计.三版.北京：清华大学出版社,2005.
[3] 徐士良.C语言程序设计教程.3版.北京：人民邮电出版社,2009.
[4] 谢书良.程序设计基础.北京：清华大学出版社,2010.
[5] 杨波,刘明军.程序设计基础(C语言).北京：清华大学出版社,2010.
[6] 张小东,郑宏珍.C语言程序设计与应用.北京：人民邮电出版社,2009.
[7] E Balagurusamy,著.标准C程序设计.三版.金名,张长富,等译.北京：清华大学出版社,2006.
[8] K. N. King,著.C语言程序设计现代方法.吕秀锋,译.北京：人民邮电出版社,2009.
[9] 姜桂洪,王军,黄宝香,等.C程序设计教程.北京：清华大学出版社,2008.
[10] 杨将新.C语言开发全程指南.北京：电子工业出版社,2008.
[11] 姜灵芝,余健.C语言课程设计案例精编.北京：清华大学出版社,2008.
[12] 马秀丽,等.C语言程序设计.北京：清华大学出版社,2008.
[13] 何炎祥,石莹,王娜.程序设计基础.北京：清华大学出版社,2006.
[14] 王为青,刘变红.C语言高级编程及实例剖析.北京：人民邮电出版社,2008.
[15] 高敬阳,李芳.C程序设计教程与实训.北京：清华大学出版社,2009.
[16] Herbert Schildt,著.C语言大全.二版.戴健鹏,译.北京：电子工业出版社,1994.
[17] 曹衍龙,林瑞仲,等.C语言实例解析精粹.二版.北京：人民邮电出版社,2007.

高等学校计算机专业教材精选

计算机技术及应用

信息系统设计与应用(第2版)　赵乃真　ISBN 978-7-302-21079-5

计算机硬件

单片机与嵌入式系统开发方法　薛涛　ISBN 978-7-302-20823-5
基于ARM嵌入式μCLinux系统原理及应用　李岩　ISBN 978-7-302-18693-9

计算机基础

计算机科学导论教程　黄思曾　ISBN 978-7-302-15234-7
计算机应用基础教程(第2版)　刘旸　ISBN 978-7-302-15604-8
计算机应用技术简明教程　杨永强　ISBN 978-7-302-23582-8

计算机原理

计算机系统结构　李文兵　ISBN 978-7-302-17126-3
计算机组成与系统结构　李伯成　ISBN 978-7-302-21252-2
计算机组成原理(第4版)　李文兵　ISBN 978-7-302-21333-8
计算机组成原理(第4版)题解与学习指导　李文兵　ISBN 978-7-302-21455-7
人工智能技术　曹承志　ISBN 978-7-302-21835-7
微型计算机操作系统基础——基于Linux/i386　任哲　ISBN 978-7-302-17800-2
微型计算机原理与接口技术应用　陈光军　ISBN 978-7-302-16940-6

数理基础

离散数学及其应用　周忠荣　ISBN 978-7-302-16574-3
离散数学(修订版)　邵学才　ISBN 978-7-302-22047-3

算法与程序设计

C++程序设计　赵清杰　ISBN 978-7-302-18297-9
C++程序设计实验指导与题解　胡思康　ISBN 978-7-302-18646-5
C语言程序设计教程　覃俊　ISBN 978-7-302-16903-1
C语言程序设计——案例驱动教程　ISBN 978-7-302-26025-7
C语言上机实践指导与水平测试　刘恩海　ISBN 978-7-302-15734-2
Java程序设计(第2版)　娄不夜　ISBN 978-7-302-20984-3
Java程序设计教程　孙燮华　ISBN 978-7-302-16104-2
Java程序设计实验与习题解答　孙燮华　ISBN 978-7-302-16411-1
Visual Basic. NET程序设计教程　朱志良　ISBN 978-7-302-19355-5
Visual Basic上机实践指导与水平测试　郭迎春　ISBN 978-7-302-15199-9
程序设计基础习题集　张长海　ISBN 978-7-302-17325-0
程序设计与算法基础教程　冯俊　ISBN 978-7-302-21361-1
计算机程序设计经典题解　杨克昌　ISBN 978-7-302- 163589
数据结构　冯俊　ISBN 978-7-302-15603-1
数据结构　汪沁　ISBN 978-7-302-20804-4